흙,
생명을
담다

Dirt to Soil

Dirt to Soil by Gabe Brown

RiRi Publisher edition published by arrangement with Chelsea Green Publishing Co, White River Junction, VT, USA
www.chelseagreen.com

흙, 생명을 담다
지속가능한
재생농업 이야기
게이브 브라운 지음
김숲 옮김
RiRi

요즘 비료를 비롯한 수많은 첨가물의 가격이 상승하고 있다. 비료와 첨가물에 의존하는 농부들은 이 책을 꼭 읽어야 한다. 저자는 기존의 농경법에서, 광범위한 농지가 자체적으로 재생되고 조절되는 재생농법 시스템으로 어떻게 전환했는지 설득력 있는 이야기를 들려준다. 40년간 유기농법을 고집해 온 나도 이 책을 읽으면서 정말 많은 것을 배웠다. '모든' 농부와 식품기업가들에게 이 책을 강력히 권한다. 미래가 변하기를 바라고, 남보다 앞서 미래를 준비하는 사람이라면 누구든 이 책을 읽어야 한다.

프레더릭 키르셴만 ◆ 레오폴드 재생농법 센터 선임연구원, 《생태적 관점을 구축하기》의 저자

농지 생산성 재생은 지금 우리에게 가장 시급한 일이다. 이 기념비적인 책에서 저자는 농부와 목장주들에게 생명력 없는 황폐한 흙을 생기 넘치는 표토로 전환하는 방법을 단계별로 설명한다. 그러면서 전 세계에서 일어나는 토양침식을 전환할 심오하고 명쾌하며 간단한 청사진을 보여 준다.

크리스틴 존스 박사 ◆ 토양생태학자, amazingcarbon.com 설립자

새로운 지식으로 동식물의 품종을 개량하는 평범한 사람들은 수백 년 동안 발달된 농경으로 문명을 번영시켰다. 오늘날 농경은 단일작물 재배가 주류를 이루고, 가축들은 좁디좁은 곳에서 일생을 보낸다. 이런 방식은 지금까지 발달한 산업 중에서도 가장 파괴적이다. 최근의 농경법은 화학과 마케팅 기술을 기반으로, 생명력을 잃거나 침식된 토양을 매년 식품보다 20배 더 많이 생산한다. 이 위태로운 시기에 이 책은 논리적이고 생태적인 원칙을 따르고, 상식과 상상력을 활용해 미래

에 관심을 갖는 농부라면 누구든 할 수 있는 예들을 보여 준다. 숨통이 확 트이는 것 같다.

앨런 세이버리 ◆ 세이버리협회 회장

당신은 '녹색혁명'이 성공적이라고 생각하는가? 그렇다면 이 책을 꼭 읽어 봐야 한다. 저자는 자신의 진심 어린 경험담을 토대로, 토양 생물학의 중요성과 통합된 재생 유기농법으로 시급히 돌아서야 함을 새로운 관점에서 일깨워 준다. 단순히 전 세계를 먹여 살릴 뿐 아니라, 목전에 닥친 재앙에서 세계를 구하기 위해서다.

스테파니 세네프 ◆ MIT 컴퓨터 및 인공지능 실험실 선임연구원

이 책은 토양을 황폐하게 하는 수익 중심의 농경법에서, 사회의 가장 기본적 인프라인 농경에 자긍심, 생산성, 양분, 건강, 지속가능성을 불어넣는 재생농법으로 전환하는 과정을 요령 있게 설명한다. 그럼으로써 그 과정을 배우고 인내심이라는 보상을 습득하는 법을 알려 준다. 저자가 말하는 농경 생태계 관리법의 핵심적 가치는, 다양한 요소를 연결하고 그 요소들이 활발한 토양 재생 속에서 모든 사람과 모든 것을 이롭게 하는 과학으로써 더 확고해졌다. 이 원칙들은 무엇이, 왜, 어떻게 변화가 일어나야 하는지 설명할 뿐 아니라, 이런 일을 행하게 하는 동기를 제공하는 직접 경험의 좋은 사례다. 지난 두 세대는 상처에 '반창고'를 붙이듯 개입하여 심각하고 의도치 않은 부정적인 결과를 야기했다. 이 책은 그러한 개입 대신, 영양과 건강이 앞으로 올 세대에 식품 생산 원리를 안내해 줄 수 있다는 희망을 선사한다.

돈 M. 후버 ◆ 퍼듀대학교 식물병리학과 명예교수

이 이야기는 농부들이 교과서나 화학비료 제조업체의 이야기를 듣지 않고 자연에 귀 기울이기 시작할 때 어떻게 토지가 활력을 얻을 수 있는지 잘 보여 준다. 저자는 재생농업의 다양한 분야에서 영웅이 됐다. 이 책은 농경 생태계를 움직이는 역학을 밝히고, 저자가 정직함을 무기 삼아 미신, 헛소리, 나쁜 조언을 어떻게 판별하는지 보여 준다. 현실적이고 박진감 넘치며 시기적절한 이 책은 관습적인 지혜를 자연스럽게 상식으로 전환해, 농경의 변화를 유발하는 데 도움을 준다.

주디스 D. 슈와츠 ◆ 《지구와 물을 살리는 소》의 저자

저자의 발표를 들은 많은 사람들은 노스다코타주에 있는 그의 농장이 모든 게 완벽한 천국 같은 곳이라고 상상하기도 한다. 이 책은 저자가 녹록치 않은 자연에서 고군분투하는 모습을 현실적인 시선으로 바라본다. 저자와 가족들은 이 어려움에 굴복하지 않았다. 오히려 배움과 혁신의 기회로 생각했다. 저자의 결정은 토양 재생 운동의 선두에 있다. 그는 현존하는 농경과 식량 위기를 해결할 방법을 찾는 방향으로 과학과 실랑이를 벌이기도 했다. 저자를 비롯해 이 책에 소개된 다른 농부나 목장주들은 다양한 생물 군집을 통해 양분과 물을 효율적으로 순환시키는 재생된 토양에서, 풍부하고 양분 밀도가 높은 식품을 제공하는 탄력적 시스템을 개발해야 할 중대한 필요성을 이야기하고 있다.

크리스 니콜스 ◆ 토양미생물학 박사, KRIS 교육 및 자문 시스템

저자의 이야기는 음식, 건강, 토양에 관심을 갖는 모든 이를 위한 희망과 자유의 여정이다. 토양을 치유하고 사람들에게 도움을 주려는 열정

은 산업 농경 모델의 근간을 뒤흔들었다. 산업 농경 복합체가 토양을 집어삼키면서, 농장을 운영하는 가족을 빈곤에 빠트리고 시골 공동체를 곤궁하게 만들었다. 이런 행태는 결과적으로 국가를 망가뜨리는 소비 욕망의 밑 빠진 독을 만들어 낸다. 재생농법은 모든 생명체를 보살피고 귀하게 여겨 치유하며, 영양가 있는 먹을거리를 생산할 새로운 방법을 보여 주는 운동이다. 노스다코타주의 한 농장주가 이 재생농법 혁명을 주도할 것이라고 누가 생각이나 했겠는가? 저자 덕분에 나는 농경의 미래에 희망을 갖는다. 이 책은 반드시 읽어야 한다!

레이 아출레타 ◆ '흙의 남자', 전 USDA/NRCS 토양건강 전문가

당신이 건강이나 지구를 살리는 일, 음식 본연의 맛을 음미하는 데 관심이 있다면 재생농법 이야기를 많이 들어 봤을 것이다. 재생농법 전문가를 자처하는 사람은 수도 없이 많다. 내가 아는 바로는 그렇다. 그중에서도 저자는 최고 중의 최고다. 저자는 실험실의 과학자와 실제 농장에서 일하는 농부 사이에 다리를 놓으며 그 '누구'보다 훨씬 많은 일을 했다. 토양재생 과학을 현실에 도입하는 방법을 저자보다 더 잘 이해하는 사람은 없다. 이 책은 지구상에서 상업적 농사를 짓는 모든 농부가 읽어야 할 책이다.

윌 해리스 ◆ 조지아주 블러프턴의 화이트오크 패스처 농장주

저자의 가족은 경제적·생태적으로 실패한 농경 모델의 함정에서 지식과 결단력을 무기 삼아 탈출했다. 이 책은 저자 가족이 장기간의 노력 끝에 먼지에서 비옥한 토양을 일궈 낸 성공담을 진솔하게 보여 준다. 이 성공은 우리가 농장이나 목장이라 부르는 토양-식물-동물-재산-

사람을 연결하는 복합체의 모든 부분을 동시에 보살피는 순간에만 가능하다는 깨달음에서 출발한다. 저자의 가족은 농경이 생명을 불어넣어야 한다고 말한다. 즉 농경은 재생 가능해야 한다.

월트 데이비스 ◆ 《목장 파산을 막는 법》의 저자

차를 몰아 농장으로 향할 때면 나는 차에서 내려 지피작물을 심지 않고는 못 배기는 사람이 됐다. 이 책은 농경에 대한 사람들의 생각을 바꿔 줄 흥미롭고 교육적인 책이다.

마크 섀츠커 ◆ 《도리토 효과》의 저자

산업적 농경법이 우리의 토양, 농장, 세상에 심각한 해를 끼친다는 사실을 인식하는 사람들이 늘고 있다. 이제 농사짓는 법은 변해야 한다. 이 책은 전 세계에서 활용되는 농경 방식을 바꾸려 하고 있다. 이 책은 대자연의 인도를 따라 농사짓는 법에 대한 훌륭한 조언과 더불어, 저자의 엄청난 유머감각과 겸손함이 가득하다.

콜린 세즈 ◆ 농장 경영 컨설턴트, 호주 뉴사우스웨일즈주 '위노나' 목장주

이 책을 읽고 있으면 저자가 농장에 재생농법을 도입하며 목격했던 변화를 옆에서 이야기하고 있는 것 같다. 가장 중요한 것은 고객과의 직거래를 통해 시스템의 가치를 획득한다는 저자의 명확한 메시지다. 저자의 말을 옮기자면 "수표는 앞보다 뒤에 서명하는 일이 훨씬 즐겁다!"

드웨인 벡 ◆ 다코타호수 연구농장 경영자, 사우스다코타주립대학교 식물학과 교수

수많은 문명은 토양을 황폐화하면서 무너졌다. 저자의 고무적인 이야기는 재생농법이 단지 학술적 이론에 머물지 않고, 토양 건강을 재건하는 저자의 농장을 비롯해 많은 곳에서 이미 실현되고 있는 방법임을 보여 준다.

데이비드 R. 몽고메리 ◆ 《흙》, 《발밑의 혁명》의 저자

정말 기발한 책이다! 저자는 자신의 농장에 있는 흙과 지구를 더 나아지게 하는 방법을 알려 준다. 점점 더 많은 농부들이 그 무엇보다 '땅'의 농부가 돼야 한다는 사실을 인식하기 시작했다. 이 책은 우리 모두가 농사짓는 법을 바꾸면 지구의 건강과 크고 작은 농장의 수익성이 얼마나 나아질지 상상하는 데 매우 유용하다. 자연에 맞서 싸우기보다 자연을 따라 하자는 저자의 메시지는 우리의 식량과 미래를 걱정하는 모든 사람에게 울림을 준다.

토드 콜아워 ◆ 윌리엄스 & 그레이엄 & 트라이브 마켓 창립자

도시로 데려가 줄 도시 소년과 결혼을 꿈꿨던 수줍음 많은 시골 소녀에게

도시 소년은 소녀를 도시 대신 농장으로 도로 데려왔다.

그 농장에서 소녀는 황폐한 흙을 비옥한 토양으로 되살리는 여정을 함께하며

내 첫 번째 지지자로서 자신의 삶을 바쳤다.

우리 아이들, 켈리와 폴에게도 고마움을 전한다.

아이들의 변함없는 사랑과 지지는 내 삶의 유일한 원동력이다.

서문

재생농법이 선사하는 건강한 미래

2012년에 '어떻게 90억 인구의 식량을 완전히 책임질 수 있을까?'라는 퀴비라 연합 학회에 발표자로 초대됐을 때, 나는 저자 게이브 브라운을 처음 만났다. 작년에 호주 뉴사우스웨일스주의 목양업자인 콜린 세즈를 만났을 당시 나는 이 학회의 주제를 생각한 적이 있었다. 세즈와 나는 무경운 농법(땅을 갈지 않고 농사를 짓는 것)을 두고 격렬한 논쟁을 벌였다. 무경운 농법은 한해살이작물과 다년생 작물을 함께 재배하는 재생농업으로 세즈와 그의 이웃 대릴 클러프가 선구적으로 제안했다. 이야기를 나누면 나눌수록 나는 세즈와 클러프가 2050년 약 90억 인구가 지구에서 지속가능하게 살아갈 흥미로운 방법을 제안하고 있음을 깨달았다.

무경운 농업은 작물을 키우고 척박해진 토양을 회복할 수 있는, 생태학적 체계를 지닌 다양한 재생농법 가운데 하나다. 무경운 농법의 목표는 미생물의 활동과 탄소 순환을 활발하게 만들어 토양 건강을 지속적으로 개선하고 작물과 동물의 건강, 영양분, 생산성을 향상시키는 것이다. 실로 많은 사람을 먹여 살릴 수 있는 방법이다. 이를 테면 경운, 즉 기계로 밭을 갈지 않고 다양한 지피작물[1]을 심으며 수차례에 걸쳐 작물을 순환시키는 것이다. 또한 농장을 비옥하게 만들고 제초제 사용을 최소화하며 모든 종류의 살충제, 농약, 합성비료 사용을 피하는 것이다. 이 모든 방법은 세심하게 관리되는 가축 방목으로 완성된다. 세즈가 자신의 농장을 통해 보여 주었듯이 재생농업은 수익성도 얻게 해준다.

세즈와 나는 학회의 전망을 듣고 흥분을 감출 수 없었다. 나는 세즈에게 재생농업을 운영하는 농부 대표 발표자로 누가 적합한지 물었고, 세즈는 바로 브라운의 이름을 언급했다.

퀴비라 연합 학회에서 청중들이 알게 된 것처럼 브라운과 그의 아내 셸리는 1990년대 초에 노스다코타주 비스마르크 근처의 농장을 구매했다. 이 농장에서 셸리의 부모님은 기존의 방법으로 작물을 재배하고 소를 기르며 과도하게 경운을 했다. 또한 다양한 제초제, 살충제, 합성비료를 사용했다. 3년 뒤 브라운 부부는 기존의 농경방식을 약간 변형해 토양의 수분을 늘리고 연

1 목초나 콩과 식물처럼 토양의 침식을 막기 위해 심는 식물

료비를 줄이기 위해 무경운 농법을 시행했다. 하지만 날씨가 좋지 못해 4년 연속 농사를 망치고 재정적으로 극심한 손해를 입었다. 그러나 덕분에 브라운은 예상치 못하게 상업적인 농법에서 재생농법으로 혁신적인 여정을 떠날 수 있었다.

브라운은 학회에 참석한 사람들에게 오늘날 자신의 2,000만m^2 크기 농장에서 옥수수, 밀 같은 다양한 환금작물(판매를 위해 상업적 목적으로 재배하는 작물과 지피작물)을 생산하며 수익성이 높아졌다고 말했다. 그는 작물이 자라는 동안 지피작물을 재배해 토양을 보호하는 등 자원 문제를 해결할 수 있었다. 그의 농장은 풀만 먹인 소와 양뿐 아니라 방목해 기른 암탉, 영계, 돼지, 농장에서 생산한 꿀, 과일과 채소를 소비자에게 직송했다. 대부분의 농장이나 목장주들이 가장 큰 문제라고 생각했던 것은 토양다짐[2], 풍식작용, 넘쳐 나는 질병, 해충, 잡초, 그리고 높은 투자비용과 낮은 수확량이었다. 브라운은 이런 현상이 일어나는 이유로 제대로 작동하지 못하는 생태계를 꼽았다. 20년 넘게 진행한 실험과 개선을 통해 그의 농경 모델은 자원 문제를 다양한 방법으로 해결했다. 핵심은 토양 속에 살아 있는 생물을 농장으로 다시 불러들이는 것이다.

퀴비라 연합 학회에서 사람들에게 영감을 불어넣는 브라운의 강연이 입소문을 타고 유명해지면서, 2014년에 나는 브라운

2 토양에 외부 압력이 가해져 조직이 치밀해지는 현상

과 그의 아들 폴에게 워크숍 강의를 부탁했다.

워크숍에서 다룬 놀라운 주제 중 하나는 표토층을 늘리는 것이었다. 토양을 늘린다니? 일반적으로 생각했을 때 표토층 2cm를 만들려면 수천 년이 필요할 것 같다. 하지만 브라운은 재생농법을 활용해 단 20년 만에 새로운 표토층이 수 센티미터 늘었다고 말했다. 토양 미생물, 균근균, 지렁이, 유기물, 식물의 뿌리, 물, 햇빛, 그리고 식물이 광합성을 통해 만들어 내는 '액체탄소'가 어우러지면, 기존의 농경법으로 황폐해져 단단하게 굳은 토양이 비옥하고 공기가 잘 통하게 바뀌는 자연적인 과정을 목격할 수 있다. 이렇게 토양이 변하는 이유는 단순하다. 브라운과 폴은 빈자리를 찾아볼 수 없는 회의장에서 이렇게 말했다.

"생명체는 강력한 원동력입니다. 한번 고삐가 풀리면 생명체는 계속해서 성장해 새로운 생명체를 만들어 낼 거예요."

브라운은 유명 인사가 됐고 지금은 세계 여러 나라에서 재생농법을 강의하고 있다. 2016~2017년 겨울에만 2만 3,000명이 넘는 사람들을 대상으로 100여 건의 강연을 했다. 강의를 촬영한 영상의 조회 수도 25만 뷰나 기록했다. 매년 여름이 되면 수백 명의 사람들이 그의 농장을 방문하고, 더 많은 사람들이 브라운의 농장을 소개하는 홈페이지를 방문한다. 최근 몇 년 동안 그는 식품과 토양 건강을 다룬 여러 편의 다큐멘터리에 출연했다. 다양한 증거를 통해 그는 소비자, 농장주, 목장주는 물론 심지어 변화를 원하는 기존 생산자들 사이에서도 재생농법에 관심이 늘고 있다고 말한다.

그러나 재생농법의 구심점이 되어 줄 책은 전무하다. 첼시 그린 출판사는 브라운이 겪은 경험을 책으로 펴내고 싶어 했지만 브라운은 시간을 내기가 어려웠다. 나는 첼시 그린 출판사의 편집장인 펀 마셜 브래들리와 대화할 기회가 있었고 덕분에 이 프로젝트에 참여할 수 있었다. 우리는 브라운의 책이 재생농법을 소개하는 데 중요한 역할을 할 것이라는 데 동의했다. 나는 책을 출간하기 위해 도울 일이 있는지 물었고, 브라운은 내 도움을 환영했다. 몇 달 뒤 우리는 책 작업을 시작했는데 내 역할은 주로 '교정'을 보는 정도였다. 내가 이 책을 작업하는 데 참여할 수 있어서 영광이었고, 처음 만났을 때처럼 나는 여전히 브라운의 연구에서 영감을 받고 있다.

극단적으로 분열되고 가상의 세계에 열광하며 당혹스러울 만큼 진실을 외면하는 시대에, 브라운의 농장은 건강한 토양을 원하는 마음을 통해 우리가 화합할 수 있다는 사실을 보여 준다. 작물을 재배하는 일은 가상공간에서는 할 수 없다. 픽셀을 먹을 수는 없다. 우리 몸에는 영양분이 필요하다. 다시 말해 우리는 농장과 토양이 필요하다. 건강해지고 싶다면 황폐한 토양이 아니라 건강한 토양에서 생산된 건강한 음식을 섭취해야 한다. 이것은 화학이 아니라 생물학을 통해서만 가능하다. 화합을 원한다면 유연한 자세로 다음 세대를 위한 기회를 만들어야 한다. 우리는 그 과정을 토양부터 시작해, 한 번에 하나의 식물과 하나의 동물로 넓혀 나가야 한다.

브라운이 보여 주었듯이 이 문제에 온 마음을 쏟는다면 우리는 충분히 해낼 수 있다.

커트니 화이트[3]

3 고고학을 공부했으며 시에라클럽에서 환경운동가로 활동하며 '퀴비에라 연합'을 공동 설립했다. 환경에 생태학적 복원력을 구축하는 활동에 전념하고 있다.

프롤로그

자연은 최고의 스승

'우리의 삶은 토양을 기반으로 한다.' 지금은 이 말이 내 가슴속에 깊이 박혀 있기 때문에, 내가 처음 농사를 시작할 때 얼마나 토양을 많이 망가뜨렸는지 생각하면 믿기지 않을 정도다. 당시에는 잘 알지 못했다. 대학 시절 나는 거의 모든 산업 생산모델을 배웠다. 생태계의 작동 방식이 아니라 환원주의적 과학에 바탕을 둔 것들이 전부였다. 우리 농장 이야기는 산업적 생산 관리 시스템으로 수익성이 굉장히 낮았던 농장이 건강하고 수익성까지 챙기는 농장으로 변모한 과정을 담고 있다. 이 여정에는 수많은 실패와 약간의 성공을 가미한 수많은 시행착오, 그리고 지속적인 실험이 함께했다. 농장주와 목장주뿐 아니라 연구자, 생태학자, 우리 가족을 포함해 스승 역할을 한 사람들도 여럿이었다. 하지만 최고의 스승은 자연 그 자체였다.

나는 매일 농장에서 해야 하는 일을 대부분 스스로 결정했고, 어떤 식으로든 계속해서 토양을 생산하고 보호하는 방향으로 목표를 잡았다. 나는 수십억 년에 걸쳐 자연이 만들어 낸 다섯 가지 원칙을 따랐다. 지구 어느 곳이든 햇볕이 내리쬐고 작물이 자라는 곳이면 같은 원칙을 적용할 수 있다. 전 세계의 정원사, 농장주, 목장주는 이 원칙에 따라 양분이 가득하고 건강한 표토층을 풍부하게 만들 수 있다.

토양 건강을 위한 다섯 가지 원칙은 다음과 같다.

1. **개입을 최소화한다.** 토양에 기계적, 화학적, 물리적 개입을 제한해야 한다. 경운은 토양 구조를 망가뜨린다. 이 과정에서 자연적으로 토양을 비옥하게 만드는 유기체를 보호할 '집'이 계속해서 무너져 내린다. 토양 구조에는 토양입단[1]과 공극[2]이 있다. 경운으로 토양침식이 일어나면 귀중한 천연자원을 낭비하게 된다. 합성비료, 제초제, 살충제, 살진균제는 모두 토양 생물들에 부정적인 영향을 끼친다.

2. **보호한다.** 지표를 항상 보호해야 한다. 지표 보호는 토양 건강을 재건하는 데 중요한 단계다. 땅의 지표가 드러나는 일은 거의 없는데, 자연이 항상 지표를 보호해 주기 때문이다. 천연 '갑

1 여러 개의 토양 입자가 뭉쳐서 이루어진 토양 덩어리
2 토양 입자 사이의 틈으로, 물이 토양 속으로 침투할 수 있게 한다.

옷'은 미생물과 거생물macroorganism의 식량이자 서식지인 토양이 바람과 물에 침식되는 것을 막아 준다. 잡초 씨앗이 발아하거나 수분이 증발하는 일도 막는다.

3. **다양성을 늘린다.** 동식물 모두의 다양성을 늘려야 한다. 한 가지 종으로만 이루어진 자연이 어디 있겠는가? 사람 손이 닿은 곳만 그럴 것이다! 자생식물들이 자라고 있는 초원을 바라볼 때 가장 눈에 띄는 점은 바로 놀랄 만큼 다양한 식물이 서식하고 있다는 것이다. 다양한 초본, 콩과 식물, 관목은 모두 조화를 이루며 번성한다. 개별 종들이 우리에게 무엇을 선사할지 생각해 보자. 식물은 얕은 뿌리, 깊은 뿌리, 수염뿌리, 혹은 원뿌리로 저마다 뿌리 종류가 다르다. 탄소 함량이 높은 종도 있고 낮은 종도 있으며, 콩과 식물처럼 질소를 고정하는 식물도 있을 것이다. 식물은 모두 건강한 토양을 만드는 데 중요한 역할을 한다. 종의 다양성이 클수록 토양 생태계도 향상된다.

4. **뿌리를 살려 둔다.** 토양에는 1년 내내 되도록 오랫동안 뿌리를 살려 둬야 한다. 봄에 길을 걷다 보면 지난겨울 내린 눈 사이로 초록색 식물이 자라는 모습을 볼 수 있다. 같은 길을 늦가을이나 초겨울에 지나도 여전히 초록빛을 띠는 식물을 볼 수 있는데, 바로 뿌리가 살아 있다는 신호다. 살아 있는 뿌리는 토양 생태계에 가장 기본적 식량인 탄소를 제공한다. 생태계는 결국 식

물이 섭취할 수 있는 양분을 순환시킨다. 내가 사는 노스다코타 주(미국 중북부)에서는 가을이 시작되는 9월 중순부터 늦봄인 5월 중순까지 서리가 내린다. 나는 이때를 제외한 120일 동안이 작물을 재배하는 시기라고 생각했다. 하지만 완전히 틀린 생각이었다. 이제 격년으로 가을에 씨를 뿌려 초겨울까지 재배하고 이른 봄 겨울잠에서 깨어난다. 이렇게 오랫동안 뿌리를 살려 두면 농한기에도 토양 생물에게 먹이를 줄 수 있다.

5. **동물을 참여시킨다.** 동물이 없이는, 자연은 작동할 수 없다. 이보다 더 단순한 사실도 없다. 가축을 농사에 참여시키면 다양한 이점이 있다. 가축 방목의 가장 큰 이점은 식물이 더 많은 탄소를 토양에 분비한다는 사실이다. 이 과정에서 양분이 순환하고 생태계가 활성화된다. 또한 더 많은 탄소가 대기에서 토양으로 흡수되어 기후변화에도 긍정적인 영향을 미칠 수 있다. 당신의 농장에 건강하고 원활한 생태계를 구축하고 싶다면, 가축뿐 아니라 꽃가루매개자, 포식자 곤충, 지렁이, 생태계의 선순환을 돕는 미생물 서식지를 만들어야 한다.

이 책 전반에 걸쳐 이 다섯 가지 원칙을 여러 번 설명했다. 특히 7장에서 다섯 가지 원칙의 중요성을 더 자세히 살펴봤다. 이 원칙들은 내가 농장에서 하는 모든 일에 깊숙이 배어 있다. 당신이 이 책을 다 읽을 무렵이면 이 원칙을 머리로만 아는 데 그치지 않고 생태계를 재생하는 데 실제로 긍정적인 영향을 미치기를 바란다. 거친 땅이 비옥한 토양으로 변하는 이 여정에 당신도 동참하기를 바란다.

차례

1부 흙으로의 여정

2부 전체를 보는 안목

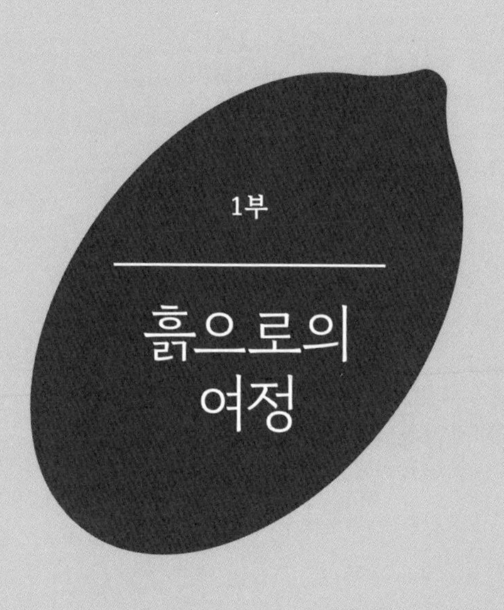

1부

흙으로의 여정

1장

뼈저리게 얻은 교훈

도시에서 자라 식물을 길러 본 경험이라곤 여름에 잔디를 깎는 정도였던 사람이 어떻게 토양의 질을 향상시키고 토지 재건land regeneration에 온 힘을 쏟을 수 있었을까? 토지 재건이 내게 내려 준 축복을 생각할 때마다 그런 생각이 든다.

나는 노스다코다주 비스마르크에서 네 형제 중 셋째로 태어났다. 아버지는 평생 지역 전기 협동조합에서 근무하셨고 어머니는 온 힘을 다해 네 형제를 무탈하게 길러 내셨다. 내 어린 시절은 야구, 볼링, 학교 숙제가 전부였고, 삼촌 농장에 몇 번 잠깐 들른 경험을 빼고는 상대적으로 평온했다. 그리다 중학교 3학년이 되던 해에 제이 형의 영향으로 농업 과목을 들으면서 모든 것이 달라졌다. 얼마 뒤 '미국의 미래 농부'라는 단체에 가입해 금세 다양한 농경법에 마음을 홀딱 빼앗겼다. 나는 뭐든지 많이 배우고 싶었다. 이 시기에 비료, 살충제, 농약, 살진균제, 인공수정, 가축 사육장, 균형 잡힌 사료, 디젤 엔진, 상업적인 농경 생산에 관련된 모든 것을 어디서, 어떻게, 왜 사용해야 하는지 배웠다.

나는 고등학교에 입학하자 하교 후에 지역 농장에서 돌 골라내는 일을 했는데, 노스다코타주에서는 흔한 광경은 아니었다. 내가 농장에서 일한 건 이때가 처음이었다. 돌이 정말 많았지만 나는 돌 골라내는 일이 좋았다. 당시에는 내가 농부의 사위가 될 줄은 상상도 못 했다. 사랑스러운 아내 셸리와는 1981년에 결혼했다.

장인어른 빌과 장모님 잔은 1956년 부푼 꿈을 안고 농장을 시작했다. 두 분은 여러 해 동안 헌신적으로 일했고, 세 딸을 키우며 710만m^2 크기의 농장을 운영하는 데 성공했다. 나는 농업경제와 축산학을 연구했고, 1983년에 아내와 함께 장인장모님의 농장에 있는 트레일러하우스로 이사했다. 두 분은 우리 부부에게 농장을 물려받을 생각이 있는지 물었다. 당연히 우리는 농장을 간절히 원했다! 사실 처녀 시절의 아내는 도시 남자와 결혼해 농장에서 벗어나고 싶어 했으니, 나만 간절히 원했던 건지도 모른다. 그런 아내가 나 때문에 다시 농장으로 돌아왔다! 아내가 반대하지 않은 걸로 봐선 나를 정말 사랑했던 것 같다. 장인장모님은 1991년까지 농사를 지었고, 가업을 물려받을 사람이 없자 도시에서 자라 농장 경험이 거의 없는 사위로 만족해야 했다.

두 분은 경운을 적극적으로 활용하는 기존의 농경법을 사용했다. 사실, 나는 아버님이 '경운에 취미가 있다'고 사람들에게 말하곤 했다. 아버님은 트랙터에 앉아 무거운 전방 디스크를 돌리며 농장을 횡단하셨다. 매년 여름이면 농장의 반을 놀리는 '휴경'기간에 잡초가 자라지 못하게 반복적으로 경운을 했다. 아버님은 휴경을 해야 작물이 자랄 때를 대비해 수분을 저장할 수 있다고 생각했다. 농장의 나머지 반에는 환금작물을 재배했다. 보통은 봄밀, 귀리, 보리 같은 소립종을 재배했고, 양은 적지만 매년 비료를 주었다. 또, 잡초를 박멸하기 위해 매년 제초제를 사용했다. 20년생 암소를 포함해 소도 65마리나 있었다. 작물을 재배하는 시기가 되면 소를 세 그룹으로 나눠 자연적으로 풀이 자라는 세 군데 초지에서 방목했다. 매년 이런 동일한 방식을 반복했다. 소들에게 가을에는 수확이 끝나고 남은 곡물을 먹이고, 날이 쌀쌀해지면 5~6개월 동안 건초를 먹였다. 송아지들은 10월에 젖을 떼면 팔리기 전까지 얼마간 다른 먹이를 먹었다. 가축들은 곡물에 살포된 표준 조합 살충제를 먹고 매년 다양한 백신을 접종했다.

1978년, 장인장모님은 소를 전부 팔았다. 두 분은 나와 아내가 농장으로 들어와 겔비에Gelvieh 품종의 소를 사들일 때까지 우리에게 농장을 빌려 주셨다. 겔비에는 유럽에서 유래한 품종으로, 1970년대에 미국으로 처음 수입되었다. 겔비에 품종은 우유, 육질, 포육 능력이 좋기로 특히 유명했기에 우리 농장에서 사육하기에 적합해 보였다.

농부가 되는 법

아버님과 함께 농장에서 일한 첫해에, 나는 기존의 농경 생산모델을 배웠다. 처음 농장 일을 시작할 때도 나는 그 타당성에 의문을 품었다. 예를 들어 봄이 되면 아버님과 나는 토양을 경작했는데, 그때면 아버님은 이렇게 말씀하셨다.

"토양이 잘 말라야 해."

나는 이 말에 동의할 수 없었다. 7월이 되면 항상 비가 오기를 기도했기 때문이다! 아버님이 했던 말이 아직도 기억에 생생하다.

"토양을 열심히 경작할수록 더 좋은 결과를 얻을 수 있을 거야!"

하지만 왜? 나는 항상 스스로에게 묻고는 했다. 나는 아버님의 판단에 종종 의문을 제기했고, 그러다 그분의 고집스러운 독일인 성향과 부딪히기도 했다. 그래도 이것은 값진 경험이었다. 아내와 내가 농장을 사들이고 변화의 계획을 세웠을 때 특히 그랬다. 나중에 아내는, 당시 한 귀로는 장인장모님의 결정에 대한 내 불평을 듣고 다른 귀로는 그분들이 나에 대해 늘어놓는 불평을 듣느라 스트레스가 이만저만이 아니었다고 털어놨다.

농장의 가축도 기존의 방법으로 관리했다. 작물을 재배하는 시기에는 소, 잔디, 물, 이 세 가지를 고려했다. 하지만 나는 전혀 다른 방식으로 농장을 운영하던 목장주 켄 밀러를 만났고, 그 뒤로 우리의 방목 방식에 의문을 갖게 됐다. 밀러는 그때뿐 아니라 지금도 내 스승이다. 밀러 부부는 노스다코타주의 포트 라이스라는 꽤 척박한 환경에서 농사를 짓고 있었다. 포트 라이스의 토양은 대부분 벤토나이트[1]로 이루어져 있어 잔디라고는 프레리도그가 먹을 만큼도 자라지 못한다. 물론 밀러의 농장은 예외다. 밀러 부부는 집요한 관찰과 조심스러운 관리를 통해 농장을 굉장히 생산적이고 수익성 높은 곳으로 바꾸었다. 밀러는 내가 대학 시절 한 번도 배우지 못한 것들을 알려 주었다. 그 고마움은 평생 잊지 못할 것이다.

밀러 부부의 인내심 덕분에 나는 목초지 몇 군데에 울타리를 쳐서 완전히 새로운 방목을 체험해 볼 수 있었다. 생애 처음으로 토양 재건에 도전한 것이었다. 하지만 당시에는 그런 사실을 알지 못했다.

아버님과 함께 일한 지 8년이 지났을 무렵, 장인장모님은 농장을 우리에게 전부 팔지 않고 세 딸에게 똑같이 나누어 팔겠다고 하셨다. 예상치 못한 결정이었다. 우리 부부는 이런 결론을 원한 게 아니었다. 우리는 농장 전체를 살 수 있으리라 기대했

1 입자 크기가 매우 작은 몬모릴로나이트로 이루어진 점토

고, 또 그에 맞춰 계획을 세웠다. 5장에서 자세히 소개하겠지만, 이 과정에서 얻은 교훈은 20년 후 우리 자녀에게 농장을 물려줄 때 내린 결정에 큰 영향을 미쳤다.

1991년, 우리는 장인장모님의 소유였던 250만m^2 크기의 땅을 사들였다. 운 좋게도 미국 농무부USDA의 미국 자연자원보호청NRCS을 통해 우리 농장의 토양 상태를 측정해 볼 수 있었다. 두 번의 테스트 결과는 우리에게 특히 중요했다. 첫 번째 테스트 결과, 농장 토양의 유기물 비율이 1.7~1.9%임을 알 수 있었다. 토양학자들은 우리가 살고 있는 토양 유기물의 비율이 한때 7~8%에 육박했다고 예측한다. 농장에 있던 유기물의 75%가 오랫동안 경운을 포함한 부적절한 관리로 사라진 것이다. 유기물이 사라지면서 토양 양분의 순환에도 악영향을 미쳤다. 이 사실은 프롤로그에서 소개했고 7장에서도 언급할 토양 건강과 관련한 매우 중요한 원칙과도 일치한다. 농부들은 대부분 식물에 필요한 양분을 공급하기 위해 합성비료에 의지한다. 하지만 미국 어느 곳이든 토양에는 일반적으로 광물(모래, 실트, 점토)이 50%, 물이 25%, 공기가 15%, 유기물이 10% 안팎(오늘날에는 훨씬 적다)으로 존재한다.

미국 자연자원보호청의 두 번째 테스트에서는 빗물이 지표에 고여 증발하거나 포상류[2]로 농장에서 유실되지 않고 토양에 흡수되는 비율을 측정했다. 테스트 결과 우리 농장의 물 흡수율은 시간당 10*mm* 정도였고, 이 지역에서는 일반적인 수준이었다. 문제는 우리가 물 한 방울도 아쉬운 상황이었다는 것이다. 우리 농장의 한 해 강수량은 평균 400mm에 불과했다. 그중 280mm는 비로 내렸고 나머지는 보통 겨울에 내리는 1,770mm의 눈이 녹으면서 얻을 수 있었다. 비가 내릴 때는 대부분 뇌우를 동반하기 때문에 짧은 시간 동안 20~40mm가 쏟아졌다. 흡수량이 낮다는 말은 물 대부분이 쓸려 내려가 작물에 사용될 수 없다는 뜻이다. 일반적인 시기에도 문제지만 가뭄이 들면 더 힘들어진다.

돌이켜 봤을 때, 내게 선견지명이 있어서 1991년 당시 토양 상태를 기록해 놓았다면 좋았을 것 같다. 오늘날의 기술로 얼마나 토양이 황폐해졌고 생기를 잃었는지 분석하는 것도 흥미로웠을 것이다.

집을 사고 처음 몇 년은 아버님이 해 오던 대로 경운, 비료, 제초제를 사용해 곡물을 재배했다. 나는 단지 다른 방법을 몰랐을 뿐이다. 이 방법이 바로 내가 대학 시절과, 아버님께 배운 방법이기 때문이다. 나는 가축을 좋아했기 때문에 송아지 수를 늘리기로 마음먹었다. 또한 좀 더 빨리 목초지를 만들고 싶어 80만m^2 크기의 농경지에 다년생 풀을 심기로 결심했다. 아버님은 내가 제정신이 아니라고 생각했다. 어느 누가 '잘 가꿔진' 농경지에 풀을 심을 생각을 하겠는가? 거기서 끝이 아니었다. 우리 지역 미국 자연자원보호청 직원과 의견을 나눈 후, 나는 스

2 비교적 평평한 땅에서 빗물이 넓게 퍼지면서 흐르는 것

무스 브롬그라스smooth bromegrass와 개밀을 섞어 심기로 했다. 다년생 식물은 이전의 일년생 농경지에 빨리 자리 잡았지만 그리 생산적이지는 않았다. 3장에서 자세하게 설명하겠지만, 이때의 경험은 결국 토양이 어떻게 작동하는지 여실히 깨닫게 해 준 중요한 교훈을 남겼다. 교훈이란 늘 뼈저리게 배우는 법이지만, 이 일은 그 가운데 가장 힘들었다.

무경운 농법과 토양 건강

1994년, 미국 북부에서 무경운을 시도하던 한 친구가 나에게 시간을 아끼고 토양에 수분을 유지하려면 무경운을 해야 한다고 추천했다. 납득할 만한 조언이었다. 농장에서 어린 시절을 보내지 않은 덕에 나는 생각이 열려 있었다. 선입견이 하나도 없었던 것이다. 친구는 몇 가지 제안과 함께 현명한 조언을 해 주었다.

"무경운 농법을 하고 싶다면 경운기기를 모두 파는 게 좋아. 그래야 다시 경운 농법으로 돌아가지 않거든."

나는 농사를 막 시작한 참이었고 무경운 파종기를 살 여유가 없었기 때문에 친구의 조언을 받아들였다. 나는 경운기기를 모두 팔았고 그 돈으로 4.5m짜리 존 디어 750 무경운 파종기를 구매했다. 결국 새 모델을 사기 전까지 12년 동안 이 파종기를 사용했다.

무경운 농업을 적용하면서 나는 신이 났지만, 나와는 달리 아버님은 회의적이었다. 특히 지난해 농사를 짓고 남은 작물을 말끔히 정리하지 않은 채 파종하는 것을 마뜩치 않아 하셨다. 아버님은 항상 토양을 곱게 경운해 아무것도 없는 맨땅만 봐 왔기 때문에 무경운 농법이 성공할 거라고 설득하기가 매우 어려웠다. 무경운을 시작한 첫해는 놀라웠다. 곡물 수확량이 늘었을 뿐 아니라, 돌려짓기(윤작)로 질소를 고정하는 완두를 사용해 합성비료 양도 줄일 수 있었다. 토지 4,000m^2당 대기 중 질소는 약 3만 2,000t에 달한다. 따라서 이전처럼 질소비료를 사용하는 것은 어리석은 일이었다. 완두가 질소를 고정하는 제 역할을 했을 뿐 아니라, 봄밀 수확량도 4,000m^2당 평균 55부셸[3]에 달해 1부셸당 4.58달러에 판매했다. 당시에는 좋은 가격이었고 수확량도 꽤 괜찮은 편이었다. 세계 최고의 수확량이었다! 그해 가을에는 소 먹이용 건초로 라이밀과 헤어리베치hairy vetch를 혼합해 심었다. 이 두 식물은 싹도 잘 올라오고 상태도 좋아 보였다. 이때만 해도 농사가 매우 쉬운 줄 알았다.

나는 곧 어떤 교훈을 배우게 될지 거의 알지 못했다.

그 얘기를 하기 전에 먼저 무경운 농법이 토양 건강과 얼마나 밀접하게 연결돼 있는지 짚고 넘어가야겠다. 책 전반에 걸쳐 계

3 곡물이나 과일의 중량 단위. 1부셸 = 8갤런 = 약 30ℓ에 해당한다.

속해서 언급할 이야기이기 때문이다. 간단히 말해 무경운 농법은 전면에 디스크가 1개만 달린 무경운 파종기를 이용해 칼로 흠집을 내듯이 땅에 아주 가느다란 흠을 내는 방식이다. 경작지에 수확하고 남은 작물이 있다면 쉽게 홈을 팔 수 있다. 디스크 상단에는 다양한 씨앗이 있다. 씨앗은 디스크의 각 구획을 지나 일정한 깊이로 파인 좁은 틈에 떨어진다. 디스크가 지나가면서 파헤쳐진 흙은 뒤쪽에 있는 바퀴가 돌아가면서 씨앗을 덮는다. 무경운 농법의 최종적인 결론은 근본적으로 토양 생태계에 개입하지 않고 밀 같은 환금작물을 심는 것이다.

무경운 농법의 이점은 무엇일까? 경운을 하면 토양 구조와 토양 생물의 집이 망가지고 수분 흡수량이 감소한다. 반대로 무경운 농법을 활용하면 강우침투가 늘어나 식물이 자랄 때 더 많은 수분을 사용할 수 있다. 그 결과 토양이 잘 뭉쳐지며 유기물이 늘어나고, 수확하고 남은 작물이 적절하게 남아 수분 증발을 막아 준다. 바람과 물로 인한 침식도 상당히 줄어든다. 작물이 남아 있는 상태로 씨를 뿌리는 무경운 농법은 토양 미생물을 위한 환경을 조성해 양분 순환을 촉진하고 합성비료를 덜 쓰게 한다. 또한 트랙터 운행을 줄일 수 있기 때문에 노동 강도, 연료, 유지비도 낮아진다.

그렇다면 무경운 농법의 단점은 무엇일까? 잡초 억제에 약하다는 게 가장 큰 단점이지만, 결과적으로는 경운을 하는 농장에 잡초가 더 많이 자라기 때문에 그런 농장들은 잡초를 없애려고 제초제 양을 늘리게 된다. 하지만 제초제를 사용하면 무경운 농장이 유기농 인증을 받을 수 없으므로 경제적 타격을 입는다. 봄에 씨앗이 발아하려면 토양 온도가 적정해야 하는데, 무경운 농법은 토양이 따뜻해지는 것을 늦출 수 있다. 이 문제는 추후에 자세히 설명하겠지만, 돌려짓기를 통해 탄소 대 질소 비율을 바로잡음으로써 해결할 수 있다.

무경운 농법 운동은 1943년 《농부의 어리석음Plowman's Folly》을 쓴 오하이오 출신 농부이자 급진적인 농학자인 에드워드 포크너Edward Faulkner로부터 시작됐다.

"사실, 그 누구도 경운을 해야 하는 과학적 증거를 제시한 적은 없습니다."

어퍼 미드웨스트에 무경운 농법을 처음 소개한 사람은 사우스다코타주의 피에르 근처에 있는 다코타호수 연구농장의 책임자 드웨인 벡 박사였다. 그는 목장과 농경지 부근에서 어린 시절을 보냈다. 대학에서 화학 학사학위를 받고 사우스다코타주립대학교에서 토양비옥도를 주제로 박사학위를 받기 전, 그는 얼마간 비료 판매업자로 일했다. 연구를 시작했을 때 그의 목표는 농장에서 토양침식 속도를 늦추는 것이었다. 1980년대에 토양침식은 큰 문제로 부상했고, 관개지에서 어마어마한 양의 생산적인 표토층이 쓸려가 버리는 문제는 특히 심각했다. 벡 박사는 토양을 보존하기 위해 저경운 혹은 무경운 농법을 연구하는 동안 토양 생물의 급격한 증가를 목격했다고 말했다. 무경운 농법을 활용했을 때 수익성이 좋은 작물을 재배하는 데 필요한 물의 양이 훨씬 줄어들 뿐 아니라, 연료와 비료 사용량도 감소했다고 강조했다. 작물 수확량이 카운티 평균치를 넘어섰을 때 그는 무경운 농법이 올바른 길을 가고 있다는 사실을 깨달았다.

다코타호수 연구농장은 농부들이 설립했기 때문에, 완전히 새로운 방식으로 농업에 접근하는 벡 박사의 방식을 포함해 색다른 방법을 시도해 볼 수 있었다. 얼마 뒤 농부들은 토양의 기능과 활력을 향상시키기 위해 재배하는 지피작물의 지지자가 됐다. 그는 지피작물을 기르면 농장을 비옥하게 만들 수 있다고 주장했다. 수십 년 동안 경운이 일반적이었던 지역 농부들에게 무경운 농법을 장려했고, 하나하나 찾아다니며 무경운 농법을 시도하라고 설득했다. 잡초 제거에는 경운이 필요하다는 불평에 답하기 위해, 그는 건강한 지피작물이 잡초와 경쟁한다는 자신의 연구와 실험을 농부들에게 보여 주었다. 특히 화학회사가 강력하게 밀고 있는 글리포세이트처럼 잡초를 죽이는 제초제를 사용하면 결국 잡초에 내성이 생길 것이라고 예상했다. 그 예언은 적중했다!

벡 박사는 자연, 특히 자생식물로 이루어진 초원에서 영감을 얻어야 한다는 의견을 처음으로 제시한 사람 중 하나였다. 그가 누누이 말했듯이 "자연은 절대로 경운을 하지 않는다." 자연은 항상 다양성을 늘리는 방향으로 움직인다. 초원 생태계에는 수십 가지 식물이 있다. 대부분 다년생에다 공생하며 자란다. 자연은 우발적이고, 땅에 아무것도 자라지 않는 공백을 싫어한다. 자연에 개입하지 않고 내버려 두면 재빨리 다양한 식물이 자라날 것이다. 무경운 농법을 사용하면 농부는 특정 농경지에서 작물 다양성을 조절할 수 있다. 어떤 식물을 심을지는 목표에 따라 달라진다. 가축이 있다면 사료 작물을 심어야 한다. 토양에 질소고정을 해야 한다면 콩과 식물 같은 다양한 작물을 심으면 된다.

벡 박사에 따르면 무경운 농법은 미국에 유럽인들이 도착하기 훨씬 전부터 아메리카 원주민들이 해 온 방식이라고 한다. 그는 19세기에 노스다코타주에 살았던 히다차족 여성의 이야기를 담은《버펄로 버드 우먼스 가든Buffalo Bird Woman's Garden》을 추천했다. 이 책에서 이 여성은 열세 가지 옥수수를 재배하는 무경운 농법이 전통적인 관행이라고 설명한다. 자연의 일부로 식량을 재배하는 훌륭한 예라고 할 수 있다. 오늘날의 농경법은 채굴에 가깝다. 농부들은 토양에서 탄소를 포함한 양분을 채굴해 가져가 버린다. 분명 지속가능한 방식은 아니다.

지속가능한 방식의 목표는 토양 건강을 향상시키는 것이다. 벡 박사가 발했듯이 '토양 건강soil health'이라는 말은 1990년대부터 쓰이기 시작했지만, 오랫동안 그 개념을 정의하기가 어려웠다. 오늘날, 물과 양분의 순환, 햇빛의 양, 토양 생명체의 다양성, 저장된 탄소의 양, 토양침식에 저항하는 정도 등 우리는 토양 건강의 조건을 잘 알고 있다. 근본적으로 초원과 같은 방식으로 작동하는 토양이 얼마나 될까? 벡 박사는 무경운 방식 말고는 특효약이 없다고 말한다. 초원의 복잡함과 비옥함을 농장으로 가져오려면 종합적이고 총체적인 접근이 필요하다.

마법의 숫자도 존재하지 않는다. 농부들에게 토양 건강을 한눈에 보여 주는 수치를 측정할 기기나 테스트도 없다. 눈보라를 헤치고 자동차를 운전한다고 상상해 보자. 테스트 결과는 도랑으로 빠지기 직전이라는 사실을 알려 주는 도로 양 끝의 하얀 선에 해당한다. 농부가 해야 할 일은 날씨가 어떠하건 되도록 도로 중앙에서 운전하는 것이다. 벡 박사는 여기서 한 단계 더 나아간다. 그렇다면 애초에 올바른 길을 가고 있는지 어떻게 알 수 있을까? 도로 끝은 어디로 향할까? 지도는 있을까? 목적은 있는 걸까?

악몽의 시간들

1995년 봄, 나는 올바른 길을 달리고 있다고 생각했다. 농경지에는 콩, 보리, 귀리, 그리고 500만m^2 면적에 봄밀을 심었다. 모두 합성비료를 사용했고 농약을 살포했다. 여름에는 상황이 좋았다. 전년도 가을에 심었던 라이밀과 헤어리베치 일부를 수확했고 일부는 다음 해 씨앗을 심기 위해 탈곡했다. 봄밀 수확을 시작하기로 마음먹기도 전, 우박을 동반한 끔찍한 폭풍우가 곡물을 덮쳤다. 극심한 손해였다. 아버님은 이곳에서 35년간 농사를 지었지만 우박으로 농사를 망친 것은 단 두 번에 불과했고 폭풍우로 큰 피해를 입은 적도 없었다. 그래서 나는 농작물재해보험을 들지 않았다. 이것이 필요한 투자라고 생각해 본 적도 없었다. 세상에, 내 생각이 틀렸다! 우리는 절망에 빠졌다.

다행히 겔비에 소 150마리는 무사했기 때문에 송아지 몇 마리는 수소로 자라 수입이 생길 거라 생각했다. 하지만 어린 자녀를 키우며 대출까지 받아야 하는 상황에서 생각만큼 일이 쉽게 풀리지 않았다.

그해 가을, 라이밀과 헤어리베치의 혼합 비율을 늘리기로 했지만 자금이 부족해 비료를 쓸 수 없었다. 수소, 수송아지, 암송아지를 내다 팔고 허리띠를 졸라매자 원금까지는 아니지만 은행 이자는 지불할 수 있었다. 본능적으로 불안한 느낌이 들었다. 이 빚더미에서 어떻게 탈출할 수 있을까?

1996년, 돌려짓기에 옥수수도 추가했다. 완두는 더 많이 심고 비료는 주지 않았다. 은행 직원은 우리를 포기하지 않았지만 연방농작물보험을 들어야 한다고 말했다. 하지만 우리는 농작물재해보험을 들지 않았다. 7월 말 우박을 동반한 폭풍우가 다시 한 번 몰아쳐 환금작물이 모두 사라지자, 그게 얼마나 엄청난 실수였는지 깨달았다. 심장이 내려앉았다. 보통 심각한 문제가 아니었다.

그해 가을과 겨울은 극도로 힘들었다. 딸 켈리는 몇 년 전 심각한 척추 측만증 진단을 받아 보조 기구를 착용해야 했다. 보조 기구는 몸에 맞게 제작하기 때문에 켈리가 클 때마다 보조 기구도 바꿔야 했다. 켈리가 열두 살이 되자 성장 속도가 빨라졌고 6개월마다 새 보조 기구를 사느라 수천 달러가 들었다. 보조 기구는 보험이 적용되지 않았다. 아내와 나는 비용을 부담하기 위해 다른 일도 해야 했다. 당시 우리는 내다 팔 작물은 없고 수술비와 병원비만 늘고 있는 형편이었다. 모든 일이 스트레스로 다가왔다.

나는 잠을 줄이는 법을 터득했다. 낮에는 주 40시간 일하고 밤에는 농장 일을 했다. 졸면서 트랙터를 운전한 적도 많았다. 아버님은 내가 만든 고랑이 얼마나 휘어졌는지 보라며 자주 지적하곤 하셨다!

다행히 우리가 판매한 겔비에 황소가 품질이 좋아 인기를 얻고 있었다. 황소를 판 덕에 농장 수입이 느는 와중에도, 우리는 소의 몸집을 가능한 크게 키워서 농장 이윤을 최대로 늘려야겠다고 마음먹었다. 가축의 성장을 촉진할 수 있는 방법이라면 뭐든 가리지 않았다. 수송아지에 살충제, 구충제, 백신 등 수많은 주사도 마다하지 않았다. 우리는 소를 분석할 때 예상자손차이[4]라는 시스템을 활용했는데, 당시에는 꽤 신선한 개념이었다. 이것은 사람들이 선호하는 수소와 암소의 특성을 알려 주

4 Expected progeny differences(EPDs). 육우의 유전적 측면을 개선하기 위해 적용하는 개념. 부모의 유전적 전달 능력을 예측하여 무리에서 원하는 형질을 선택하는 데 사용된다.

는 표지유전자 추적 시스템이다. 당시에는 이 시스템이 가축을 잘못된 길로 몰고 간다는 사실을 알지 못했다. 내 잘못을 깨닫기까지 시간이 걸리기는 했지만 내게는 큰 교훈을 얻게 해 준 수업이었다.

1997년 4월 초, 끔찍한 눈보라가 몰아치면서 겔비에 소 205마리가 거의 대부분 더 이상 새끼를 낳을 수 없게 됐다. 사흘 내내 기록적으로 낮은 온도가 계속되고 시속 80*km*로 바람과 눈보라가 몰아쳤다. 나는 아직 새끼를 낳을 수 있는 몇 안 되는 암소의 상태를 2시간마다 한 번씩 확인했다. 하지만 눈이 너무 많이 내려 소를 보러 가는 일조차 쉽지 않았고 필요할 때 도움을 줄 수도 없었다. 둘째 날 저녁, 나는 집에서 90*m* 떨어진 헛간으로 향했지만 눈이 너무 많이 내리는 바람에 헛간이 보이지 않았다. 몇 년 동안 이 길을 수백 번은 더 다녔지만 어딘가 느낌이 이상했다. 그때 뭔가에 걸려 넘어졌다. 그제야 내가 헛간 옆으로 걸어갔고 바람을 막기 위해 세워 놓은 판자 윗부분에 발이 걸렸다는 사실을 깨달았다. 눈이 하도 많이 쌓여서 3*m*나 되는 바람막이도 견디지 못한 것이다. 나는 몸을 일으켜 다시 집으로 향했다. 송아지를 구하자고 목숨을 걸 순 없었다. 나는 새벽이 되길 기다렸다가 소의 상태를 확인했다. 당시 어떤 생각을 했었는지 아직도 생생히 기억난다.

'이건 미친 짓이야.'

넷째 날, 폭풍우가 잠잠해지자 아내와 나는 어마어마한 양의 눈을 치웠다. 이틀 전 내가 걸려 넘어졌던 바람막이 판자는 1.2m 눈 아래에 파묻혀 있었다. 눈은 바람을 타고 헛간 지붕에도 쌓여 있었다. 송아지가 눈 위를 걸어 다니다 헛간 꼭대기에서 있던 모습을 담은 사진도 있다!

우리는 가장 먼저 소를 찾았다. 소를 찾자마자 가슴이 철렁 내려앉았다. 소들은 한데 모여 있었고, 어린 송아지들은 대부분 짓밟혔다. 그날 우리는 목숨을 잃은 송아지 14마리를 눈 속에서 찾아냈고 그다음 주에는 더 많이 발견했다. 가슴이 미어질 정도로 두려웠다. 2년 동안 작물 수확에 실패해서, 산더미 같은 빚을 갚으려면 이 송아지들을 판매한 수입이 절실히 필요했기 때문이다. 수입은 줄고 빚은 더 늘어났다.

은행 직원은 살아남은 송아지를 팔아서 얻을 수 있는 이익보다 더 많은 돈을 빌려줄 수는 없다고 했다. 지난 2년간 재해가 덮치면서 우리의 수확률은 두 번이나 0을 기록했고, 이 때문에 연방작물보험이 보장해 주는 환금작물 수입보다 많은 금액을 제공할 수도 없다고 했다. 그야말로 '농장은 기울어 가고' 있었다. 우리는 미네소타주 낙농장에 품질 좋은 건초를 팔기 위해, 당시 농경지에 상당한 양의 알팔파alfalfa를 심었다. 동부, 수수, 수단그라스sudangrass를 혼합해 수천 제곱미터에 심었다. 그때는 몰랐지만, 우리 농장은 지피작물을 재배하는 방향으로 나아가고 있었다.

그해 봄은 기온이 높고 건조했다. 열기는 여름 내내 지속됐고 가을에는 성장이 부쩍 더뎌져 환금작물을 하나도 수확할 수 없었다. 운 좋게도 소먹이로 쓸 만큼의 건초는 긁어모을 수 있었고, 덕분에 어느 정도의 수입이 생겼다. 농장 밖에서 간신히 최저임금을 받으며 일한 덕에 조금은 수입에 도움이 됐다. 하지만 수술 빚이 또 늘었다. 더 이상 실수는 용납할 수 없었다. 우리는 빠져나올 수 있을지도 불분명한 깊은 수렁에 빠졌다.

처음으로 나는 내 앞날의 선택에 의문을 품었다. 아내는 나를 남편으로 맞이한 선택에 의문을 품었다. 물론 아내가 이런 생각을 한 건 이번이 처음은 아니었을지도 모른다. 돌아보면 웃음만 나오는 이 상황에서, 보통 사람이었다면 그만뒀을 것이다!

운이 좋았던 점은 이 땅이 장인장모님과 계약을 통해 증서로 맺어졌다는 것이었다. 즉 은행이 빌려준 돈을 갚으라고 할 때도 우리 땅을 팔아 버릴 수 없다는 말이었다. 은행이 가져갈 수 있는 것은 4440 존 디어 트랙터, 존 디어 3020 트랙터, 오래된 F-11 적하기, 스퀘어 베일러, 존 디어 750 곡물조파기 외 다양한 기기들뿐이었다. 은행에서는 장비를 팔아서 얻을 수 있는 돈은 서류 작업을 할 가치도 없다고 생각한 것 같았다. 은행 측은 우리가 어떻게 돈을 다시 한 번 긁어모아 이자를 지불할 수 있는지 주시하며 이번에도 우리를 붙잡았다.

아내의 삼촌 단과 숙모 앨리스는 당시 우리 농장에서 8*km* 정도 떨어진 곳에서 농장을 운영했다. 두 분은 슬하에 자식이 없어서 도움이 필요할 때면 우리 부부가 늘 달려갔다. 단과 앨리스가 은퇴할 나이가 되자 우리는 그 땅을 팔 의향이 있는지 물었다. 1997년, 두 분은 토지계약서에 서명하고 113만m^2 크기의 농장을 우리에게 팔았다. 게다가 두 분은 마음이 넓으셔서 소액의 계약금만 받고 토지를 파셨다. 당연히 수중에 돈이 별로 없었던 우리에겐 절호의 기회였다. 우리가 사들인 토지 중에서 65만m^2는 자생식물이 자라는 초원이었고, 48만m^2는 10여 년 동안 작물을 수확하지 않아 미국 농무부의 보존유보계획CRP[5]에 등록돼 있었다. 보존유보계획과의 계약 기간인 10년 가운데 1년이 남아 있었다. 이 구역은 보존유보계획에 등록하기 전 수년간 경운을 하여 토양이 침식된 구릉 지대였다. 우리는 이 땅을 구매해 계약이 만료된 후 초원으로 바꿀 계획이었다. 보존유보계획 구역에는 울타리나 물이 없었다. 이런 기반시설을 구축하려면 그 비용을 감당할 수 있을 때까지 기다려야 했다.

큰 변화를 원한다면 시각을 바꿔라

이런 재앙 같은 시기에도 나는 토양 관련 서적을 가능한 한 많이 읽었다. 토머스 제퍼슨의 일기가 특히 유용했다. 그는 큰돈

5 미국 정부가 초지와 산림을 보호하기 위해 세운 환경보전 계획. 이 계획에 참여한 농지 소유자는 10년간 농경지를 생산 목적으로 사용하지 않는 대신 정부 보조금을 받을 수 있다.

을 들이지 않고 작물을 재배하는 방법을 기록해 두었는데, 그 역시 한때 돈이 부족한 적이 있었기 때문이다. 제퍼슨이 베치류와 순무를 재배했다는 부분을 읽었을 때 이런 생각이 들었다.

'이건 나도 할 수 있어!'

미주리강을 탐험하면서 관찰한 것을 기록한 루이스와 클라크의 일기도 읽었다. 초원과 어떤 식물이 자라고 있는지 묘사한 부분을 읽고 토지가 어떻게 초식동물과 함께 진화했는지 더 자세히 알게 됐다. 나는 농장의 자연 방목지를, 자연의 법칙에 따라 가축을 방목해야 하는 초원으로 인식하기 시작했다.

토지 관리법을 다룬 앨런 세이버리의 아이디어도 공부했다. 농장에 울타리를 쳐서 방목지 크기를 줄임으로써 소들이 더 자주 움직일 수 있게 했다. 세이버리는 조국인 짐바브웨에서 야생동물의 방목 행동을 연구한 생물학자인데, 포식압predation pressure[6]으로 초식동물이 계속해서 이동하는 모습을 관찰했다. 초식동물은 한번 이동하면 한동안 같은 자리로 돌아오지 않았다. 목초지가 쉬는 동안, 식물은 충분히 회복할 시간을 확보할 수 있었다. 북미 초원의 토양 관련 서적에도 같은 내용이 있었다. 한곳에서 거대한 무리의 들소가 풀을 왕창 뜯어 먹고 이동하면, 남은 기간에 토양이 쉬면서 회복할 수 있다는 것이다. 충분히 설득력 있는 생각이었다. 특히 우리가 아는 한 경운을 한

6 포식자에게 잡아먹혀 개체수가 감소하는 것

자연일까 아닐까?

앨런 세이버리를 우리 농장에 초대할 기회가 있었다. 그는 자연의 풍경이란 계속 변화하는 것이기 때문에 우리 농장을 '자연적'이라고 표현하면 안 된다고 했다. 또한 생명체도 계속해서 진화하기 때문에 특정 식물종을 '자생종'이라고 표현해서는 안 된다고 했다. 풍경은 식물 생태계로 간주해야 한다.

번도 하지 않은 우리 농장의 자연 방목지라면 가능성이 있었다.

나는 더 많은 정보를 얻고 싶었다. 그래서 1997~1998년 겨울에 비스마르크에서 열리는 '가축으로 이윤 내는 법'이라는 학회에 참가하기 위해 돈을 긁어모았다. 학회의 한 발표자는 자생 농법(세이버리식 농법의 공식 명칭)을 실천한 캐나다 농장주 돈 캠벨이었다. 캠벨은 절대 잊지 못할 말을 했다. 매일 내가 곱씹은 말이었다.

"작은 변화를 원한다면 행동을 바꾸고 큰 변화를 원한다면 시각을 바꿔라."

이 말을 듣고 머리를 한 대 얻어맞은 기분이었다. 그때까지 나는 큰 결과를 바라면서 농장에서 작은 변화만 일으키고 있었다. 내 관점을 바꿔야 했다. 수렁에서 빠져나와 농사를 계속 지으려면 우리의 농경법을 완전히 다른 시선으로 봐야 했다. 1998년 봄, 비가 약간 내리며 하늘이 은혜를 베풀자 나는 안심

했다. 우리의 기운이 바뀌고 있는 듯했다. 나는 알팔파를 더 많이 심기로 했다. 합성비료를 살 돈이 없어서 옥수수를 심은 곳에만 비료를 주기로 하고, 귀리, 콩, 보리, 봄밀은 자연이 굽어살피기를 바랐다. 6월 초에 나는 거의 모든 작물에 제초제를 뿌렸는데 작물 상태는 괜찮아 보였다. 하지만 6월 말, 갑작스러운 뇌우가 요란한 우박으로 변하면서 모든 것이 달라졌다. 폭풍우가 잠잠해지자 우리는 피해가 얼마나 되는지 조사했다. 그리고 또 한 번, 곡물의 80% 이상이 '거대한 흰색 콤바인'에 무릎을 꿇었다. 우리한테 정말 이런 일이 일어났단 말인가? 이렇게 불운한 사람이 또 있을까? 너무나 서글픈 시기였다. 아내는 농장 일을 그만두고 싶어 했다. 할 만큼 한 것이다. 하지만 나도 만만치 않은 사람이었다. 실패자라는 생각을 견딜 수 없었다. 나는 평생 농장 일을 하고 싶었다! 그저 더 열심히 더 오래 일할 수 있다는 것을 위안 삼을 뿐이었다.

그래도 우박을 동반한 폭풍우에 한 가지 희망이 있었다면, 작물을 심고 초기에 그런 일이 일어났기 때문에 사료작물을 재배할 기회가 남았다는 것이었다. 나는 수수, 수단그라스, 동부를 선택했다. 하지만 노끈 살 돈조차 없어서 작물이 잘 자라도 잘라서 건초더미를 만들지 못했다. 대신 늦가을과 초겨울 동안 작물이 땅에서 자란 그대로 소를 방목했다. 비록 그 당시에는 몰랐지만, 이것이 내 첫 겨울 방목이었다.

4년 동안 네 번의 재앙이 덮쳤다. 이상한 점은 4년 동안 우리 이웃 중 누구도 농장에 손해가 나지 않았다는 사실이었다. 한 명은 3년 동안 약간의 손해가 있었고, 2년 동안 손해를 본 사람도 여럿 있었다. 하지만 4년 연속 심각한 타격을 입은 곳은 우리 농장뿐이었다. 신이 우리에게 무슨 말씀을 하고 싶으셨던 걸까? 어쩌면 이런 문제에 대처하기에 우리가 너무 어렸거나 무지했거나 겁먹었을 수도 있다. 하지만 솔직히 그만두는 것을 진지하게 생각해 본 적은 없었다. 나는 대학 교육을 받았으므로 다른 길을 걸을 수도 있었다. 하지만 농장 일 말고 내가 하고 싶은 일은 없었다. 게다가 여기서 주저앉기에는 내 고집도 만만치 않았다. 도시 사람이 실패하는 꼴을 보며 이웃들이 좋아하는 모습을 보고 싶지 않았다. 요즘 나는 사람들에게 농사에 실패한 이 4년의 경험이 끔찍했다고 말하지만, 결국 이 경험은 우리에게 일어난 일 중 최고의 사건이었다. 덕분에 새로운 생각을 할 수 있었기 때문이다. 실패를 두려워하지 않고 자연과 맞서 싸우는 대신 자연과 함께 일한다는 생각이었다.

4년간의 경험 끝에, 나는 재생농법의 세계로 여행을 떠날 수 있었다.

2장

생태계를 재건하다

우리가 생태계를 재건하고 있다는 사실을 알아차린 첫 번째 단서는 지렁이였다. 우리 농장에는 지렁이가 하나도 없어서 나는 이제 낚시는 절대 못 할 거라고 농담을 하기도 했다. 슬프게도 사실이었다. 하지만 4년 연속 농사에 실패하고 난 뒤 갑작스럽게 토양에서 지렁이를 볼 수 있었다. 문뜩 머릿속에 전구가 켜지듯 무슨 일이 벌어졌는지 깨달았다. 4년 동안 낙농업에 쓸 알팔파를 제외하고 농장에서는 작물을 수확할 수 없었다. 나는 모든 바이오매스를 지표에 남겨 두어 지표를 보호하고 토양 속 미생물에 탄소를 제공했다. 비용을 감당할 수 없었으므로 작물에 사용했던 제초제와 합성비료 양을 대폭 줄였다. 결과는 확연히 드러났다. 삽으로 땅을 파면 지렁이뿐 아니라 구조가 훨씬 좋아진 짙고 비옥한 토양을 볼 수 있었다. 토양 상태가 나아지고 있다는

사진 1 어두운색에 잘 뭉쳐지는 초콜릿 케이크 같은 다채로운 토양은 뿌리가 잘 자라게 해 주고 풍부한 토양 생태계를 지탱해 준다. 붉은 토끼풀을 심은 이 농지는 15년 동안 무경운으로 운영했다.

사진 2 생명체다! 무경운으로 운영하는 우리 농지의 토양이다. 1991년, 우리가 이 농장을 사들였을 때만 해도 지렁이는 한 마리도 없었다. 이제는 셀 수 없을 만큼 많다.

사실을 금세 알아차릴 수 있었다. 토양 색은 초콜릿 케이크 색으로 변했다! 유기물 농도가 늘어나고 있다는 증거였다. 수분 함량도 늘었다. 토양 건강이 향상된 덕에 가뭄이 찾아온 시기에도 가축에게 먹일 작물이 충분했다.

내가 맞는 길을 가고 있다는 확신이 든 어느 날 저녁, 창밖으로 꿩이 날아가는 모습을 보았다. 이런 광경은 처음이었다(이젠 농장 곳곳에서 꿩을 목격할 수 있다)! 우리 농장에서는 사슴, 코요테, 매도 볼 수 있다. 매년 나무 수백 그루를 부지런히 심은 덕에 볼 수 있는 동물들도 있었다. 나무는 우리 가축을 보호하기도 했지만 야생동물 서식지 역할도 했다. 모든 것이 '우리 농장으로 생명이 돌아오고 있다!'는 규칙에 맞아 들어갔다.

생태계의 재생

우리 농장에서 일어난 모든 일이 생각할 거리였다. 첫째, 나는 농장의 황폐해진 토양을 바꿔야겠다는 생각 대신 그런 상황을 당연하게 받아들이고 있었다는 사실을 깨달았다. 상황이 더 나빠지지 않게 하는 데만 집중하고 있었던 것이다. 상태가 좋지 않은 흙을 재생하거나 개선하는 게 아니라 유지하는 작업을 지속하고 있었다. 오늘날 '지속가능하다'는 말이 유행한다는 사실은 알고 있다. 모두 지속가능한 삶을 원한다. 하지만 이런 의문이 들었다. '왜 황폐해진 자원을 지속가능한 상태로 유지하려고 하는가?' 그 대신 생태계를 재생하는 데 힘을 쏟아야 한다. 자원이 황폐해졌다는 사실은 물 흡수량 감소, 유기물 부족, 압밀[1], 잡초 증가, 낮은 수확률, 높은 비용과 염도, 작물 질병의 빈도수 증가, 해충과 침식 증가, 이윤 감소, 그 외에도 수많은 정보로 알 수 있다. 모든 현상의 원인은 한 가지다. 생태계가 제대로 작동하지 못하기 때문이다. 작물 재배가 실패한 덕에 나는 농장을 바라보는 시각을 바꿀 수 있었다. 비록 그런 사실을 깨닫기까지 하느님한테 뺨을 네 번이나 얻어맞았지만 말이다!

둘째, 토양이 자연스럽게 재생된다는 사실을 깨달았다. 나는 5년 동안 경운을 하지 않고 질소고정 작물을 포함해 다양한 환금작물과 지피작물을 재배했다. 작물 재배에 실패했지만 지표에 바이오매스를 내버려 두고 화학물질을 거의 완전히 제거하면서 토양 생태계가 다시 번성할 수 있는 조건을 조성했다. 특히, 이것은 토양의 균근균이 다시 번성할 수 있는 기회가 됐다. 이 유기물은 다양한 작물과 공생관계를 이루고 있으며 토양 건강을 위해 반드시 필요하다. 균근균은 토양 입자를 하나로 뭉쳐 주는 풀 같은 물질인 글로말린을 분비한다. 이 물질은 토양 속 빈 공간으로 물이 흡수되는 데 중요한 역할을 하며, 대부분 토양 미생물이 서식하는 빈 공간을 채우는 물 주변을 얇게 둘

1 흙이 압축력 증가로 물과 공기를 방출해서 체적이 감소하고 밀도가 증가하는 현상

러싸고 있다.

당신이 토양에 무슨 짓을 하든 극히 일부 생명체는 여전히 토양에 머물 것이다. 화학물질을 과하게 사용하거나 경운을 아주 많이 진행한 농장이어도 마찬가지다. 당신이 그 생명체에 성장할 기회를 주면 생명체는 거기에 응답할 것이다. 나는 지렁이를 보자마자 그런 사실을 알아차렸다. 생명체가 성장할 수 있는 환경을 만들어 내면 생명체는 돌아온다. 우리가 농장의 토양을 망가뜨리는 일을 멈추자 생명체는 돌아왔다. 토양에 생명체를 들이는 일은 황폐한 토양을 비옥하게 만드는 핵심적인 방법이다.

1990년대만 해도 '토양 건강'이라는 말은 거의 사용하지 않았다. 그러나 수년 동안 재배한 작물이 수포로 돌아가면서 '토양 건강을 다루는 다섯 가지 원칙'이 내 눈에 들어오기 시작했다(이 다섯 가지 원칙에 대해서는 7장에서 자세히 살펴볼 것이다). 미국 자연자원보호청은 이 시기에 우리 농장을 다시 찾아와 토양을 테스트했다. 그 결과, 힘들었던 기간 동안 유기물이 늘어났다는 사실을 확인했다.

재앙 같은 4년 동안 겪은 작물의 실패는 축복이 됐다. 이제까지 농사를 지었던 방법을 되돌아보는 기회였을 뿐 아니라, 파괴적인 산업형 경작 방식에서 벗어나 휴식할 시간을 주었다. 나는 농장을 지킬 수 있는 일이라면 무엇이든 했다. 운 좋게도 그 덕에 토양이 스스로 재생할 수 있는 알맞은 조건을 만들어 냈다. 당시에는 알아차리지 못했지만 더 많은 햇빛을 모으고 더 많은 탄소를 순환시키면서 미생물에 식량을 제공한 셈이 됐다. 우리는 토양을 치유하기 시작했고, 이제 새로운 일에 도전하는 두려움도 사라졌다. 그 후 다른 농장을 방문할 때마다, 그 농장에서 하는 일과 하지 않는 일에 훨씬 더 주의를 기울였다. 농장 경영을 발전시킬 수 있는 새로운 방법을 알아내기 위한 목표를 세웠기 때문이다.

1998년에 나는 버얼리 카운티Burleigh County 토양보호구역 이사회에서 일해 달라는 제안을 받았다. 그때 예상치 못한 교훈을 얻을 수 있는 또 다른 기회가 생겼다. 나는 그 요청을 받아들였고 이사회로 선출됐다. 이것은 내가 했던 최고의 선택이었다. 그 당시 제이 퓌어러Jay Fuhrer는 지역 환경보호 활동가였다. 우리는 둘 다 배움에 열정이 있었기 때문에 금세 친구가 됐다. 드디어 의견을 나눌 수 있는 누군가가 생긴 것이다. 우리는 기회가 있을 때마다 서로를 향해 도전의식을 불태웠다. 엄청난 경험이었다! 나는 퓌어러 덕분에 현재에 안주하지 않게 됐다. 정말 감사한 일이다. 퓌어러가 나를 강하게 몰아붙이지 않았다면 이 길을 걸을 수 없었을 것이다. 나는 14년 동안 이사회의 소임을 다했고 매순간 그 일을 즐겼다.

농장 경영 방식을 개선하다

이 즈음 농장 경영에서도 중요한 교훈을 얻었다. 1993년에 우리는 80만m^2 규모의 목초지에 다년생 작물을 키웠는데, 여기서 첫 번째 교훈을 얻었다. 나는 목초지를 11개 방목지로 나누고 장력이 강한 철사로 울타리를 둘렀다. 소들은 가운데에 난 길로 물을 마시는 곳까지 걸어 올라갈 수 있었다. 이것이 큰 실수였다. 늦여름에 수많은 소가 이 길을 반복적으로 오가면서 흙이 그대로 드러났기 때문이다. 소가 지나다니며 먼지가 일었고, 이 먼지 때문에 송아지들이 병에 걸렸다. 이 문제를 해결하기 위해 지표 아래에 배관을 설치해 방목지 전체에 물이 흐르게 했다. 그러면 소들이 물을 마시러 한 장소에 모이지 않아도 되기 때문이다. 이런 방식은 본 적이 없었고 옳은지 그른지조차 알 수 없었지만 무작정 시도해 보았다.

나는 아들과 함께 저렴한 폴리에틸렌 파이프를 길게 늘어뜨린 뒤 업체에서 스플라이서(접속기)를 빌려 파이프를 연결했다. 친구에게서 빌린 작은 트렌처(구굴기)로는 도랑을 만들었다. 작업 속도는 느렸지만 오후 내내 800m 길이의 파이프를 땅속에 묻었다. 각 울타리 밑에 수직 파이프를 하나씩 전부 묻었다. 덕분에 울타리 아래에 자동차 타이어로 만든 2,600ℓ짜리 물탱크를 설치할 수 있었다. 물탱크의 물은 두 군데 방목지에서 사용할 수 있는 양이었다. 자동차 타이어로 만든 물탱크는 영구적이어

사진 3 우리는 트럭의 고무 타이어를 물탱크로 사용했다. 파이프라인은 두 방목지를 가로지르는 울타리 아래 얕은 깊이로 묻었다.

서 방목지의 모든 소에게 물을 공급할 수 있었다.(사진 3 참조)

사람들은 왜 자동차 타이어로 물탱크를 만들었느냐고 종종 물었다. 농장 근처에 사냥꾼 수만 명이 돌아다니는데다 사슴 사냥 시즌이 되면 모든 것이 표적이 된다. 유리섬유나 철로 된 물탱크는 라이플 총알을 못 견디지만 자동차 타이어의 강철 벨트는 총알이 통과하지 못한다.

방목지에서 가장 낮은 곳에 작은 개폐관을 설치해 겨울에는 수위를 낮췄다. 가을에는 물을 잠근 뒤 작은 개폐관을 열고 방목지에서 가장 높은 곳의 수직 파이프를 물탱크에 연결했다. 그러면 물탱크 안으로 공기가 들어가 개폐관으로 물이 흘러나올 수 있었다. 나는 18년 동안 이 방법을 썼는데, 물이 얼어 파이프가 깨지는 일은 없었다. 서리가 땅속 1.8*m*까지 내리는 북부의 추운 겨울에도 말이다.

이 방목지에서 얻은 또 한 가지 교훈은 지표 아래에서 무슨 일이 벌어지고 있는지 생각하게 됐다는 것이다. 원래 씨앗을 뿌리던 방식으로도 줄기가 튼튼한 작물을 얻을 수는 있었지만 별로 생산적이지 않았다. 줄기는 막대기 같고, 작고 얇은 이파리가 몇 개 자랐을 뿐이다. 꽃턱이 잘 발달한 식물은 거의 없었다. 이런 현상들은 전부 양분 순환이 잘 일어나지 않는다는 사실을 보여 준다. 작물을 심었던 때로 돌아가면 나는 수년 동안 경운을 했던 농장에 씨앗을 심고 있었던 것이다. 농장은 작물 다양성이 굉장히 낮았다. 거듭 말하지만 아버님은 벼목에 속하는 봄밀, 귀리, 보리만 심었다. 합성비료도 문제지만, 다양성이 부족하다는 점도 농장이 실패한 이유 중 하나였다. 계속되는 경운과 합성비료 사용으로 균근균이 오랜 기간에 걸쳐 사라져 토양입단 크기가 매우 작아졌다. 그 결과 토양 생명체가 서식할 공간이 사라지고 물을 흡수하는 비율도 매우 낮아졌다. 이 모든 조건이 합쳐져 작물이 자라는 데 최악의 환경이 조성됐다. 씨앗에서 싹은 트지만 자라는 과정에서 근본적인 굶주림에 시달리는 것이다.

다년생 작물을 재배하기 전에 이런 고민을 했어야 했다. 나는 각 분야의 전문가를 찾아다니며 상황을 바로잡을 수 있는 방법에 대한 조언을 들었다. 전문가들은 이렇게 답했다.

"합성비료를 뿌리세요."

하지만 합성비료는 4년 동안 수입이 없었던 내가 선택할 수 있는 방법이 아니었다. 작물과 가축만으로 문제를 해결해야 했다. 그렇다면 대체 어떤 작물을 심어야 할까? 나는 우리 환경에 적합한 종류의 풀과 콩과 식물이 무엇인지 알려 줄 믿을 만한 연구를 찾을 수 없었다. 그래서 실험을 한번 해 보기로 했다. 먼저 콩과 식물 10종을 선택했다. 방목용 알팔파 2종, 자운영, 벌노랑이, 토끼풀, 잠두를 포함해 여러 식물을 골랐다. 참새귀리를 다시 재배하기 위해 방목장마다 제초제도 사용했다(물론 지금은 과하게 방목한 토양에 다년생 작물을 파종할 때는 제초제를 쓰지 않는다). 그리고 사이사이 내가 선택한 작물을 심었다. 방목지마다 한 종씩 심고, 한 방목지에는 대조군으로 쓰기 위해 아무것도 심지 않았다. 1998년, 폭풍우가 휘몰아치고 나서 단비가 내린 뒤 새로운 작물은 건강하게 자리를 잡았다.

나는 씨앗을 뿌린 방목지를 오랜 시간에 걸쳐 관찰했다. 그 결과 어떤 종이 잘 자라고 우리 농장 환경에 잘 적응하는지 확인할 수 있었다. 우리 농장에서는 알팔파, 자운영, 토끼풀이 가장 잘 자랐다. 여러분의 농장은 상황이 다를 수 있다. 여러분도 각자 농장에서 실험해 보기를 바란다. 현재 나는 치커리와 플랜틴 같은 광엽초본식물, 다양한 종의 침엽초본식물, 콩과 식물을 다년생 사료 작물로 재배한다. 단일 종 다년생 작물만 심은 방목지는 절대 만들지 않았다(지피작물 운영 방법은 8장에서 자세히 소개할 것이다).

빚에서 탈출하기까지

몇 해에 걸쳐 우리는 '평범한' 작물 재배로 돌아가는 과정을 보았다. 날씨도 괜찮았고, 우연치 않게 몇 년간 작물 재배에 실패하면서 토양 상태가 좋아진 덕분에 수확량도 점차 늘었다. 이윤이 생산 원가를 약간 웃도는 정도였지만 적어도 이윤을 내고는 있었다. 수중에 현금을 쥘 수 있게 되자, 1995년 이전 수준은 아니지만 화학 비료를 더 많이 사용하기 시작했다.

인증 받은 황소를 꾸준히 판매한 덕분에 농장의 평판도 좋아져서 상당한 이윤을 얻었다. 이듬해 2월과 3월에 송아지를 얻으려는 이 지역 대부분의 농장주들처럼 우리도 5월에 농장의 수소와 암소를 합사했다. 지역 농장주들에게 종자로 쓸 수송아지를 몇 마리 팔았다. 또, 송아지가 젖을 뗴는 10월에 가장 상태가 좋은 수송아지를 선택해 1월까지 잘 키운 뒤 지역 가축경매장에 팔았다. 암송아지도 젖을 떼는 1월까지 농장에서 키웠다. 최상의 소들을 제외하고, 수소를 포함해 모든 소를 가축경매장에 판매했다.

나는 업계 전문가의 조언에 따라 여러 해 동안 정기적으로 압박식 보정틀squeeze chute[2]을 이용해 소를 관리했다. 소들은 1월에 백신을 맞고 기생충 약을 먹어야 했다. 출산 시기에는 폐렴과 이질에 시달리는 송아지를 치료했다. 5월에 암소와 수소를 목초지로 끌고 오기 전, 소들에게 기생충 약을 한 번 더 먹이고 약을 투여했다는 의미로 귀에 표식을 달았다. 송아지에게는 호흡기 질환을 예방할 수 있는 백신과 기생충 약을 먹였다. 단, 인공수정을 하기로 한 소들은 보류했다. 이 소들은 여러 주사와 체내약물 주사CIDRs(프로게스테론 주사)를 맞혀 발정기를 일정하게 유지했다. 송아지가 젖을 떼기만 해도 기생충 약을 포함해 7종의 백신을 접종했다. 그런 다음 2주 후에 2차 백신을 맞혔다.

우리 농장에서 태어난 소를 원하는 곳이 많아지면서 소의 수를 늘렸다. 숫자가 늘면서 신고 서류도 많아졌고, 교배가 잘될 것 같은 암소와 수소를 합사하면서 종축군[3](한 번에 6마리)도 늘었다. 결과적으로 일이 더 늘었다. 소를 분류해 방목지로 데려가는 일뿐 아니라, 가축 사진 찍기, 판매 카탈로그 개발, 수소 마케팅까지 해야 했다. 규모가 점점 커져서, 2000년에는 우리가 공급하는 수소 수의 증가 폭에 맞춰 '빅 리그'로 옮겼다. 해마다 소를 근방에서 팔아 왔는데, 이제는 판매처를 지역 경매장으로 확대한 것이다. 우리는 계속해서 실적을 추구했고, 부근에서 가장 훌륭한 겔비에 수소를 제공하는 농장으로 홍보했다. 궁극적으

2 육용우를 진단, 치료, 수술할 때 동물의 움직임을 제한하기 위해 사용하는 틀
3 육종 개량을 위해 관리하는 가축 무리

로 우리는 블랙 앵거스와 레드 앵거스를 교배해 잡종강세hybrid vigor[4]의 이점을 얻으려 했다. 잡종강세는 요즘 유행하는 개념이었고, 노스다코타에서 잡종 수소(겔비에와 앵거스 혹은 겔비에와 레드 앵거스 교배) 판매 게임에 뛰어든 것은 우리가 처음이었다. 덕분에 우리 농장 수소는 훨씬 유명해졌다. 인지도를 유지하기 위해 우리는 수소 출하 공정에 몇 가지 단계를 추가했다. 사육장에서 어떤 수소가 우수한지 확인하기 위해 가을 동안 가축의 몸무게를 여러 번 측정했고, 12월에는 털을 깎아 주었으며, 1월과 2월 초까지 여러 번 목욕을 시켜 경매장으로 가는 날에 티끌 하나 없게 했다. 덧붙여 무료 배송까지 진행하면서 정말 일이 끝도 없었다!

연휴 기간이 두려워지기 시작했다. 크리스마스 다음 날에는 소를 깨끗이 씻기고 털을 다듬어야 했기 때문이다. 소를 파는 일은 대부분 즐거웠지만, 일 때문에 내가 사랑하는 무언가에서 점점 멀어진다는 느낌이 들었다…. 바로 가족이었다! 생산 방식을 바꿔야겠다는 생각이 들었다.

4 서로 다른 품종 혹은 계통을 교배하면 잡종 1세대가 양친보다 우수한 형질을 나타내는 유전 현상

균근균이란 무엇인가

2002년에 우리는 옥수수를 4,000m^2당 200부셸 이상 생산했다. 노스다코타주 버얼리 카운티에서는 흔치 않은 수확량이었다. 내가 옥수수를 수확할 때면 아버님은 손자와 함께 밭에 서 있는 사진을 찍어 달라고 아내에게 부탁했다. 드디어 내가 아버님의 인정을 받게 된 것이었다.

옥수수는 내 자랑거리였다. 하지만 재생농법을 적용하기까지 갈 길이 멀었다. 비스마르크와 미주리강을 사이에 두고 있는 맨던에는 미국 농무부 대평원연구소가 있는데, 2003년 나는 운 좋게도 그곳에서 토양미생물학자로 일하는 크리스 니컬러스 박사를 만날 수 있었다. 그녀는 토양 생태계를 주제로 연구했으나, 농경이 아니라 생태적 관점에 초점을 맞추었다. 그녀는 토양에서 벌어지는 자연적인 과정을 연구했는데 주요 관심사는 균근균mycorrhizal fungi이었다. 균근균에는 다양한 종류가 있는데, 그중 수지상균근균은 토양의 양분을 이동시키는 데 핵심적인 역할을 한다. 수지상균근균은 토양의 도로 역할을 한다. 곰팡이는 박테리아 다음으로 지구상에서 가장 많은 미생물 가운데 하나다. 길고 가느다란 균사로 이루어진 곰팡이는 거의 모든 토양 생태계에서 발견할 수 있다. 물론 버섯처럼 보통은 숲속에서 흔히 볼 수 있다.

생태계를 기반으로 한 농경 시스템에서 곰팡이는 거의 모든 종의 옥수수와 밀접한 관계를 유지하며 자란다. 곰팡이는 식물 뿌리의 연장선 역할을 하는데, 식물에 필요한 양분이 있는 곳까지 자라 식물이 뿌리에서 분비하는 탄소 화합물과 만난다. 결국 수지상균근균이 있으면 뿌리를 빠르게 뻗어 미네랄이나 다른 여러 양분을 얻을 수 있다. 식물의 뿌리와 공생하는 수지상균근균은 식물 내부의 항산화물질과 생리활성물질을 생산하는 반응을 자극하기도 한다. 10장에서도 설명하겠지만 이 화합물은 우리의 건강에도 중요한 역할을 한다. 과학자들은 식물과 균근균이 화학적 신호를 주고받는다는 사실보다 식물과 박테리아의 관계에 더 많은 관심을 기울인다. 둘의 메커니즘은 유사해 보이며, 식물이 추가로 양분을 흡수한다는 최종적인 결과는 분명하다.

니컬러스 박사를 만나자마자 나는 우리 농장에서 실시하는 농법을 한번 봐 달라고 제안했다. 그녀는 농장을 둘러보더니 이렇게 말했다.

"게이브, 당신은 정말 긴 여정을 잘 견뎌 냈어요. 하지만 합성비료를 계속 사용하는 한 토양은 지속가능할 수 없어요."

니컬러스 박사는 합성비료가 균근균에 해롭다고 설명했다. 합성비료를 사용함으로써 토양을 돕는 게 아니라 사실상 해치고 있었다. 합성비료는 미생물과 식물의 뿌리 사이에 끼어든다. 합성비료가 식물에게 '공짜로' 주어진 양분이기 때문에 식물은 미생물과 탄소를 교환할 필요가 없다. 그 결과 식물은 탄소를 내부에 쌓아 둔다. 즉, 미생물은 성장하고 번식하는 데 충분한 양분을 얻지 못해 수가 늘지 못한다. 균근균은 식물을 위해 효과적으로 미네랄을 습득해 탄소와 교환한다. 하지만 곰팡이가 식물에서 탄소를 얻지 못하면 식물은 미네랄에 닿을 수 없다. 또한 합성비료에는 식물에 필요한 광범위한 양분이 아니라 제한적인 양분만 있다(지피작물인 콩과 식물 덕에 내가 이미 대기 중에서 무료로 질소를 얻고 있었다는 사실을 기억하라).

니컬러스 박사의 조언을 들은 후 나는 이런 생각이 들었다.

'세상에! 우리 토양이 합성비료를 사용하지 않아도 될 정도로 건강하단 말이야?'

나는 직접 알아보기로 했다. 나는 2004년부터 농지를 여러 개로 나눠 다양한 시도를 해 보았다. 니컬러스 박사가 말한 것보다 비율은 훨씬 적었지만 농지 절반에서 합성비료의 양을 줄여 보았다. 나머지 절반에는 합성비료를 아예 사용하지 않았다. 다양한 날씨 환경에서 시험해 보기 위해 나는 4년간 이 실험을 지속하기로 했다. 그 결과는 매우 놀라웠다.

지피작물 혼합 재배의 효과

합성비료를 사용하지 말라는 니컬러스 박사의 급진적인 조언을 받았을 때, 나는 토양을 재생하는 데 지피작물이 어떤 역할을 하는지를 배우는 중이었다. 브라질 농학자 아데미르 칼레가리Ademir Calegari 박사는 전 세계를 돌아다니며 지피작물로 토양 건강을 향상시키는 방법을 가르친다. 그는 캔자스주 설라이나 Salina에서 열린 농지학회에서 무경운 농법을 발표했다. 칼레가리 박사의 발표에서 특히 두 가지가 기억에 남았다. 첫째, 칼레가리 박사는 1년에 50㎜의 빗물이 농지로 흡수되거나 지피작물을 기를 수 있어야 한다고 말했다. 이 시점이 바로 내가 더 많은 지피작물을 기를 수 있다는 사실을 알아차린 시기였다. 사람들은 지피작물까지 재배하기에는 강수량이 부족하다고 항상 말한다. 농장 위치는 크게 중요하지 않다. 노스다코타주처럼 건조한 지역이든 습도가 높은 다른 지역이든 사람들은 자신의 농장이 있는 지역이 너무 건조하거나 너무 습도가 높다고 생각한다. 사실 그건 그냥 핑계일 뿐이다. 칼레가리 박사에 따르면 전 세계 어떤 환경에서도 지피작물은 잘 자란다.

정말 충격적이었던 두 번째 사실은 다양한 지피작물을 혼합해서 심어야 한다는 것이었다. 이 말을 듣자마자 내 머릿속에는 한 가지 생각이 떠올랐다.

'게이브, 이 바보야! 초원 생태계는 다양한 종으로 이루어져 있잖아!'

칼레가리 박사는 약 7~8종의 작물이 '함께' 자랄 때 시너지 효과가 극대화된다고 설명했다. 그 당시 나는 2~3종의 작물만 재배했다. 대부분은 이런 내 방식이 제정신이 아니라고 생각했다. 하지만 생태계의 기능적 측면에서, 칼레가리 박사의 말은 일

사진 4 다양한 다년생 작물이 자라는 초원에서 건강하게 작동하는 생태계를 유지하는 '자연의 방법'을 배웠다.

리가 있었다.

당시 버얼리 카운티의 지역 환경보호 활동가이자 내 친구인 제이 풔어러는 나와 함께 학회에 참가했다. 집으로 돌아가자 그는 버얼리 카운티 토양보호구역 감독위원에게 칼레가리 박사의 조언을 기반으로 하는 실증 실험을 제안했다. 이 실험이 어떤 영향을 미치게 될지 우리는 잘 몰랐다! 2005~2006년의 겨울은 매우 건조했다. 그래서 봄이 되면 사실상 토양에 수분이 거의 없었다. 5월 말, 토양보호구역 직원은 8종의 지피작물을 단일작물로 구성된 4,000m^2 농지에 파종했다. 동부, 대두, 순무, 다이콘 무 4종과 수수, 해바라기였다(이렇게 다양한 작물을 재배하는 것을 혼작이라 부른다). 파종을 하고 7월 말까지 농장에는 약 2.5cm의 비가 내렸다. 결과는 놀라웠다. 다양한 작물을 파종한 농지의 생산량이 3배는 더 높았다! 각 구역의 비슷한 면적에서 작물을 수확해 자연건조를 시킨 후 무게를 측정해 결과를 입증했다. 한눈에 봐도 차이가 확연하긴 했다.

니컬러스 박사는 결과를 이렇게 설명했다.

"균근균은 한 가지 작물에 필요한 양분을 제공할 뿐 아니라, 다양한 작물을 연결하는 균사를 만들어 미생물과 식물 둘 다에게 필요한 양분과 에너지를 공급합니다."

이 시너지는 자연의 비결이다. 퀴어러의 시범으로 단일작물 재배가 토양 건강에 해를 끼친다는 사실이 증명됐다.

나는 이 실험에서 깊은 인상을 받았다. 그리고 즉시 8종, 10종, 12종의 지피작물을 혼합해 재배했다. 요즘에는 지피작물을 7종 이하로 재배하지 않는다. 대부분 그 이상을 재배한다. 그 결과는 명확했다. 유기물 양은 크게 늘었고 토양 건강이 나아졌으며 생산량도 눈에 띄게 증가했다. 나란히 진행한 테스트 결과는 퀴어러에게도 깊은 인상을 주었다. 그는 이 결과가 기존의 농경 관점에서는 말도 안 되는 이야기지만, 자연의 다양성 관점에서 보면 당연한 결과라고 했다.

나는 다양한 지피작물이 어떻게 가뭄 속에서도 제 기능을 하는지 궁금했다. 나는 다양한 지피작물을 혼합해 재배하는 방법이 토양 건강에 영향을 미친다는 사실을 알고 있었다. 그리고 또 다른 방법으로 그 영향이 더 커질 수 있는지 알아보기로 했다.

가축 밀도의 힘

우리 농장의 실험이 성공하면서 나는 농경학회에서 내 이야기를 들려 달라는 초청을 받기 시작했다. 2006년 초에는 캐나다 매니토바주에서 열린 사료학회에서 발표했다. 발표를 마치자 한 남자가 내 쪽으로 쿵쿵거리며 다가왔다. 키가 작고 벗겨진 머리에 카이저수염을 길게 기른 남자는 이렇게 말했다.

"내가 하고 있는 일을 당신한테 보여 줘야겠소! 내 방으로 와 보쇼!"

그 남자 방으로 따라갈 생각이 없어서 대화를 자르려고 했지만 그는 완고했다. 그는 앞서 걸어가며 토양을 바꾸는 데 가축을 어떻게 활용했는지를 설명했는데, 그 말에 귀가 쫑긋할 수밖에 없었다. 이야기를 들으며 내가 동의하는 부분이 나오자 흥미가 솟기 시작했다. 나는 그의 노트북이 있는 방까지 함께 이동했다. 호텔방에 도착하자 그는 노트북을 켜서 자신의 목장 사진과 높은 밀도로 가축을 방목하는 기술을 보여 주었다. 우리의 대화는 늦은 밤이 돼서야 끝났고, 남자의 아내는 내 방 열쇠를 빌려 거기서 잠깐 눈을 붙이기도 했다. 이 일은 지금까지도 우리 사이에 재미난 일화로 남아 있다. 그날 밤 노트북에서 본 내용은 내가 재생농법을 고민하며 생각했던 핵심적인 부분을 짚어 주었다. 그 부분은 오늘날 우리 농장에 지대한 영향을 끼치고 있다.

이 캐나다인 농장주는 닐 데니스였다. 데니스와 아내는 서스캐처원주의 와오타 근처에 있는 728만m^2 규모의 농장에 살고 있었다. 그는 가축을 방목하기 위해 다년생 작물만 자라는 초원을 관리했다. 독특한 점은, 그가 토양을 재생하기 위해 방목하는 가축 밀도가 높았다는 사실이었다. 그는 이것을 '무리 방목'이라 불렀다. 가축 밀도란 일정한 면적의 땅에 얼마나 많은 가축이 있는지를 의미한다. 일반적으로 대부분의 농장, 특히 건조한 나라의 농장은 가축 밀도가 낮다. 소들은 넓게 퍼져 있어서 좀처럼 새로운 장소로 움직이지 않는다. 가축 수를 늘리거나 방목지 크기를 줄이면 가축 밀도를 높일 수 있다. 데니스가 그랬던 것처럼 두 방법을 동시에 시행하면 가축 밀도를 크게 높일 수 있다. 과도한 방목을 막으려면 방목지 하나에 소를 풀어놓는 시간을 줄여야 한다. 그는 방목하는 시간을 단 몇 시간으로 줄였다.

장인어른이 농장을 운영하던 1980년대에는 가축 밀도가 4,000m^2당 가축 체중이 약 100*kg* 정도였고, 순환은 거의 이루어지지 않았다. 데니스를 만났을 때 나는 꽤 잘하고 있다고 생각했다. 우리 농장의 가축 밀도는 4,000m^2당 22*t*이었고 하루에 한 번 가축을 다른 방목지로 이동시켰다. 하지만 데니스의 이야기를 듣고 난 후, 우리 농장은 그의 농장 가축 밀도에 털끝만큼도 안 된다는 사실을 깨달았다. 그의 가축 밀도는 4,000m^2당

360t이었다! 믿을 수 없는 수치 같지만 사진은 거짓말을 하지 않았다. 사진에서 데니스의 목장은 멋져 보였다. 그러니 우리가 새벽 3시까지 이야기를 나눈 것도 놀랄 일은 아닐 것이다. 나는 데니스 부부의 목장을 직접 보고 싶어서 그해 봄 서스캐처원주를 방문했다. 하루에 두 번 이상 소떼를 이동시킨다고 해서 얼마나 큰 변화가 일어날지 미심쩍어 했던 건 인정해야겠다. 그러나 그가 농경지에서 목초지로 바꾼 땅에 삽질을 시작하자마자, 나는 그 즉시 이곳의 토양이 얼마나 건강한지 볼 수 있었다.

데니스의 목장이 변화한 과정은 우리 농장과 비슷했다. 그의 목장은 1900년대 초부터 가족이 늘 해 오던 방식으로 운영됐다. 1980년대가 되자 목장에 금전적인 문제가 생겼다. 데니스의 친구 하나가 가축을 관리하고 금전 상황을 개선해 줄 대안으로 총체적 관리에 대한 전단지를 보내 줬다. 하지만 그는 전단지를 곧바로 쓰레기통에 버렸다. 그는 여전히 그 방법이 자신의 목장에서는 먹히지 않을 것이라고 생각했고 강사는 충분히 효과가 있을 것이라고 말했다. 그는 강사의 말이 틀리다는 것을 증명하려고 했다. 그러나 아무리 애를 써도 강사가 옳다는 것을 인정할 수밖에 없었다. 데니스의 목장 상태는 나아졌다. 생산량이 늘었고 더불어 이윤도 늘었다. 그 순간 그의 머릿속에 한 가지 생각이 떠올랐다. 그의 목장에는 소가 충분하지 않았던 것이다!

데니스는 자신의 방목지에서 다른 농장주들의 소를 방목하는 정도를 조절하면서 천천히 가축 밀도를 높였다. 처음에는

총체적 관리Holistic Management

'Holistic'은 '모두, 전체, 전반'을 의미하는 그리스어에서 온 단어다. 농업에서 총체적 관리는 자원을 관리하는 시스템 사고systems-thinking 방식으로, 앨런 세이버리Allan Savory가 고안했다.

세이버리협회 홈페이지에 따르면, 총체적 관리는 "자연을 이해할 때 필요한 통찰력과 관리 도구를 선사하는 의사 결정 및 계획 구축 과정으로, 사회적·환경적·금전적으로 균형 잡힌 사항들을 고려하고 더 많은 정보를 담은 결정"이다.

총체적 관리는 자연이 총체적으로 기능한다는 것을 전제한다. 자연은 사람, 식물, 동물, 토양 사이의 긍정적이고 공생적인 관계를 다루는 단일 공동체다. 한 가지 핵심종(환경의 특징을 결정하는 종)의 행동을 막거나 변화시키면 다른 범위의 환경에도 광범위하게 부정적인 영향을 미치기 마련이다.

총체적 관리는 생태계의 네 가지 움직임과 그 과정이 우리에게 어떤 영향을 미칠 수 있는지에 집중한다. 생태계 움직임은 물 순환, 탄소 순환, 미네랄 순환, 에너지 흐름, 생태계를 이루는 생물 사이의 복잡한 관계를 나타내는 군집역학을 말한다.

재생농법은 어떤 행동이 총체적 관리에 한발 다가가는지 아닌지를 결정하는 여러 질문을 활용한다.

1. **원인과 결과.** 근본 원인을 해결하는가?
2. **약한 연결고리.** 이 행동이 사회적·생물학적·금전적 분야 중 한 가지 약한 연결고리를 해결하는가?
3. **미미한 반응.** 들인 시간과 돈에 비해 더 많은 결과를 얻을 수 있는 다른 방법이 있는가?

4. **전체 수익 분석.** 어떤 사업이 간접비를 더 많이 충당하는가?

5. **에너지 및 금전적 원천과 사용.** 소비하는 에너지나 금전적 비용이 당신의 목표를 만족시키는 가장 적절한 원천인가?

6. **지속가능성.** 그 방법이 당신이 원하는 미래의 자원에 가까이 다가갈 수 있게 해 주는가 멀어지게 하는가?

7. **사회와 문화.** 그 방법을 어떻게 생각하는가? 당신이 원하는 삶의 질을 지향하는가? 다른 사람들에게 부정적인 영향을 끼치는가?

우리는 목장을 운영하며 중요한 결정을 내려야 할 때 이 질문을 던졌다. 덕분에 결정을 내리기가 수월해졌고, 우리가 결정하고 선택한 행동이 성공할 확률에 자신감을 갖게 됐다.

8만m^2당 100쌍의 소를 풀어 두었다. 날이 갈수록 풀이 튼튼해지고 토양 상태가 좋아지는 모습을 보면서 그는 가축 수를 늘려 천천히 가축 밀도를 높였다. 토양 상태가 점점 더 좋아지자 그는 방목지에 소를 방목하는 시간은 줄이고 소의 숫자를 늘려 나갔다. 그는 이내 자신이 실험을 하고 있다는 생각이 들었다. 가축 밀도가 어느 정도까지 높아질 수 있을까? 가축 밀도는 4,000m^2당 220t에서 곧이어 360t까지 높아졌다. 가끔은 가축 밀도가 450t까지 치솟기도 했다! 모든 사람들, 특히 정부기관 소속 전문가들이 데니스가 제정신이 아니며 있을 수 없는 일이라 치부했다. 그는 그들이 틀렸다는 걸 증명하기 위해 더 열심히 일했다. 처음 이 방법을 시도했을 때 데니스가 마을에 있는 커피숍에 들어서면 쥐 죽은 듯 조용해졌다는 이야기를 내게 자주 들려줬다. 그는 별로 신경 쓰지 않았다. 그가 입버릇처럼 말하듯 "수프를 계속 젓지 않으면 냄비 바닥이 타기" 때문이다.

시간이 지나 토양의 유기물 양이 2배 이상으로 늘었을 때 데니스가 어떤 기분이었을지 상상할 수 있을 것이다. 침투율도 시간당 40㎝까지 늘었다. 변화를 가장 먼저 알아차린 사람은 카운티의 도로를 정비하던 사람이었다. 어느 날 작업을 하던 사람이 멈춰 서서 데니스에게 길을 따라 늘어선 다른 목장보다 토양 상태가 훨씬 좋은 이유를 물었다!

다음은 방목에 대한 데니스의 조언을 요약한 내용이다.

- 다양하게 혼합해야 한다. 매년 같은 시간, 같은 방목지에 같은 수의 가축을 방목하지 마라.
- 한 번에 혹은 한 장소에서 가축 밀도를 높이려 하지 마라. 변화는 아주 서서히 일어나야 한다.
- 작은 규모로 시작해라. 2만~4만㎡로 시작해서 점차 늘려 나가라.
- 가장 중요한 점은 실패에서 배워야 한다는 것이다(이 내용은 이미 알고 있었다!).

데니스가 이룩한 성공의 핵심은 자동 울타리 개폐장치를 개발한 것이었다. 배트 래치Batt-Latches라는 이 장치는 전기 울타리를 사용해 고안한 것으로, 그에게 매우 중요했다. 울타리 개폐가

사진 5 오른쪽 아래에 있는 배트 래치 게이트는 자동으로 열리기 때문에 소들이 새로운 목초지로 이동할 수 있다.

자동화된 덕에 토양을 관찰해 새로운 방법을 고안하고 직접 해보는 데 시간을 더 투자할 수 있었기 때문이다. 자동화 이전에는 가축 밀도가 높은 방목지의 울타리를 반복적으로 열고 닫으며 가축을 이동시키기 위해 목장을 가로질러 이리 뛰고 저리 뛰어야 했다. 울타리 개폐가 자동화되면서 그의 소들은 울타리가 열리는 시간을 예상하는 법도 배웠다. 데니스는 자동화된 울타리 열댓 개가 원하는 순서대로 열리고 닫히게 함으로써 그동안 쉴 수 있었다. 물론 일이 너무 재미있는 탓에 쉬지는 않았지만 말이다!

그해 봄, 데니스의 목장에서 집으로 돌아오면서 나는 우리 방목지도 가축 밀도를 높여야겠다고 결심했다. 미국 국경을 넘은 직후 우리 농지에 빠진 부분이 바로 가축이라는 사실을 깨달았다! 그때까지 나는 작물이 자라는 기간에는 소를 목초지에서 방목하고 늦가을과 겨울에는 지피작물이 자란 농지에서 방목했다. 나는 이런 의문이 들었다.

'환금작물을 파종하고 수확한 후에만 방목하는 대신 농지에 다양한 지피작물을 파종하고 작물이 자라는 기간에도 방목을 하는 건 어떨까? 이 방법을 쓰면 들소나 엘크 같은 반추동물이 떼 지어 다니며 풀을 뜯고 땅을 밟은 후 이동하는 것처럼, 초원의 토양이 생성된 과정을 따라 하는 데 한발 다가설 수 있지 않을까?'

기발한 생각이었다. 가축 밀도를 높여야겠다고 마음먹은 뒤에 했던 생각 중에서는 특히 그랬다. 내가 아는 사람 가운데 이런 관점으로 방목에 접근하는 사람은 없었다. 아들 폴과 이야기를 나눠 본 뒤 나는 이 방법을 시도해 보기로 마음먹었다. 우리 농장에는 이미 지피작물이 자라고 있었으므로 여기에 소를 들이기로 했다. 4,000m^2당 270~310t의 소를 밀어 넣고 방목지를 신속하게 이동하며 순환시켰다. 효과가 있었다! 토양 건강이 나아지고 있다는 사실도 곧 확인할 수 있었다. 신성한 재생 농장이 되려면 농장 경영에 가축을 참여시키는 것이 중요하다는 것을 이때 깨달았다.

총체적 관리가 대단한 한 가지 이유는 환경에 따라 유연하게

더미 방목Bale Grazing

나는 지표를 보호하기 위해 데니스의 '심층 토양 마사지'를 활용하지는 않지만, '더미 방목'이라는 비슷한 방법을 쓴다. 우리는 동물들이 되도록 항상 땅에 심어진 상태의 사료를 뜯어 먹게 했다. 가공된 사료를 먹이면 땅에서 자라는 사료를 먹이는 것보다 훨씬 비용이 많이 들 것이다. 그러나 눈이나 얼음이 두껍게 쌓여 방목을 할 수 없을 때도 있다. 이런 상황에서는 차선책으로 더미 방목을 선택했다.

더미는 약 15m 간격(여기에는 맞거나 틀린 방법이 없다)으로 놓아두면 된다. 건초의 질에 따라 다르긴 하지만 더미 방목을 하는 대부분의 농장주들은 가축에게 한 번에 일주일치 건초를 준다(가축이 정해진 양만 섭취할 수 있도록 한 가닥짜리 전기 울타리를 사용한다). 이 건초 더미를 다 먹으면 건초 더미를 더 많이 준다. 이 방법을 쓰면 가을에 트랙터로 목초지에 건초 더미를 한 번 뿌려놓기만 해도 겨우내 소들을 먹일 수 있다. 이 방법의 매력은 소 배설물이 목초지에 바로 쌓인다는 점이었다. 울타리 너머로 거름을 끌고 올 필요가 없다. 정말 큰 비용을 절감할 수 있는 방법이다.(사진 6 참조)

더미 방목은 시작만 하면 다양한 이점을 금방 체험할 수 있다. 우리 농장이 있는 북쪽 환경에서는 일반적으로 가축에게 1년 중 적어도 5개월 동안 건초를 먹인다. 건초를 직접 키우거나 구매하는 데 비용이 많이 들 뿐 아니라, 먹이는 일도 시간과 비용이 많이 들기 때문이다. 나는 5개월 동안 울타리에 갇힌 소들을 먹일 사료를 운반하느라 매일 서너 시간을 거대한 삽이 달린 트랙터나 사료 공급용 트랙터에서 보내곤 했다. 이렇게 하면 시간과 연료가 소모될 뿐 아니라 기계도 마모된다. 나는 갇혀 있는 소에게 건초를 갖다 주느라 시간을 소비했고, 울타리 안에 있던 거름을 농지에 뿌리는 데 더 많은 시간을 소모했다.

사진 6 우리는 겨울 방목을 위해 건초더미를 밖에 두었다. 가을에 건초더미를 한 번에 옮겨 둠으로써 겨울의 혹독한 날씨 속에서 매일 같이 사료를 옮기는 데 드는 인건비를 줄일 수 있었다. 이 방법은 토양의 질도 향상시킬 수 있었다.

나는 소에게 다리가 있다는 사실을 잊고 있었다!

더미 방목을 한 뒤로는 노동, 연료, 장비 사용이 줄었을 뿐 아니라, 더미 방목을 한 방목지에서 이듬해 사료를 생산하는 데도 큰 영향을 미쳤다. 버얼리 카운티 토양보호구역 직원이 방문해 사료를 채집하고 무게를 측정한 뒤 테스트했다. 테스트 결과 우리 농장이 생산하는 바이오매스가 더미 방목을 하지 않았을 때보다 3배 늘었고 생산된 사료의 단백질 함량도 훨씬 더 높았다.

우리는 소와 양을 키우면서 더미 방목을 광범위하게 활용했다. 자원 측면에서 절감한 비용과 혜택은 어마어마하다.

대체 가능하다는 점이다. 사료가 자라는 속도나 날씨는 끊임없이 변하기 때문에 계획된 방목은 농장 운영자가 보조를 맞추는데 유리하다. 또한 가축 밀도가 높으면 가축을 도구로 활용할 수 있다.

데니스는 '심층 토양 마사지'라는 또 다른 아이디어도 소개했다. 그는 건초 한 더미를 지표가 그대로 드러난 땅에 펼쳐 놓았다. 소가 건초를 뜯어 먹으면서 땅에 떨어진 건초를 밟으면 일부는 땅속으로 들어간다. 이렇게 땅속으로 들어간 건초는 미생물의 먹이가 되어 풀이 잘 자랄 수 있게 돕는다. 데니스는 지표가 노출됐지만 '마사지'를 받은 토양과 그렇지 않은 곳의 차이를 분명히 목격했기 때문에 이 방법이 효과가 있다는 사실을 알았다. 마치 낮과 밤처럼 차이가 명확했다.

지표가 노출되는 것은 모든 농장에서 생태계가 황폐해지면서 나타나는 최악의 현상이다. 연간 강수량이 제한적인 장소가 사막화되는 첫 번째 단계다. 경운된 땅만 말하는 것이 아니다. 목초지의 지표가 노출되는 것은 문제가 있다는 징조일 뿐 아니라 잡초가 자랄 수 있는 빌미를 제공한다. 지피작물을 심으면 지표가 노출되는 부분을 줄이거나 없앨 수 있다. 초원은 한 장소에서 몇 시간 혹은 며칠만 머무르며 풀을 뜯고 다른 장소로 이동하는 거대한 들소 무리와 함께 만들어진다. 데니스는 내가 목격한 그 효과를 재현하고 있었다. 어떻게 그런 일이 벌어질 수 있을까? 소나 양의 발굽은 어마어마한 양의 풀과 두엄에 압력을 가

사진 7 기존의 농경법과 재생농법의 차이를 보여 주는 사진이다. 이웃이 합성비료를 뿌리는 동안 우리는 천연비료를 제공하는 '비료 팀'을 고용했다.

한다. 이 풀과 두엄은 분해되어 토양 미생물의 먹이가 된다. 막대한 양의 배설물과 거름을 더하면 엄청난 양의 천연비료를 얻을 수 있다.(사진 7 참조)

니컬러스 박사는 이런 현상을 이렇게 쉽게 설명했다. 가축을 방목하면 식물이 잘 자랄 수 있다. 다시 말해 광합성으로 생성되는 탄소가 땅속에 더 오래 머무를 수 있다. 혹은 씨앗을 만들거나 더 자라기 위해 식물이 탄소를 도로 끌어다 사용할 수도 있다. 방목은 식물 뿌리에서 삼출액이 생산되는 과정(탄소 분비물)을 촉진한다. 식물은 생리적으로 동물이 뜯어 먹는 것을 상처라 생각하기 때문에 우리 몸에 딱지가 생길 때처럼 치유 과정이 필요하다. 식물이 이 치유 과정을 마무리하려면 토양의 양분이 필요하고, 뿌리로 더 많은 분비물을 내뿜어 탄소에 굶주린 미생물에 먹이를 미끼로 제공한다. 그렇게 미생물을 끌어모아 필요한 양분을 모으는 데 착수한다.

니컬러스 박사는 일정 수준의 스트레스는 식물에 도움이 된다고 했다. 그렇지 않으면 식물은 '나태'해지고 양분을 얻으려 애쓰지 않는다. 과학에서는 이것을 '자원보존'이라고 한다. 어떤 유기체도 자신이 필요한 것 이상으로 무언가를 만들어 내지 못한다는 뜻이다. 식물은 균형과 동적평형을 추구하기 때문에 최상의 성과를 내려면 너무 많이는 아니지만 어느 정도의 스트레스가 필요하다. 식물에 스트레스를 주는 것은 올림픽에 대비해 연습하는 것과 같다. 몸을 단련할 때 올바른 방법으로 스트레스를 주지 않는 한 당신의 몸은 운동할 준비를 하지 못한다. 식물도 추가로 양분을 얻으려면 그에 맞게 노력해야 한다. 이것이 바로 가축이 재생농법과 토양 건강에 핵심 요소인 이유다. 기존 농경 모델에서는, 식물은 양분을 얻으려고 노력하지 않는다. 그들은 우리 주머니에서 어마어마한 돈을 지불하게 하고는, 우리한테서 양분을 얻는다!

3장

거친 흙에서 생명의 땅으로

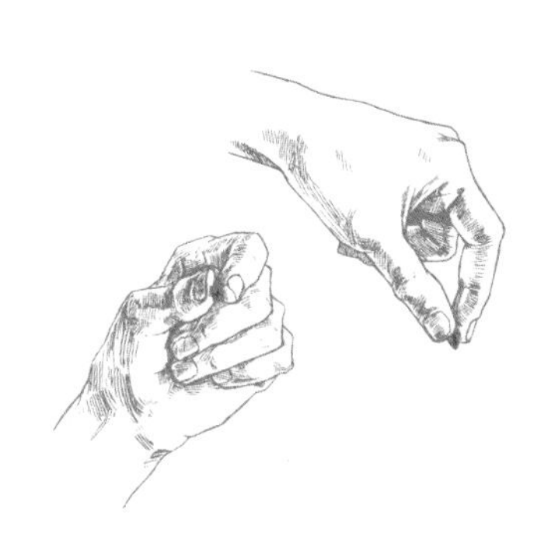

농사를 짓는 과정에서 실수와 실패는 피할 수 없다. 여기서 우리는 한 줄기 희망을 배울 수 있다. 하지만 여러 작물을 시험하다 맞닥뜨리는 실패보다는, 우리가 방목지에 설치했던 수도 시스템과 다양한 지피작물을 심는 것처럼 실험에서 배우는 것이 훨씬 더 재미있었다! 2007년, 나는 합성비료를 사용한 곳과 사용하지 않은 곳으로 농지를 나눠 4년 동안 경작했다. 그 결과 의심할 여지없이 니컬러스 박사의 말이 옳았음을 증명했다. 4년 연속 합성비료를 사용하지 않은 곳의 작물 수확률은, 합성비료를 사용한 곳만큼 혹은 그보다 더 높았다! 합성비료 사용을 중단하자마자 토양 상태가 놀라울 만큼 좋아졌다. 토양은 응집력이 높아져 정말 초콜릿 케이크처럼 보였다! 토양이 잘 응집된다는 것은 침투율이 상당히 좋아졌다는 뜻이다.(사진 8 참조)

사진 8 우리 농장의 농지에서 일정하게 뭉쳐지는 토양에 주목하자. 균근균은 토양이 잘 뭉칠 수 있도록 글로말린을 분비한다.

그 뒤로 우리 농장에서 합성비료를 사용하지 않았다는 것은 굳이 말할 필요도 없을 것이다. 임대한 땅에서는 2010년까지만 합성비료를 사용했다. 합성비료를 쓰지 않기로 결심한 것이 생산에 어떤 영향을 미쳤을까? 오늘날 우리 농장의 수확량은 미국 평균 수확량보다 약 20% 높다. 우리 농장의 수확량이 카운티에서 가장 높을까? 아니다. 그렇다면 카운티에서 이윤이 가장 높은 농장일까? 그런 것 같다. 한 가지 이유는 당연하게도 농사를 짓는 과정이 복잡하지 않다는 것이다. 나는 합성비료, 살충제나 살균제에 더 이상 돈을 쓸 필요가 없어졌다. 간단하다. 하지만 앞서 말했듯, 사용하던 합성비료를 지금 당장 다 갖다 버리라

사진 9 이 울타리는 1년 내내 방목을 한 이웃 초지와 재생농법을 활용한 우리 농장의 초지를 비교해 준다.

는 게 아니다. 그렇게 하면 재앙 같은 일이 벌어질 것이다. 토양은 마약에 중독된 것처럼 합성비료에 길들여져 있다. 합성비료는 천천히 끊어야 한다. 먼저 토양 생태계에 먹이를 제공하고 식물이 성장할 수 있도록 북돋아 주는 토양의 능력을 회복하는 일이 중요하다. 다양한 지피작물을 파종하고, 가급적 가축이 작물을 뜯어 먹게 하는 것보다 더 좋은 방법은 없다. 균근균 집단이 건강해지는 것은 물론이고, 일단 토양 생태계가 다양해지고 풍성해지면 합성비료를 완전히 끊을 수 있게 된다.

2007년에 나는 농장에 합성비료 사용을 중단하기로 결정했다. 이 결정으로, 재생농법으로 가는 여정에 크게 한 발 내디딜 수 있었다. 당시 유기농 농장을 포함해 이웃 농장의 토양과 우리 농장의 토양을 비교하기는 쉬웠다. 이웃 농장의 농지는 확실히 유기물이 부족하고 토양 구조가 부실했다. 우리 농장은 침투율이 눈에 띄게 늘었다. 1991년의 침투율은 시간당 3.6cm였지만 2015년에는 2.5cm의 물이 흡수되는 데 9초밖에 걸리지 않았다. 또 한 번 2.5cm가 흡수되는 데는 16초가 걸렸다. 5cm가 흡수되는 데 25초가 걸린 것이다! 이것이 바로 균근균과 토양 생태계의 힘이다. 균근균과 토양 생태계는 토양입단을 만들어 물이 토양으로 잘 스며들고 유기물이 물을 저장하게 한다. 당신의 농장에 비가 얼마나 많이 내리느냐를 묻는 것이 아니다. 당신의 토양이 얼마나 물을 침투시키고 저장하는지가 중요하다. 토양이 저장하는 물의 양을 '유효강수량'이라고 한다. 유효강수량이 적다면 우리는 스스로 가뭄을 만들어 내고 있는 것이다.

토양 건강의 척도, 탄소

토양과 작물에 관한 책이나 연구를 찾던 중 지속적으로 눈에 띈 한 가지가 있다. 이 시스템에서 탄소가 얼마나 중요한 역할을 하는지였다. 그러다 우연히 amazingcarbon.com이란 사이트를 보았을 때 나는 정말 놀랐다. 호주의 토양생태학자 크리스틴 존스Christine Jones 박사는 생태계, 특히 땅속에서 탄소가 얼마나 중요한 역할을 하는지 알리기 위해 이 사이트를 만들었다.

존스 박사는 토양 속 탄소가 토양 건강 전반을 책임지는 중요한 요소인 이유를 명확하게 설명했다. 토양 속 탄소는 물을 저장하는 능력도 탁월하다. 따라서 존스 박사는 토양 속 탄소가 농장에 이윤을 가져오는 중요한 요인이라고 결론지었다.

토양 속 탄소 비율은 어떻게 늘릴 수 있을까? 길게 이어진 농지를 잠시 상상해 보자. 봄에 기온이 상승하고 태양의 고도가 높아지면서 농지에 파종한 씨앗이 싹을 틔울 것이다. 싹이 트면서 뿌리는 땅속으로 뻗어나가 물과 생존에 필수적인 양분을 찾는다. 존스 박사에 따르면 "식물은 대기 중 이산화탄소를 흡수하고 물과 결합해 단당류를 만들어 낸다. 광합성의 산물인 단당류는 생명체를 구성하는 기본 단위다. 식물은 이 단당류로 다양한 화합물을 만들어 낸다. 화합물은 대부분 식물이 자라는 데 사용되지만, 그중 상당량은 뿌리 끝에서 삼출되어 토양 속으로 '새어' 들어간다."

존스 박사가 '액체탄소'라 부르는 삼출액이 식물 뿌리에서 토양으로 새는 이유는 무엇일까? 당연히 미생물에게 먹이를 주기 위해서다! 셀 수 없이 다양한 생명체가 액체탄소를 식량원으로 활용한다. 그 대신 식물은 토양에 있는 양분을 뿌리로 흡수하여 혜택을 누린다. 육지 생명체의 95%가 땅속에 서식한다는 점을 생각하면, 이 관계가 얼마나 중요한지 깨달을 수 있다. 여기에 덧붙여 존스 박사는 이렇게 설명했다.

"미생물의 활동은 토양입단화, 토양 구조 안정성 향상, 통기[1],

침투율, 수분 보유력을 촉진한다. 지표 위든 아래든 살아 있는 모든 것은 식물과 미생물 사이의 관계가 효과적으로 작동할 때 혜택을 본다."

수확하고 남은 작물들, 동물 거름, 퇴비 같은 유기 탄소를 지표에 뿌릴 수도 있다. 유기물이라 부르는 물질은 다양한 물리적 이점이 있지만 결국 분해되어 이산화탄소를 만든다. 한편, 뿌리 삼출액은 토양을 구성하는 핵심적인 요소다. 뿌리 삼출액은 토양층위[2] 깊은 곳에 있는 미생물 군집에 중요한 탄소 원천이기 때문이다. 뿌리 삼출액을 먹이로 삼아 살아가는 미생물은 부엽토 생산에 중요한 역할을 하며, 양이온 교환과 수분 보유력이 높아 매우 안정적으로 오랫동안 유지되는 유기 탄소다. 토양 내부 깊숙한 곳까지 상태가 호전되면, 이 혜택은 농장에서 멀리 떨어진 민물과 해양 생태계까지 확장되어 수원 전반의 건강이 향상될 것이다.

오랫동안 녹색 식물로 뒤덮여 있던 건강하고 생명력 넘치는 토양은 유익한 토양 미생물에 거의 무한정 탄소를 공급할 수 있다. 아무리 강조해도 지나치지 않은 사실이다. 이 과정은 정말 중요하다! 존스 박사에 따르면, 미생물이 참여하기만 하면 비옥한 표토층이 만들어지는 과정은 놀랄 만큼 빨라진다고 한다. 태양에너지는 광합성으로 포집돼 액체탄소 형태로 땅 위에서 땅속

1 토양 속 기체가 대기로 유출되거나 대기의 기체가 토양으로 침투하는 현상

2 토양이 생성되는 과정에서 구분된 층위

근권Rhizosphere

일반적으로 토양층위의 가장 윗부분을 A층이라 부른다. 이 층에서는 박테리아, 곰팡이, 원생동물, 선충, 지렁이를 포함해 다양한 토양 생물을 발견할 수 있다. 깊이는 5~45㎝에서부터 더 깊은 곳까지 다양하다. A층은 식물의 뿌리에서 분비되는 대부분의 액체탄소가 머무는 곳이기도 하다. 미생물은 액체탄소에서 에너지를 얻어 식물이 양분을 방출 및 이동시키거나 표토층이 만들어질 때 중요하고 안정적인 역할을 하는 탄소화합물을 만든다.

A층 아래로 50㎝ 이상 들어가면 일반적으로 심토층이라 부르는 B층을 만난다. B층은 미네랄과, 표토층에 비해 상대적으로 적은 유기물로 이루어져 있고 생물학적 활동도 관찰할 수 있다. 식물 뿌리가 지나가는 한 미생물도 따라갈 것이다. 시간이 흐르면서 이 과정을 통해 B층은 A층으로 바뀌고 A층은 늘어날 것이다.

토양층위의 다음 층은 C층이다. C층은 암석과, 아직 풍화나 침식이 안 된 작은 입자인 미고결 모재로 이루어져 있다. C층에는 A층과 B층의 재료가 되는 물질들이 있다. 산업형 농경법의 결과로 표토층이 침식돼 바다로 쓸려 간다는 말은, 생기 넘치고 중요한 A층이 사라진다는 뜻이다. 황폐해진 토양 건강을 재건한다고 말할 때는 주로 심토에서 새로운 표토가 만들어지는 과정을 의미한다. 이 과정은 상상하는 것보다 훨씬 더 빠른 속도로 일어난다.

한 층에서 다른 층으로 층위를 변화시켜 농사에 적절한 환경을 조성하는 동인은 미생물과 식물의 뿌리다. 토양과 식물 뿌리의 접점을 근권根圈이라고 한다. 이 단어는 20세기 초에 독일의 토양학자 로렌츠 힐트너Lorenz Hiltner가 고안했다. 그는 미생물이 식물의 건강과 영양에 미치는 긍정적인 영향을 선구적으로 연구했다. 근권은 식물 뿌리를 둘러싼 모든 곳으로, 보통 수 밀리미터 두께로 이루어져 있으며 생물학적 활동이 집중되는 곳이다. 힐트너는 미생물 밀도가 높은 토양이 미생물 밀도가 낮은 토양보다 훨씬 더 건강하다고 결론지었다. 이 발견은 '좋은 미생물은 죽은 미생물'뿐이라는 사고가 팽배했던 과학자 및 여러 전문가들의 입장에 반하는 것이었다.

으로 이동하여 미네랄의 용해도를 높이는 미생물을 자극한다. 새롭게 만들어진 미네랄 일부는 심층 토양을 빠르게 이탄화[3]시키고, 나머지는 식물의 이파리로 돌아가 광합성 효율을 높이고 식물의 당 생산을 촉진한다. 이 양성 피드백positvie feedback[4]으로 토양이 생성되는 과정이 영구기관처럼 작동한다.

과학자들은 오랫동안 식물이 뿌리에서 미생물을 끌어들이는 삼출액이 수동적으로 분비된다고 믿었다. 하지만 이미 밝혀진 바와 같이 식물은 생존하고, 필요한 자원을 얻기 위해 동물만큼이나 계산적이다. 이를 식물지능이라 부른다. 필요한 양분에 생물학적으로 접근 가능하려면 식물은 선천적으로 특정 미네랄의 용해도를 높일 수 있는 미생물을 끌어들여야 한다. 이 과정이 완전히 밝혀지지는 않았지만 대략 이런 식으로 이루어진다. 식물은 삼출액으로 인燐 같은 특정한 양분이 필요하다는 화학적 신

3 식물이 석탄으로 변하는 초기 과정

4 연쇄 반응으로 나타난 결과가 원인을 촉진해 결과 값을 점점 크게 하는 조절 과정

호를 보낸다. 이 신호를 감지한 미생물은 그에 따라 반응한다. 식물이 다른 양분이 더 필요하다면 다른 신호를 보내 다른 미생물의 관심을 끈다. 예상할 수 있듯이 의사소통은 점점 더 복잡해지고 빠르게 진행된다. 이 과정의 진정한 묘미는 자연 생태계가 이런 신호체계를 발견했다는 것이다. 식물 하나가 어떤 양분이 필요하다고 신호를 보내고, 근처에 있는 식물은 다른 양분이 필요하다고 신호를 보내도 이 시스템은 완벽하게 응답한다.

존스 박사는 토양에 질소가 과하게 늘어나면 식물과 미생물 사이의 관계를 방해할 수 있다고 설명한다. 식물과 미생물은 각자 독립적으로 질소를 사용하게 될 것이고 그 결과 둘 사이의 중요한 관계는 둔화될 것이다. 작물이 한창 자라는 시기가 되면 중요한 양분을 얻는 데 미생물이 필요한데, 관계가 둔화되면 결국 식물은 원하는 양분에 접근할 수 없게 된다. 이것은 수확량이 떨어지는 결과로 이어진다. 내가 4년 동안 비옥한 농지를 만들려고 애쓴 뒤 왜 그런 결과를 얻게 되었는지는, 이런 사실을 배운 뒤에야 비로소 온전히 이해할 수 있었다. 비료를 주지 않는 것이 사실은 식물과 미생물 사이의 관계를 북돋아 준 행동이었던 것이다.

근권이 건강하면 식물과 미생물이 쌍방향으로 빠르게 소통할 수 있는 관계가 구축된다. '주고받는' 소통의 질과 양은 충격적일 정도다. 근권에 대해 아직 밝혀지지 않은 정보도 어마어마하다. 과학자들은 토양에 서식하는 미생물의 90%인 약 '1조'

마리의 정체가 아직 밝혀지지 않았다고 말한다. 메타지노믹스 metagenomics[5]를 활용한 최근 연구는 지구상 식물에서 발견할 수 있는 새로운 세균문 20가지를 추가했다. 이런 맥락에서 보면 지구상 모든 곤충을 하나의 문으로 분류할 수도 있다(모든 척추동물이 척추동물문에 속하는 것과 마찬가지다). 그러므로 미생물의 세계가 얼마나 거대한지 짐작할 수 있을 것이다. 그 존재조차 모르는 토양 속 미생물 사이를 오가는 모든 신호를 더하면, 수십억 년에 걸쳐 만들어진 땅속 우주가 왜 과학 연구의 거대한 미개척 분야로 남았는지 알 수 있을 것이다.

생명체의 융화

우리는 농부들을 비롯해 많은 사람들을 우리 농장의 여름 투어에 초대했다. 이들과 이야기를 나누면서 나는 식물 뿌리와 토양 미생물을 이어 주는 눈에 보이지 않는 놀라운 관계를 전하는 데 항상 즐거움을 느꼈다. 레이 아출레타Ray Archuleta도 우리 농장 여름 투어에서 처음 만났다. 당시 아출레타는 노스캐롤라이나 소재 미국 농무부 산하 국가기술센터 미국 자연자원보호청NRCS에서 근무했다. 그는 미 전역의 농업 종사자들에게 토양

5 다양한 미생물이 섞여 있는 시료의 DNA를 시퀀싱하고 그 안에 어떤 유전자가 있는지 알아내는 학문

건강을 향상시키는 방안들을 교육했다. 그때는 우리가 절친한 친구이자 동업자가 될 거라는 사실을 전혀 알지 못했다.

내가 기억하는 한 가지는, 내가 토양 관리법을 설명하는 동안 어리둥절해하던 아출레타의 표정이었다. 내 말에 동의할 수 없다는 낌새였다. 하지만 나중에 말하기를, 그 표정은 자신이 알고 있는 토양 상태를 솔직하게 드러낸 것이었다고 했다. 나는 그 순간을, 아출레타의 뇌가 혼선을 일으킨 순간이라고 말하곤 한다. 결국 아출레타의 생각과 일에서 큰 변화가 일어났다. 그는 곧 '흙의 남자 아출레타'로 유명해졌다!

아출레타는 토양 건강과 미생물학을 다룬 앨런 세이버리의 책은 물론이고, 구할 수 있는 모든 출판물을 읽기 시작했다. 그는 이 과정을 그때까지 농업에 대해 배웠던 거의 모든 지식을 향한 신념을 '버리게 한' 첫 번째 단계라고 했다. 여름 투어 동안 그가 우리 농장에 대해 보고 들은 것은 정확히 그가 원했던 정보였다. 그의 표정에서 차츰 그 정보들을 받아들이고 있다는 것을 알 수 있었다. 그는 대학 시절 거의 8년 동안 농경학을 배웠으나, 교수는 한 번도 토양이 어떤 일을 하는지, 특히 토양 생물에 대해서 가르쳐 준 적이 없었다. 나처럼 아출레타에게도 농경은 살충제, 농약, 살진균제로 생명체를 죽이고 작물 성장을 위해 화학물질을 첨가하는 것이 전부였다. 하지만 우리 농장에서 지피작물 8~10종이 건조한 시기에도 잘 살아 있는 모습을 보며, 그도 건강한 토양은 살아 있는 생태계라는 사실을 깨달았다. 이제 아출레타는 토양을 이렇게 표현한다.

"토양 건강이 토양 생명체이고 토양 생명체가 곧 토양 건강입니다."

또한 그는 자연이 경쟁하기보다 협동하는 경향이 있고, 이것은 행정 농학자로 교육받던 시기에 배운 내용과 완전히 반대된다는 사실을 깨달았다.

아출레타는 지금까지 가졌던 생각을 완전히 바꾸고 나서 이런 말을 떠올렸다. 건강한 토양에서 벌어지는 일은 다름 아닌 '생명체의 융화'라고. 지질학은 모래, 실트, 진흙의 학문이다. 달리 말하면 '흙'의 학문이다. 여기에 생명체가 융합되면서 황폐한 흙dirt이 비옥한 흙soil으로 탈바꿈한다. 황폐한 흙이 비옥한 흙으로 변하는 것은 단지 토양 유기물이 늘어나기 때문만은 아니다. 토양 속에 생명체가 늘어나는 것도 한 가지 이유다. 이것은 그냥 평범한 생명체가 아니라 토양 생태계를 구성하는 모든 생명체다. 아출레타가 좋아하는 말마따나 생명체 없이는 달에서 농사짓는 것과 다를 바 없을 것이다.

미생물은 놀라울 만큼 빨리 자가복제를 할 수 있다. 그러니까 우리가 기회만 준다면 자연은 쉽게 자가치유를 하고 스스로 통제할 수 있다는 말이다. 하지만 오늘날 너무도 많은 농경법은 파괴의 주범인 경운으로 자가치유 과정을 망가뜨린다. 농부들이 경운을 멈추고 지피작물을 심기만 하면 치유 과정을 시작할 수 있다. 아출레타가 지적했듯이 녹색 식물은 토양을 보호할 뿐 아니라 '생물학적 도화선' 역할을 한다. 지피작물은 태양에너지를 포집해 토양 미생물에 전달함으로써 생명체의 융화를 이끌어 낸다. 아출레타의 말마따나 지피 작물이 없으면 당신은 '햇빛을 낭비'하고 치유 과정을 촉진할 기회를 놓치는 것이다.

21세기에 우리가 마주한 가장 큰 문제는 사람과 땅 사이의 단절이 점점 심화되고 있다는 점이다. 이 단절은 도시에 사는 젊은이들뿐 아니라 농장주와 농부에게서도 발견할 수 있었다. 토양이 생태계라는 사실을 이해하는 사람이 거의 없었다. 그래서 우리는 가능한 많은 사람에게 토양이 살아 있음을 교육하는 것을 임무로 삼았다. 아출레타는 우리 농장의 여름 투어에 참여한 뒤 토양 생태계를 향한 열정을 불태웠고, 전 세계를 돌아다니며 강의했다. 이것은 훗날 토양건강운동의 밑거름이 됐다.

아출레타는 미국 자연자원보호청 소속으로 농장의 토양 상태를 향상시키기 위해 노력했지만, 정부기관은 실패했다고 결론 내렸다. 그가 가는 곳마다 표토가 침식되어 개울과 강으로 흘러드는 모습이 목격됐다. 정부기관과 농장주들이 수십 년 동안 수십억 달러를 들여 보전처리를 했는데도 상황은 마찬가지였다. 아출레타는 이 말을 좋아한다.

"우리의 호수와 강에는 보존계획과 양분 관리계획이 넘쳐 나지만, 분명한 이해는 부족하다!"

이 말은 미국 자연자원보호청 직원들을 분노케 했다. 하지만 그들은 그의 말에서 핵심을 놓치고 있었다. 농장주들에게는 양분 관리계획과 보존계획이 도움이 될 수 있다. 하지만 이것이 목표가 돼서는 안 된다. 토양이 실제로 어떻게 작동하는지 이해하는 일이 목표가 돼야 한다! 아출레타는 이 사실을 알았지만 안타깝게도 미국 자연자원보호청은 이 메시지를 받아들이지 못했다. 단적인 예로 미국 환경보호국EPA에 따르면, 미국 자연자원보호청이 수년에 걸쳐 양분 관리계획과 보존계획을 철저히 세웠음에도 침전물(예를 들어 침식된 흙)은 여전히 미국에서 가장 큰 수질 오염의 원인이다.

그러나 아출레타에게 결정적인 사건은 따로 있었다. 농사를 짓는 친구가 농장 운영만으로는 두 식구가 먹고살 수 없기 때문에 아들에게는 이 일을 시키지 않을 것이라고 털어놓은 것이다. 순간 아출레타는 오늘날의 농업 모델에 의문을 갖기 시작했다 (다음 세대를 농업에 끌어들이는 문제는 중요하다. 이 문제는 5장에서 자세히 다룰 것이다).

아출레타가 미국 농무부에서 해고되지 않은 것은 기적이었다. 그는 매일 같이 강의를 하면서 한 가지 메시지를 거듭 전달했다. 우리가 토양 구조를 망가뜨렸을 때 어떤 일이 벌어지는지에 관한 것이었다. 아출레타는 슬레이크 테스트slake test를 활용했다. 슬레이크 테스트는 물을 가득 채운 길고 투명한 플라스틱관 4개에 실험 참가자들이 서로 다른 농장을 대표하는 흙덩어리를 떨어뜨리는 실험이었다. 기존 방식을 고수하는 농장의 흙과 재생농법으로 농사를 짓는 농장의 흙을 실험한다. 기존 방식대로 고강도로 경운하는 농장의 흙덩어리는 물에 넣자마자 거의 곧바로 풀어졌다. 토양이 얼마나 잘 뭉쳐지지 않는지 반증하는 것이었다. 반대로 무경운과 재생농법으로 얻은 흙덩어리는 꽤 오랫동안 물속에서 형태를 유지했다. 흙덩어리가 구조적으로 온전하다는 사실을 알 수 있다. 흙덩어리에 난 수백만 개의 미세한 구멍으로 물이 밀려들어올 때, 토양 구조가 부실하면 흙덩어리는 풀어지거나 부서질 것이다. 그런 의미에서 이 실험을 슬레이크 테스트라 부른다.[6] 이렇게 부서지는 현상은 토양이 한데 뭉칠 수 있도록 도와주는 생태적 풀glue이 약하거나 없다는 사실을 의미한다. 흙이 풀어지는 현상은 침투율을 떨어뜨리며 토양 침식 문제를 가속화한다. 아출레타는 인공강우계를 사용해 서로 다른 농경법을 사용한 곳에 비가 올 때 어떤 일이 벌어지는지 관측했다. 예상할 수 있듯이 재생농업을 활용하는 농장에서 가져온 흙은 인공강우계에서 최상의 결과를 얻었다. 이 실험은 지역에서 지피작물을 활용해 탄탄하고 생산적인 토양을 만드는 대화를 시작하는 아출레타만의 방법이었다.

6 slake에는 '풀어지다, 부서지다'라는 뜻이 있다.

작물 다양성과 곤충 수 늘리기

아출레타를 처음 만나고 몇 년이 지난 후 우리는 야외 행사를 논의하기 위해 오하이오주 캐럴 근처에 있는 데이비드와 켄드라 브랜트 부부의 농장으로 향했다. 아출레타는 이전에도 이곳을 자주 방문했지만 나는 처음이었다. 우리는 농장을 둘러보려고 하루 일찍 도착했다. 우리가 농장 매장에 들어섰을 때 브랜트는 자신이 가장 좋아하는 파란색 작업복을 입고 나타났다. 브랜트의 첫인상은 강렬했다. 키가 190*cm*인 브랜트는 크고 굵은 목소리와 포수 글러브만큼이나 거대한 손으로 우리를 반겼다. 브랜트는 자기 생각과 주장을 거침없이 이야기하고 자신의 신념을 지키는 직설적인 사람이었다.

브랜트의 이야기는 흥미로웠다. 이런 경험과 전문지식을 갖춘 사람은 거의 없었다. 그 지역에 있는 대부분의 다른 농장주처럼 브랜트는 옥수수와 대두를 재배했다. 하지만 다른 농장주들과 달리 그는 1971년 이후 무경운 농법을, 1978년 이후로는 지피작물을 활용하며 자신이 평생 고수했던 원칙을 뒤엎었다. 그리고 수년 전부터 돌려짓기 작물에 가을밀을 추가했다. 그가 가을밀을 추가한 것은, 환금작물 종류를 늘릴 뿐 아니라 토양 건강을 들여다보며 언제 지피작물을 심어야 할지 판단하기 위해서였다.

인사를 나눈 뒤 브랜트는 무릎 높이로 자란 대두와 다이콘 무가 자라는 밭으로 우리를 안내했다. 밭을 걸어가면서 그는 뿌리혹박테리아 덕에 대두가 밭에 얼마나 많은 질소를 고정하고 있는지 설명했다. 또한 어떻게 무가 질소를 찾아내 저장하고, 이듬해 봄에 덩이뿌리가 부패하면서 어떻게 땅으로 돌아가는지 이야기했다. 내가 아출레타를 슬쩍 쳐다보자, 그는 곧 웃음을 터뜨릴 듯한 표정이었다. 그는 내가 입 다물고 있는 것을 못 견뎌 한다는 사실을 알고 있었다. 마침내 내가 한마디 했다.

"브랜트 씨, 왜 2종밖에 심지 않았나요?"

브랜트는 내 질문에 충격을 받은 듯 나를 바라보았다. 자기 이야기에 내가 감명 받기를 기대했는데, 내가 의문을 제기했으니 그럴 만도 했다.

"이보세요. 브라운 씨, 여기는 다양한 지피작물이 자랄 수 없어요!"

나는 오하이오에 남아 있는 몇 안 되는 자연 방목장에서는 다양성이 제 역할을 하고 있다고 지적했다. 그사이 아출레타는 브랜트에게 웃는 모습을 들키지 않으려고 뒤돌아 있었다.

내 직설적인 발언으로 브랜트는 생각에 빠진 듯했다. 대단하게도 그는 도전을 받아들였고, 물론 내가 틀렸다는 것을 증명하기 위해서였겠지만 어쨌든 다양한 지피작물을 심기 시작했다. 하지만 이제 그는 다양한 지피작물의 열혈 신봉자가 됐다. 이 신봉자는 오하이오주립대학교의 라피크 이슬람 박사 및 미국 자연자원보호청의 짐 후어만과 함께, 지피작물의 긍정적인 영향을 정량화하기 위해 수없이 많은 시간을 보냈을 정도다. 브랜트는 해마다 합성비료를 거의 혹은 전혀 쓰지 않고 옥수수를 4,000m^2당 200부셸 이상 수확했다. 브랜트 부부가 재배하는 지피작물의 바이오매스에 대해 들었을 때 우리는 가축을 얼마나 많이 방목할 수 있을지 상상하며 군침을 삼켰다.

브랜트의 토양은 엄청났다. 그의 농지 어디서든 삽질을 하면 45*cm* 이상의 다크초콜릿 케이크 같은 표토를 볼 수 있었다. 일반적인 방법으로 농사를 지은 이웃 농지에 발을 디디고 삽질을 했다면 단단하고 노란색 진흙이 등장했을 것이다. 이 차이는 극명하다. 또한 재생농법의 힘을 보여 주는 생생한 증거이기도 하다.

브랜트의 농장를 방문한 다음 해에, 나는 농지학회에서 무경운 농법을 발표한 조너선 룬드그렌Jonathan Lundgren 박사를 만났다. 룬드그렌 박사는 당시 미국 농무부 산하 농업연구소에서 근무하고 있었다. 나는 곤충학자가 해충이 아니라 익충을 이야기하는 것을 듣고 기뻐서 어쩔 줄 몰랐다. 룬드그렌 박사의 이야기는 우리 농장을 생태계로 바라보고, 그럼으로써 해충을 잡아먹는 익충과 꽃가루매개자 모두가 머물 장소를 마련하는 것이 얼마나 중요한지 되새겨 주었다.

룬드그렌 박사는 전 세계 곤충의 3,500~1만 5,000종이 해충 취급을 받고 있다고 했다. 해충은 우리의 식량을 먹어 치우고 집을 망가뜨리며 아이들을 물고 질병을 옮긴다. 하지만 사실 수백 년 동안 전쟁으로 사망한 사람보다 훨씬 더 많은 곤충이 목숨을 잃었다! 많은 사람들이 '세균'이나 박테리아 대하듯 곤충에 부정적인 태도를 취한다. 하지만 모든 해충 가운데 400~1,700종은 사실 우리에게 '이롭다.' 이 곤충이 없으면 먹이사슬과 생태계가 붕괴된다. 우리는 이 곤충에 의지해 살아간다. 당신이 과일, 채소, 꽃을 좋아한다면 벌, 딱정벌레, 나비에게 감사해야 할 것이다. 지구상에는 곤충을 주식으로 삼는 문화권도 많다. 곤충은 예를 들어 새처럼, 우리에게 중요한 동물의 식량원이기도 하다. 지렁이와 곤충처럼 토양에 서식하는 무척추동물은 토양 건강에 필수 요소다. 최근 연구에 따르면 건강한 토양에는 무척추동물이 4,000m^2당 10억 마리까지 서식한다고 한다.

룬드그렌 박사는 곤충을 천연 살충제로 여겼다. 익충이 해충을 잡아먹기 때문이다. 어떤 곤충은 놀라울 만큼 효과적이다. 예를 들어 무당벌레는 해충을 어마어마하게 많이 잡아먹는다. 농장에 해충이 나타났다면 해충을 잡아먹는 포식자 수가 부족하다는 뜻이다. 대다수가 해충을 박멸하려고 살충제를 사용하지만, 살충제가 해충을 잡아먹는 포식자까지 죽인다는 점은 간과한다. 상황이 이렇게 되면 해충을 억제할 수 있을 만큼 포식자 수가 많아질 수 없다. 룬드그렌 박사는 농장에서 익충 수를 충분히 늘리려면 살충제를 사용하지 않는 것과 다양성이 중요하다고 말한다. 재생농법은 해충과 싸우는 생물종의 다양성을 촉진한다.

"단순화된 시스템에서 종 다양성을 늘리면 해충의 수가 줄어들어요. 다양한 종의 네트워크를 균형 있게 유지하면 실제 농장의 옥수수밭에 곤충 종이 풍부해진다는 사실을 문서로 입증했죠. 특히 곤충 군집에서 더 다양하고 균형 잡힌 생물종이 서식할수록 해충 수가 줄어들어요."

룬드그렌 박사는 과학적 관점에서 이 현상이 놀라울 만큼 다양한 곤충과 식물의 관계와 연결된다고 보았다. 농장에 다양한 작물이 자란다면 아래 세 가지 중 한 가지 일이 일어나고 있다는 뜻이다.

1. 해충이 영향력을 행사하기에 식물이 너무 많다.
2. 익충과 해충의 경쟁이 치열하다.
3. 토양에서 벌어지는 일의 결과로서, 특히 황폐하고 유독한 환경에서 토양 건강을 향상시킴으로써 식물 스스로 생리적 과정을 변화시켰다. 혹은 식물이 익충의 존재를 인지함으로써 해충을 덜 끌어들였다.

룬드그렌 박사에 따르면 익충을 돕는 가장 간단한 방법은 경운을 멈추는 것이다. 되도록 다양한 지피작물을 심는 것도 도움이 된다. 아출레타도 토양 건강을 치유하기 위해 이 두 가지 방법을 추천했다. 경운은 식물의 생물학적 스트레스 저항성을 눈에 띄게 줄여 해충이 번성하게 만든다. 지표에 아무것도 없는 토양도 좋지 않다.

무경운 농법학회에서 룬드그렌 박사와 이야기를 나눴을 때, 내 머릿속에는 고작 벌이나 쇠똥구리 정도가 떠올랐다. 나는 곤충이 얼마나 큰 도움을 주는지 그 진가를 알지 못했다. 룬드그렌 박사를 우리 농장에 여러 번 초대할 기회를 얻은 뒤 매번 더 많은 정보를 얻을 수 있었다. 그는 나와 아들, 그리고 재생농법을 활용하는 다른 농장주들과 함께 일하면서 자신의 과학적 시각을 재고할 필요가 있다는 사실을 배웠다고 말했다. 과거에 그는 실험을 똑같이 반복해 정보를 수집한 뒤 동료심사를 거쳐 학회지에 발표했다. 대신 이제는 우리 농장에서 어떤 일이 벌어지고 있는지 이해하려 했다. 그는 연구조교 및 대학원생들과 우리 농장에 찾아와 일정한 구역에서 찾을 수 있는 곤충 수를 모조리 헤아렸다. 그 결과 재생농법으로 운영하는 농장은 종래의 방법으로 운영하는 농장에 비해 해충 수가 10분의 1이었다! 이 연구는 현재 동료심사를 마치고 논문으로 출간되었다.

룬드그렌 박사는 사례기반 과학이라는 최근의 연구를 통해, 너무 과한 다양성이란 건 없다는 걸 보여 주었다. 그 말은 재생농법을 시작한 즉시, 심지어 1년도 안 되어서 익충 수가 늘어난다는 뜻이기도 하다.

룬드그렌 박사로부터 농장이나 정원에 다양한 곤충이 서식한다는 것이 얼마나 중요한지 배우자마자, 우리는 농장에 곤충 수를 늘리기 위한 계획에 착수했다. 농장 지도를 펼쳐 놓고 우

사진 10 모든 농장에는 우리 농장처럼 꽃가루매개자를 위한 구역을 만들어야 한다. 사진은 나도솔새, 황금수염풀, 지팽이풀, 치커리, 토끼풀, 진홍토끼풀이 혼합된 난지형 목초의 모습이다.

리가 만든 꽃가루매개자 구역의 위치를 표시했다. 꽃가루매개자 구역은 일년생 혹은 다년생 풀, 광엽초본, 콩과 식물로 이루어져 있었다. 이 구역의 주된 목표는 꽃가루매개자나 해충 포식자를 위한 서식지를 마련하는 것이었다. 우리는 토끼풀, 치커리, 남방형목초, 플랜틴, 벌노랑이, 에키네이샤 등을 파종했다.(사진 10 참조) 우리는 이 작물을 과수원에도 심었다. 가끔 이 구역에 가축을 방목해 돈을 더 많이 벌 수 있었다. 야생동물도 이 구역을 많이 찾아왔다. 거의 모든 농장에는 꽃가루매개자 구역을 만들 수 있는 독특한 모양의 농지가 있다. 시도해 보지 않을 이유가 있을까?

'혼돈'의 정원

나, 브랜트, 그리고 캔자스주에서 농사를 짓는 다른 친구 게일 풀러Gail Fuller는 토양 재생을 위해 누가 가장 미친 '실험'을 할 수 있는지 과시하며 경쟁하느라 여념이 없었다. 2012년, 룬드그렌 박사의 강연을 앞두고 나는 얼마나 다양한 지피작물을 활용할 수 있는지 찾아보기 시작했다.

나는 기장쌀, 기장, 독일조, 무지개콩, 진홍토끼풀, 대두, 화살잎토끼풀, 버심클로버(berseem clover, 이집트클로버), 숙마, 메밀, 아마, 귀리, 렌틸콩, 해바라기 등 20종 이상의 지피작물로 시작했다. 여기에 일년생 꽃을 20종 넘게 심었다. 금잔화, 과꽃, 베고니아, 데이지, 코스모스, 제라늄, 천수국, 팬지, 나팔꽃, 페튜니아, 금어초 외에도 여러 가지 꽃을 심었다. 그러나 주로 많이 심은 건 채소였다. 5종의 스위트콘, 4종의 완두콩, 4종의 콩, 무수히 많은 종의 호박, 수박, 머스크멜론, 무, 순무, 당근, 상추, 시금치, 가지, 토마토, 토마티요(꽈리토마토), 애호박, 케일, 비트, 양배추, 꽃양배추, 양파 등 많은 채소를 심었다.

나는 면적 121m^2의 '정원'에 모두 합해 70종 이상의 채소, 꽃, 지피작물을 심었다. 그해 강수량은 평균 이하였지만 작물은 잘 자랐다. 별로 놀랄 일도 아니었다. 2장에서 버얼리 카운티 토양보존구역 일부에 지피작물을 혼합해 재배했던 것을 기억하는가?(2장 '지피작물 혼합 재배의 효과' 참조) 박테리아, 원생동물, 곰팡

사진 11 우리는 지피작물과 함께 해바라기처럼 꽃이 피는 식물도 심었다. 덕분에 해충 수를 조절할 수 있었다.

이, 선형동물, 지렁이, 꽃가루매개자, 포식자, 토양 생명체의 먹이사슬이 121m^2의 토지에서 축제를 벌이며 번성했다! 이 정원을 본 사람은 모두 그 생산성에 놀랐다. 혼돈의 상태였기 때문에 우리는 이곳을 '혼돈의 정원'이라 불렀다!

정원에서 다양한 곤충을 보는 것도 놀라운 일이었다. 이를 계기로 룬드그렌 박사가 말한 건강한 생태계의 중요성을 생각해 볼 수 있었다. 우리 농장으로 사람들이 방문할 때마다 나는 가장 먼저 정원을 소개했다. 생태계가 어떻게 움직이는지 아는 데 필요한 모든 것을 이 건강한 정원에서 보고 느끼고 향을 맡을

사진 12 다년생 식물이 자라는 우리 농장의 초원은 꽃가루매개자뿐 아니라 다른 익충도 유인했다.

수 있다.

혼돈의 정원 실험은 즐거웠지만, 실제로 운영하는 데는 어려움이 따랐다. 첫째, 생각보다 비용이 너무 많이 들었다. 둘째, 수확하기가 어려웠다. 아내는 저녁용 채소를 따 오라고 나를 정원으로 보냈는데, 나는 그냥 발에 채는 것을 집으로 가져갔다. 원하는 채소를 수확하려면 다른 채소를 밟고 지나갈 수밖에 없었다!

그러나 이 경험을 바탕으로 우리는 나중에 정원을 어떻게 꾸릴지 계획을 세울 수 있었다. 예를 들어 여러 작물이 혼합된 바이오매스 대신 양쪽에 콩과 그린콩을 심고 40*cm* 간격으로 한 줄로 스위트콘을 심었다. 이것은 작은 생태계였다. 옥수수 같은 초본식물은 인을 순환시키고 콩과 그린콩 같은 콩과 식물은 질

사진 13 우리 채소밭의 후글컬처에는 옥수수, 콩, 호박, 해바라기, 꽃가루매개자를 위한 꽃을 포함한 다양한 혼작이 형성돼 있다.

소를 순환시키며, 이 모든 것은 균근균으로 이동한다. 어디서 들어본 것 같지 않은가? 이 방법을 쓰면 이랑에 파종한 작물을 손쉽게 수확할 수 있으면서 다양한 작물로 건강한 생태계를 조성할 수 있었다.

우리는 가장 큰 정원에서 또 다른 성공적인 실험을 시도했다.(사진 13 참조) 사슴이 오지 못하게 울타리를 치고 '후글컬처 hügelkultur' 2개를 가로세로 약 45*m* 길이로 만들었다. 후글컬처란 독일어로 '언덕 농장'을 의미하는 단어로, 못 쓰는 나무들을 농장이나 정원의 자원으로 사용하는 기술이다. 우리는 농장에 있던 죽은 나무를 잘라 가로 3.6*m*, 세로 30*m* 크기로 쌓았다. 그런 다음 이 구조물 안에 나뭇가지와 흙, 퇴비를 섞어 채웠다. 이것이 약 1*m* 높이의 언덕, 즉 후글컬처가 된다. 시간이 지나면서 내부의 유기물이 분해되어 흙으로 변하자 언덕 위에 나무와 비료를 추가했다.

농장에 찾아온 사람들은 왜 이 나무들을 정원에 두느냐고 종종 물어 왔다. 그러면 나는 농장에 가장 중요한 원소인 탄소를 묶어 두기 위해서라고 답했다. 나무는 생명체의 식량이 되는 탄소 함유 비율이 높다. 탄소는 수분을 저장하기도 한다. 건조한 환경에서는 정말 큰 이점이다. 여러 해가 지나면서 후글컬처 속에 든 나무는 생태계 안에서 분해되어 정원에 건강한 토양을 만들어 냈다. 그 덕에 영양분이 밀집된 채소가 자랄 수 있었다(10장에서 영양분이 밀집된 음식이 우리 건강에 얼마나 중요한지 설명할 것이다).

정원에 작물을 심을 때는 당연히 경운을 하지 않는다. 심지어 감자도 그렇다. 감자를 '재배'하려면 씨감자를 지표 위에 올려놓고 2차로 수확한 알팔파 건초를 그 위에 얇게 덮으면 된다. 대신 너무 두껍게 덮으면 안 된다. 너무 두꺼우면 부드러운 싹이 건초더미를 뚫고 나오기 힘들다. 여름 동안 생물들이 건초를 분해하면 잡초가 올라오는 걸 막기 위해 주위에 건초를 더 뿌리기만 하면 됐다. 감자를 수확하고 싶으면 건초를 들추기만 해도 짜잔! 감자를 찾을 수 있다.(사진 14, 15 참조) 땅을 파서 심은 게 아

사진 14 우리는 어떤 작물도, 심지어 감자도 경운으로 재배하지 않는다. 대신 감자를 지표에 놔둔 뒤 2차 커팅(2차 커팅 건초는 건초를 1차로 수확한 후 남은 것으로 만든 건초로, 색이 더 어둡고 이파리가 더 많으며 부드럽고 영양소가 풍부하다)을 마친 알팔파 건초를 그 위에 뿌렸다.

사진 15 감자를 수확할 때가 되면 건초만 걷어 내면 된다. 땅을 팔 필요가 없다!

니기 때문에 흙을 털어 내기도 쉽다. 이런 방식으로 재배하면 상대적으로 감자 크기가 작다는 단점이 있다. 하지만 그릴에 굽기에 딱 알맞은 크기다.

앞서 설명했듯이 정원 나머지 부분에는 이랑마다 다른 채소나 꽃을 심었다. 꽃이 꽃가루매개자와 포식자를 끌어들인다는 사실을 잊지 말자. 꽃을 많이 심은 덕분에 노천시장에서 꽃을 팔아 부수입을 얻을 수 있었다.

채소를 모두 수확한 늦가을이 되면 우리는 이동식 닭장(5장 참조)을 정원으로 옮겨 왔다. 닭은 수확하고 남은 채소와 풀을 먹어 치웠다. 닭똥은 새로운 천연비료였다.

정원에 풀어 둔 닭 이야기가 나왔으니 말이지만, 나는 캘리포니아의 한 라디오 방송에서 인터뷰를 한 적이 있었다. 내가 토론에 참여한 주제는 채소 농장과 정원의 토양을 재건하는 방법이었다. 나는 노스다코타주에 있는 집에서 전화를 받았다. 프로그램에는 캘리포니아 출신의 토양학자도 참여했다. 진행자는 청취자에게 우리 정원을 소개해 달라며 말문을 열었다. 나는 우리가 꽃가루매개자와 포식자를 끌어들이는 초본, 꽃, 다양한 채소, 양분이 밀집되고 맛도 좋은 식재료를 어떻게 무경운으로 재배할 수 있는지 이야기했다. 가을에 닭을 풀어놓으면 어떻게 토양 생태계가 비옥하고 활발해질 수 있는지도 설명했다. 잠시 광고를 듣고 온 후 진행자는 토양학자에게 내 방식을 어떻게 생각하는지 물었다.

"글쎄요. 그런데 그 방식을 캘리포니아에서는 활용할 수 없을 것 같네요! 닭을 정원에 풀어 둘 방법은 없어요! 채소를 오염시킬 수도 있거든요. 사실 채소를 수확하기 직전에 훈증소독을 해야 합니다. 수확했을 때 살아 있는 곤충이 있으면 안 되니까요!"

나는 참지 못하고 끼어들었다.

"그런 채소를 아이들에게 먹이고 싶나요?"

진행자는 내 말에 불쑥 끼어들며 소리쳤다.

"자, 잠시 광고 듣고 오겠습니다!"

웃지 못할 상황이었다. 채소에 뿌리는 살충제는 괜찮고 정원에서 닭이 곤충을 잡아먹는 건 무섭다니 얼마나 말도 안 되는 생각인지….

다시 우리 농장으로 돌아와 보자. 닭은 훌륭하게 제 역할을 하고 있었다. 닭이 제 할 일을 끝내면 2차 수확한 알팔파를 말아 만든 동그란 건초 더미를 정원 전체에 조금씩 풀어놓았다. 이렇게 하는 데에는 여러 가지 이유가 있다. 채소를 수확한 뒤 지피작물을 심으려면 서리가 내리지 않아야 하는데, 우리가 사는 곳은 서리가 내리지 않는 날이 많지 않다. 그러므로 알팔파 건초 더미가 토양을 보호하고 미생물에 먹이를 제공하는 갑옷 역할을 해 준다. 봄이 되면 건초를 '헤치고' 채소를 파종한다. 오랜 시간에 걸쳐 토양 속 생물이 질소 농도가 높은 알팔파를 분해하면, 이에 덧붙여 잡초를 막을 수 있는 뿌리덮개용 나뭇조각인

우드칩스wood chips도 사용했다. 우드칩스와 알팔파는 탄소와 질소의 균형을 맞춰 준다(이 균형이 얼마나 중요한지는 토양 건강의 모든 원리를 자세히 소개한 7장에서 설명할 것이다).

곡물을 재배할 때처럼, 우리는 채소 정원에서 기른 작물에서 대부분의 씨앗을 수확한다. 작물을 재배하는 기간이 어떤 작물에게는 씨앗을 만들기에 짧은 시간이지만, 그래도 대부분은 씨앗을 만들어 낸다. 정원이든 농장이든 당신의 땅에서 난 작물에서 씨앗을 얻을 수 있다면 이것은 정말 큰 이점이다. 식물이 완전히 성숙해서 씨앗을 맺으면 이것은 식물이 건강하다는 꽤 믿을 만한 증거다. 이것이 우리의 목표이지 않은가? 건강한 식물, 건강한 토양, 건강한 생태계 말이다.

4장

가축을 중심에 두다

악몽 같은 시간이 끝나고 수년이 지난 뒤, 나는 소를 관리하는 여러 방법 중에서도 가축의 상태에 초점을 맞추는 방법을 택했다. 하지만 몇 년이 지나고 가축 관리법도 재생농법을 활용할 수 있다는 사실을 깨달았다. 가축의 상태에 집중한 탓에 우리 농장의 소는 성체가 됐을 때 크기가 말도 안 되게 커졌다. 2007년에는 평균 무게가 635㎏이었다! 이렇게 덩치가 큰 동물을 키우는 데는 돈이 너무 많이 들었다. 그러나 우리에게는 크기는 작지만 상태가 좋은 성체 소가 몇 마리 남아 있었고, 이 소들은 늘 새끼를 낳았다. 이런 사실을 관찰하면서 내 생각의 핵심적인 부분이 변했다(항상 말하지만 생각이 변하는 것보다 더 중요한 건 '행동하는' 것이다). 우리 소의 크기는 이제 우리 환경에 맞지 않았다. 덩치가 너무 컸다! 26년 동안 나는 수소를 서류에 등록하고 키우고 판매했다. 나는 이유 시 체중[1], 만 한 살이 됐을 때의 체중, 혹은 예상자손차이 등 다양한 수치를 홍보했다. 하지만 이 수치들은 수익을 결정짓는 데 큰 의미가 없었다. 중요한 건 우리 방식으로 사료를 고기로 바꾸는 소를 키우는 것이다. 나는 계속해서 가축의 무게를 늘려 나가는 방식에 초점을 맞추었는데, 이 생산모델은 우리를 잘못된 길로 인도했다. 우리는 가축이 생산하는 고기의 무게가 아니라 '단위면적당 이윤'에 집중해야 했다.

우리는 적어도 4년 동안 무리에 있었던 몸집이 작은 소에서 태어난 어린 암소를 종축 암소(씨암소)로 바꾸고 수소를 선택하기 시작했다. 이 암소들을 체격이 작은 수소와 짝짓기를 시켰다. 이런 과정을 거치자 소들의 체격이 줄고 1년 내내 더 오랫동안 방목할 수 있는 종으로 옮겨 갈 수 있었고, '사료' 같은 유지비도 덜 들었다. 월트 데이비스의《목장 파산을 막는 법How to Not Go Broke Ranching》과 칩 하인즈의《어떻게 우리는 잘못된 길로 들어서는가?How Did We Get It So Wrong》를 읽고 나서, 나는 전통적인 소고기 생산모델의 오류를 많이 배웠다. 내가 농사를 시작할 무렵에 이 책을 읽었다면 더 좋았을 것 같다.

소의 크기를 줄이면서 농장 운영에 다른 변화도 생겼다. 나는 소를 도축해 본 적이 없었기 때문에 위胃를 본 적도 없었다. 나는 이런 궁금증이 생겼다.

1 어린 가축이 젖을 뗀 시기의 체중

소 인증 사업에 관하여

우리 소는 20년 넘게 공식 인증을 받았다. 인증을 받으려면 여러 기준을 충족해야 한다. 이 기준은 품종협회마다 차이가 있지만 일반적으로 다음과 같다.

- 가축은 영구적인 문신이나 인식표가 있어야 한다.
- 어미와 아비도 등록돼야 한다.
- 출생 시 체중, 이유 시 체중, 만 한 살 체중을 측정하여 해당 품종협회에 보고해야 한다.
- 품종협회는 정보를 취합해 예상자손차이를 갱신하는 데 활용한다. 예상자손차이는 각 개체나 그 개체의 자손이 어떻게 성장할지를 예측한 것이다. 또한 출생 시 체중, 이유 시 체중, 만 한 살 체중, 분만 편의성(도움을 받지 않고 분만한 자손 비율), 착유 능력, 도축한 고기의 특성 및 기타 다양한 특징을 파악한다.

대학 시절, 나는 가축 품질을 '개선'하려면 공인된 수소를 구매해 활용하는 편이 낫다고 배웠다. 송아지를 시스템에 등록하고 예상자손차이를 연구해야, 자신의 가축 특성을 발전시키는 데 집중할 수 있다는 것은 분명했다. 문제는 가축 산업이 개별 동물의 품질에만 집중한다는 것이다. 그러다 보니 성체 소의 크기는 점점 더 비대해졌다. 이 크기는 사육장이나 포장 출하업자에게는 좋지만, 농장주가 소를 키우는 환경에는 크기가 너무 컸다. 이것은 수익성 감소로 이어진다.

20년 넘게 나는 이 목소리를 따랐다. '공인된 소만 사용해라.' 나는 공인된 소를 구매하느라 수만 달러를 썼고 송아지를 낳을 어미 소를 사려고 자산을 팔아 치웠다. 이제 와서 돌이켜 보면 얼마나 바보 같은 생각이었는지. 실제로 고객을 위한 최종적인 결과는 별로 나아지지 못했으니까. 크기가 큰 소보다 성체 소의 크기가 작아질수록 단위면적당 더 많은 가축을 키울 수 있다. 소의 크기가 작을수록 단위면적당 순수익이 더 높아진다는 뜻이다.

'왜 소한테 곡물을 먹이는 거지?'

반추동물은 곡물을 먹게 진화하지 않았다. 풀만 먹인 소고기를 먹는 것이 건강에 이롭기 때문에, 우리는 이미 우리가 먹으려고 풀만 먹인 소를 기르고 있었다. 그렇다면 나머지 소에게도 곡물을 먹일 필요가 있을까? 이 생각은 농장 운영에 거대한 변화를 일으켰다. 우리는 2009년 2월 마지막 소를 팔았다. 우리가 소 판매업을 중단한다고 발표했을 때 고객들은 의아해했다. 사람들은 소 판매업이 우리의 재생농법, 그중에서도 자연적인 환경에서의 농장 운영과 맞지 않다는 사실을 이해하지 못했다.

구충제, 살충제가 들어 있는 귀표, 줄줄이 맞아야 하는 백신도 끊기로 결정했다. 이런 것들은 전부 증상을 임시로 완화시킬 뿐이다. 정작 문제는 고장 난 생태계를 고쳐야 하는 것인데, 이 방법은 해결책이 될 수 없다. 그해 여름, 우리는 송아지가 다 자랄 7월까지 기다렸다. 그 결과 극심하게 추운 겨울인 2월과 3월이 아니라 4월에 송아지를 낳을 수 있었다. 소 무리도 여섯 그룹이 아니라 세 그룹으로 줄였고, 번식기도 60일로 줄였다. 게다가 새롭게 구축한 방목 시스템 덕에 소 무리를 더 자주 움직일 수 있었다. 덕분에 목초지는 더 긴 회복 기간을 갖고 가축 밀도를 더 높게 유지할 수 있었다.

2010년에는 번식기를 훨씬 더 뒤로 미룰 수 있었다. 우리는 8월 첫 주까지 기다렸다가 수소를 발정하게 했다. 암소와 황소의 합사는 45일만 진행했다. 또한 가축을 한 무리로 합친 덕분에 자원 걱정을 덜 수 있었다.

2011년 송아지를 분만할 시기가 되자 우리 주기가 마침내 자연 주기와 맞아떨어진 것 같았다. 사슴이 새끼를 낳는 시기에 우리 농장 소도 송아지를 얻었다. 송아지 낳는 시기를 바꾸면서 우리는 눈보라, 진흙, 얼음, 송아지 질병, 암소 젖이 더러워지는 것, 송아지의 귀 동상, 송아지와 사람이 받는 스트레스, 잠자리 울타리, 초산 암소를 돌보는 일, 거기다 우리가 얼마나 열심히 일하는지 생색내는 것까지 모두 걱정할 필요가 없어졌다. 암소들은 깨끗하고 적절한 환경에서 양분을 잔뜩 공급받으며 분만했고, 그렇게 태어난 송아지는 건강 상태도 아주 좋았다. 이런 변화는 우리가 농장을 운영하며 내린 최고의 결정이었다.

좋은 소를 만드는 법

우리 송아지가 자라는 과정은 만족스러웠다. 소들이 새끼를 낳는 동안 아들 폴은 소를 매일 이동시켰다. 새로 난 수송아지는 태어나자마자 표식을 붙이고 거세했다. 젖, 발, 다리가 건강하고 쉽게 살이 붙는 나이 든 암소에게서 태어난 송아지는 제외했다. 이런 송아지는 우리 농장에 데리고 있으면서 성체로 성숙하게 두었다. 우리 방식에 맞는 소를 우리 농장 말고 또 어디 가서 찾겠는가? 이것은 소 무리를 구축하는 효과적이고 수익성이 좋은 방법이었다.

겨울이 찾아온 12월~2월 동안 우리는 소와 송아지를 지피작물이 자란 곳에 방목했다. 나는 갈색잎맥 수수/수단그라스를 혼합해 지피작물로 심었다. 겨울에도 조단백질[2] 비율을 약 18% 유지하는 헤어리베치, 케일, 콜라드 혹은 다른 사료용 유채도 같이 심었다. 그 외에는 모두 그 시기에 나에게 발생한 문제를 해결할 수 있는 종을 사용했다. 일년생 라이그라스류는 헤어리베치처럼 늦가을과 겨울에 있을 방목을 위해 준비했다. 내가 가축 사료로 사용한 작물을 더 자세히 알고 싶다면 4장의 '유연하게 조절하는 법'을 참고하기 바란다.

지피작물이 얼어붙는 겨울이 시작되면 소를 날마다 이동시키지는 않는다. 날마다 소를 이동시켰다면 활용률이 더 높았을지 모른다. 하지만 내가 10월~3월까지 강연에 참석해야 했으므로 농장에 일할 사람이 별로 없었다. 폴이 농장을 직접 운영하

2 단백질 외에 아미노산, 암모니아 화합물, 배당체 등을 총칭해 부르는 말

던 시기에도 며칠에 한 번씩 소를 이동시킬 시간이 없었다. 농장은 완벽한 세계가 아니다! 우리의 몸과 마음을 재건하는 것도 재생농법의 일부라는 점을 기억하자. 그러므로 휴식을 취하고 일을 조금 내려놓는 것을 겁낼 필요는 없다.

사람들은 농경지에 방목할 때 어떤 울타리를 사용하느냐고 자주 물어 왔다. 우리는 시간과 돈을 투자해 우리가 소유한 농장과 대여한 토지 주위에 영구적인 고장력 전기 울타리를 설치했다. 이렇게 하면 영구 사용이 가능한 울타리를 안전하게 보호하고 경작지에 사용하는 간이 울타리로 전력을 이동시킬 수 있었다.

2장에서 설명했듯이 우리는 농장 전체에 수도관을 얕게 설치했다. 어디든 배수관에 수직관을 연결해 소가 쉽게 물을 마실 수 있게 했다. 수직관 근처에는 고무타이어 물탱크를 두고 정원용 호스와 수위 조절 밸브를 연결했다. 그렇게 물을 자유롭게 사용할 수 있었다. 우리는 농지 가장자리가 아니라 가운데에 수직관을 설치하는 쪽을 선호했다. 물탱크를 기준으로 한 방향으로 방목한 뒤 또 다른 방향으로도 방목할 수 있기 때문이다.

우리는 물탱크 근처에서부터 농장을 가로질러 땅에 박은 고리형 말뚝에 폴리와이어를 통과시켜 영구적인 고장력 울타리에 연결했다. 우리는 폴리와이어를 그대로 두고, 가축들이 하루 종일 풀을 뜯고 물도 마실 수 있도록 적당한 거리를 두고 또 다른 임시 울타리를 설치했다. 이 임시 울타리 안이 첫 방목장이었다. 가축들이 원하는 만큼 풀을 뜯고 나면 물탱크에서 조금 더 떨어진 구역에 하루치 양만큼 방목하기 위해 다른 울타리와 연결했다. 그리고 전날 설치했던 우리를 거둬 새로운 사료에 접근할 수 있게 했다. 그렇게 농지 끝에 도착할 때까지 방목이 계속된다. 송아지가 물을 마시려면 전날 풀을 뜯었던 땅을 밟고 지나가야 했다. 하지만 우리 농장은 가축 밀도가 높아 농지 반을 방목하기까지 며칠밖에 걸리지 않았기 때문에, 가축들이 물탱크로 가면서 맨땅을 밟는 일은 문제가 되지 않았다.

농장 끝에 도착하면 이번에는 물탱크 반대쪽으로 방목지를 만들기 시작한다. 그리고 뒤쪽에 울타리를 설치해 소들이 이미 풀을 뜯은 농지로 거슬러 올라가지 않도록 했다.

비 오는 날은 어떻게 해야 할까? 소를 농지에서 데리고 나가야 할까? 그렇지 않다. 소들은 한 장소에 있어야 한다. 그래서 나는 소들을 다년생 작물이 자라는 방목지로 옮겨 식단을 바꾸는 대신 한 장소에서 계속 풀을 뜯게 했다. 소들이 젖은 땅을 밟으면 농지가 너무 상하진 않을까? 우리 농지는 그렇지 않았다. 비가 거세게 오는 시기에는 진창이 생겨 그대로 흙이 굳기도 하지만 1~2년이면 다시 원래대로 돌아온다. 물론 점토질 토양에서는 더 광범위하게 진창이 생길 수 있다. 내가 할 수 있는 조언은 무슨 일이 생기든 좌절하거나 경운에 의존하지 말라는 것이다. 긴장을 풀고 관찰해 보자. 그러면 자연은 우리를 굽어살필 것이다. 거대한 계획에서 작은 구역에 생기는 진창이 당신을 무너뜨리진 못할 것이다.

후생유전학Epigenetics

후생유전학은 DNA 염기서열은 바꾸지 않지만 후손에게 유전되는 유전적 기능 변화를 연구하는 학문이다. 말하자면 유전자를 '끄고 켜는' 생물학적 메커니즘이다. 예를 들어 동물(여기서는 사람도 해당한다)이 무엇을 먹는지, 어디에 사는지, 어떤 자극을 받는지, 살면서 어떤 문제를 겪는지, 어떻게 노화되는지 등 모든 요인은 세포 단위에서 화학적 변화를 일으킬 수 있고 시간이 지나면서 세포의 유전자를 켜고 끌 수 있다.

이런 이유로, 동물이 살아가면서 겪는 다양한 경험은 미래 세대에 중요할 수 있다. 그래서 우리가 송아지와 소들을 겨우내 야외 방목지에 풀어 두는 것이다. 질 낮은 먹이를 섭취한 송아지는 평생 질 낮은 먹이만 먹고도 살아갈 만큼의 힘을 기를 수 있다고 생각한다. 새끼를 밴 어미 소가 질 낮은 먹이를 섭취하면 배 속의 송아지도 이런 형질을 얻는다. 후생유전학 현상의 이점을 이용하면 가축들의 잠재력을 크게 향상시킬 수 있으며, 가축의 향상은 우리에게 이윤으로 돌아온다.

송아지가 자연스럽게 젖을 떼는 법

우리가 농장을 운영할 때 중요하게 생각한 부분은 송아지가 가을에 젖을 떼게 하지 않은 것이다. 암송아지는 우리 농장에 잘 적응할 암소가 되는 방법을 배워야 한다. 송아지는 겨우내 어미 뒤를 따라 풀을 뜯으며, 어떤 것은 먹어도 되고 어떤 것은 먹

사진 16 어린 송아지와 어른 소가 쌍으로 다니며 보존유보계획이 만료된 구역의 다년생 초지에서 풀을 뜯고 있다.

으면 안 되는지 배운다. 폭풍우가 다가오는지 아는 법과 외양간으로 안전하게 돌아가는 법도 배운다. 또 물 대신 눈을 먹는 법도 배운다(우리는 농가 앞마당에서 가축들이 물을 마실 수 있게 해 놨지만 눈이 있으면 소들은 대부분 농가 앞마당까지 오지 않았다).

4월 초, 우리는 울타리를 설치해 송아지가 젖을 떼게 했다. 간단하게 전기 울타리를 설치해 송아지를 어미 소한테서 떼어내고 거리를 두게 하는 것이다. 송아지는 어미 소를 볼 수도 있고 코가 닿을 수도 있지만, 울타리에 가로막혀 어미 소가 새끼를 돌보지는 못한다. 이렇게 하면 송아지도 만족하고 어미 소도 만족하므로 가축에게도 좋은 일이다. 우리는 암소를 울타리에서 멀리 떨어진 곳에서 방목했다. 암소는 새끼를 확인하러 한두 번

왔다 갔다 한 후 지쳤는지 풀을 뜯는 데만 열중했다. 4~5일이 지나고 작년에 작물을 기르던 시기에 꼴을 잔뜩 쌓아 두었던 방목지에 송아지를 풀어놓았다. 송아지는 꼴을 먹는 데 익숙해져서 바로 먹기 시작했다. 이렇게 하면 송아지가 건강하게 자라는 모습을 볼 수 있다. 간단한 방법으로 송아지가 젖을 떼게 할 수 있다!

송아지는 다년생 작물이 자라는 방목지에서 풀을 뜯고 8월 초까지 하루에 한 번 이동했다. 이 시기에 우리는 암송아지를 거세한 수송아지와 떼어 놓고, 30일 동안 수소와 합사했다. 30일 뒤 수소는 다른 장소로 이동시키고 다시 수송아지와 암송아지를 합사했다. 덕분에 가축 밀도는 높이고 일의 강도는 줄일 수 있었다. 사람들은 가끔 왜 한 살배기 송아지를 포함해 모든 소들을 한꺼번에 이동시키지 않느냐고 묻는다. 생태적 관점에서는 한꺼번에 이동시키는 편이 나을 수도 있다. 하지만 우리 땅이 서로 인접해 있지 않아서 작물을 기르는 시기에 한꺼번에 모든 소를 몇 번이고 이동시키는 건 시간과 노력이 많이 드는 일이었다.

12월 초가 되면 초음파로 암송아지의 임신 여부를 확인했다. 임신한 송아지는 성체 소들과 함께 생활하게 했다. 임신하지 않은 소들은 계속해서 풀을 먹이며 키웠다. 성체 소들은 임신을 확인하지 않았다. 이렇게 했을 때 어떤 이점을 얻을 수 있을까? 우리는 임신하지 않은 소를 따로 골라내지 않았다. 젖을 뗀 송아지를 돌봐야 했기 때문이다. 우리는 이런 추가적인 일을 기대하지 않았다. 대신 임신을 했든 안 했든 송아지와 함께 모든 소들을 겨우내 이동시켰다. 젖을 뗄 때는 시기가 지나면 소들은 새롭게 자라난 풀을 뜯는다. 소들은 살이 잘 오르며 임신하지 않은 암소는 정말 뚱뚱해진다. 6월 말에는 이동식 그늘막을 몇 개 설치해 새끼를 돌보지 않는 암소들이 쉴 수 있게 했다. 여기에 모이는 암소들은 임신을 안 했거나 분만 과정에서 송아지가 죽은 경우였다. 어느 쪽이든 무리에 두어서는 안 된다는 신호다. 이 소들은 살이 과하게 오른다. 햄버거 시장은 언제 활성화될까? 물론 독립기념일이다! 우리는 임신 검사 비용을 아끼고, 임신하지 않은 소들을 가격이 바닥인 12월에 판매하는 대신 연중 수익성이 가장 좋은 시기에 햄버거 고기 시장에 판매할 수 있다.

임신하지 않은 가축에게는 한 번 더 기회를 주지 않는다. 팔려 나가면 그것으로 끝이다. 우리는 우리 환경에 잘 적응할 수 있는 가축을 선택했고 이것이 수익으로 이어졌다.

가축 수는 대략 300마리 안팎으로 유지했다. 한 살배기는 변동 폭이 컸다. 나는 한 살배기 소들을 가뭄에 대비한 보험으로 생각한다. 곳간이 풍족한 시기에는 한 살배기 소의 수를 늘리고 꼴 생산이 지지부진한 시기에는 소의 수를 줄여 초지를 건강하게 유지했다. 꼴 생산이 부족한 시기에도 소의 수를 유지할 수 있었는데, 한 살배기 소의 수가 200~400마리 사이로 변동 폭이 컸기 때문이다. 또한 매년 풀만 먹여 키운 150~300마리의 소를 판매하기도 했다.

유연하게 조절하는 법

우리는 흔히 총체적 계획 방목HPG이라 부르는 방법을 실제로 적용해 보았다. 여기서는 총체적 계획 방목에서 몇 가지 중요한 점을 강조하고 싶다.

- 목표 지향적이다.
- 전체 농장의 단위면적당 방목률이 아니라 방목지 면적당 가축 밀도에 입각한다.
- 고정된 시스템이나 처방전이 아니다.
- 환경에 따라 다르게 적용할 수 있다.
- 방목과 휴식을 얼마나 자주 반복하는지에 따라 결과가 달라진다.
- 방목 중간중간 쉬는 시기에 식물이 근계를 완전히 회복할 수 있게 한다.
- 자연에 대항하는 것이 아니라 자연과 함께 일할 수 있어야 한다.
- 토양을 개선하는 데 가축을 활용한다.
- 이 방법이 성공하기 위해서는 관찰하는 일이 중요하다.

총체적 계획 방목은 7장에서 자세히 언급할 건강한 토양 생태계의 다섯 가지 원칙과 더불어 건강한 방목지를 만드는 핵심적인 부분이다.

우리는 일반적으로 지상의 바이오매스 중 30~40%를 소가 섭취할 수 있게 했다. 지상의 바이오매스 중 50%가 사라져도 뿌리 성장은 영향을 받지 않는다는 사실을 기억하자. 그러나 바이오매스의 60%가 사라지면 뿌리 성장은 반 토막 난다! 목축업자라면 누구든 알아야 할 매우 중요한 사실이다. 소들이 남은 초지를 일부 짓밟기도 하지만, 해마다 그리고 가축 종류에 따라 천차만별의 상황이 벌어진다. 작물을 재배하는 시기에는 평균적으로 하루에 한 번 300마리 정도, 한 살배기 소는 하루 한 번에서 일곱 번까지 200~400마리를 이동시킨다. 일이 굉장히 많은 것처럼 보이지만, 모든 상황이 그렇듯 일은 마음먹기에 따라 쉽기도 하고 어렵기도 하다. 우리는 쉬운 방법을 택했다. 우리 농장의 방목지 면적은 대부분 6만~16만m^2 정도다. 하루에 한 번 이동식 울타리로 방목지를 더 작게 쪼갠다. 이 임시 방목지의 크기는 우리가 원하는 가축 밀도에 따라 4,000m^2에서 수만 m^2까지 다양하다. 가축 밀도는 4,000m^2당 22~320t에 달한다.(사진 17 참조) 하루 한 번 이상 소를 이동시키고 싶으면 닐 데니스처럼 태양광 자동 개폐 장치를 활용했다. 각 장치마다 시간을 미리 설정해 두고 하루 종일 소들이 스스로 다음 방목지로 이동하게 했다. 우리도 소도 모두 스트레스에서 해방될 수 있었다!

소를 항상 이렇게 자주 이동시킬 수 있는 건 아니다. 긴 휴가나 짧은 휴식을 원할 때마다 우리는 그저 방목지 크기를 키우고 소들을 한 장소에 더 오래 풀어 두었다. 그 결과 우리는 원하는

사진 17 4,000m^2당 320t의 가축이 다양한 다년생 식물이 자라는 초지에서 풀을 뜯고 있다.

삶을 누릴 수 있었다.

대부분의 농장주들은 환금작물을 수확한 이후에만 농지에서 가축을 방목한다. 나는 토양 건강을 더 빨리 회복시키는 방법을 알고 있었다. 바로 지피작물로 환금작물을 심고 작물을 재배하는 동안 가축이 뜯어 먹게 하는 것이다. 우리는 각기 다른 시기에 다른 종류의 동물로 이 방법을 써 보았다. 모든 것은 우리가 어떤 자원을 염두에 두고 있느냐에 달려 있다.

여러 예시를 들 수 있다. 앞에서 언급했듯이, 나는 토양 건강에 좋은 호밀과 헤어리베치 재배를 선호한다. 또 이른 봄에는 가축에게 좋은 사료를 주기도 한다. 사실상 어떤 가축이든 이 지피작물을 뜯어 먹는 동안에는 살이 잘 오른다. 지표를 보호할 수 있는 두꺼운 층을 만드는 데 활용할 수도 있다. 이것은 토양 건강에 핵심적인 한 가지 요소다. 이런 층을 만들려면 호밀과 헤어리베치를 혼합 재배하고 호밀이 꽃가루를 만들기 시작할 때까지 키워야 한다. 호밀이 꽃가루를 만들기 시작하면 방목지에 가축 밀도를 높인다. 나는 주로 한 살배기 암소를 활용했다. 호밀이 너무 많이 자라면 질 좋은 사료가 될 수 없지만 그래도 괜찮다. 우리의 목표는 암송아지들을 살찌우는 게 아니기 때문이다. 암송아지들이 호밀을 좋아하진 않겠지만 그래도 호밀을 먹을 것이고 체중이 약간 늘 것이다. 우리는 암송아지가 지상에 있는 바이오매스의 약 25%만 섭취하게 했다. 나머지는 소의 발에 밟혔다. 원하는 만큼 땅 밟는 효과가 나려면 가축 밀도가 4,000m^2당 보통 220t 이상 돼야 한다.

앞서 언급했던 계획을 실행할 때는 농지에 즉시 다른 지피작물도 파종했다. 이 과정에서 제초제는 전혀 사용하지 않았다. 보통 호밀의 타감효과[3]와 토지를 덮고 있는 작물 잔해물은 잡초의 성장을 막기에 충분하다. 우리 농장에서 잡초를 막아 주는 가장 좋은 지피작물은 호밀과 수수/수단그라스였다. 두 작물 중 어느 하나라도 잔해물이 층으로 잘 쌓이면 이듬해 환금작물을 재배할 때 제초제를 거의 쓸 필요가 없다.

3 식물에서 일정한 화학물질을 만들어 내 다른 식물의 생존을 막거나 성장을 저해하는 작용

사진 18 가을에 파종한 지피작물은 다음 해 봄까지 잡초가 자라지 않게 막아 준다.

호밀과 베치 다음에는 방목지에 어떤 지피작물을 재배해야 할까? 물론 내가 어떤 자원을 염두에 두고 있느냐 따라 다르다. 또한 지피작물은 연중 가장 뜨거운 시기에 자란다는 사실을 고려해야 한다. 그러므로 어느 정도 열을 견딜 수 있는 종을 골라야 한다. 보통은 풀만 먹는 가축이 뜯어 먹기에 적합한 지피작물이나, 겨울에 방목할 때 적합한 지피작물을 파종한다. 가축을 판매하기 전 마지막으로 방목할 때는 갈색잎맥 수수/수단그라스를 60~70% 혼합해서 파종한다. 이 작물들은 소화도 잘되고 따뜻한 계절에 자라는 고에너지 초본이다. 가축들은 특정 양분이 부족하지 않은 한 에너지를 먼저 얻으려 할 것이다.

그래서 기장쌀을 비롯해 동부, 녹두, 대두 같은 콩과 식물, 케일처럼 가축 사료로 사용하는 유채속 식물, 메밀처럼 꽃이 피는 식물을 적어도 한 종 추가했다. 적어도 일고여덟 종을 심어서 되도록 다양한 식물들끼리 시너지 효과를 얻고 싶었다.

난지형 일년생 지피작물을 혼합하면, 판매 직전의 가축에게 거의 이상적인 식단이었다. 수수와 수단그라스를 혼합해 적어도 90㎝까지 기른 뒤 4,000㎡당 약 45~90t의 가축 밀도로 방목했다. 그리 높은 밀도는 아니지만 이 과정에서 가축은 선택의 폭이 넓어질 수 있었다. 우리는 가축에 살이 오르기를 원했다.

가축은 보통 하루에 한 번 혹은 두 번만 이동시켰다. 가축을 이동시키는 일은 그 어떤 다른 일보다 품이 많이 들어가는 작업이다. 가축은 오후에 이동시켰다. 식물의 에너지 함량이 가장 높은 때는 당연히 햇빛을 가장 많이 흡수하는 오후 시간이기 때문이다. 동물들은 에너지를 선택한다. 그들은 수수와 수단그라스의 줄기에서 이파리를 뜯어내고 콩과 식물과 유채속 식물도 조금 뜯어 먹는다. 마지막 방목으로 하루 만에 무게가 1~2㎏이 느는 일은 흔하다. 이 과정에서 근육조직 내 지방이 늘어나는데, 이 지방은 오메가-3, 결레리놀레산, 육질의 품질을 높일 수 있는 다른 양분 비율이 높은 좋은 지방이다.

마지막으로, 농장에서 풀을 뜯는 가축들은 주로 이파리를 먹기 때문에 서리가 내리기 전까지는 식물은 계속 자랄 것이다. 식물이 자랄수록 더 많은 탄소가 토양에 쏟아져 나올 것이다.

다시 한 번 말하지만 탄소가 핵심이다!

순무와 래디시는 어떨까? 나는 토양다짐 문제를 해결하고 질소를 고정하기 위해 다이콘 무를 심었지만 방목을 위한 것은 아니었다. 무는 그렇게 큰 효과가 없었다. 그러나 다이콘 무를 연중 낮이 가장 긴 날이 오기 전에 심으면 빨리 꽃을 피우고 씨를 맺을 것이다. 낮의 길이가 줄어드는 시기에 다이콘 무를 심으면 적절한 조건이 갖춰졌을 때 우리가 익히 아는 대로 덩이뿌리가 크게 자랄 것이다. 순무는 방목용으로는 래디시보다 좀 더 좋지만 케일이나 콜라드 같은 방목용 유채속 식물만큼은 아니다.

4장 서두에서 말했듯이 나는 작물을 재배할 때 합성비료를 하나도 사용하지 않는다. 우리 농장의 토양은 작물에 필요한 양분을 순환시킬 수 있을 만큼 건강하다. 당신의 토양이 합성비료에 길들여졌다면 지피작물로 토양을 비옥하게 만들어야 한다. 합성비료 사용 비율을 줄일 것을 강력하게 권한다. 당신의 토양을 치유하라!

질산염, 고창증[4], 청산prussic acid으로 가축들이 고통 받지 않는지 묻는 사람도 많다. 가슴에 손을 얹고 말하지만 이런 이유로 죽거나 질병에 걸린 가축은 없었다. 하지만 당신의 가축이 이런 일을 겪지 않을 거라고 장담할 수는 없다. 나는 우리 농장의 탁월한 토양 건강과 작물 재배 덕에 문제를 예방할 수 있었

4 발효성 사료를 섭취해 소화관 내에 다량의 가스가 저류해 소화기능장애를 일으키는 대사질병

사진 19 우리 가축은 다년생 사료의 씨앗으로 탄생한 농지에도 잘 적응했다.

다. 고창증은 다양한 작물을 혼합 재배하면 일어나지 않는다. 질산염도 오랫동안 합성비료를 사용하지 않으면서 문제가 되지 않았다.

지피작물의 자세한 혼합 '비법'을 알려 달라는 질문도 자주 받는다. 나는 일부러 비법을 이야기하지 않는다. 우리 농장에 잘 맞는 방법이라고 해서 여러분의 농장에도 잘 맞으란 법은 없기 때문이다. 내가 고수한 원칙을 공유할 수는 있지만, 여러분의 토양과 환경에서 어떤 종이 잘 자라는지는 반드시 실험을 통해 찾아야 한다(지피작물 관련 원칙과 실제로 시도한 방법은 8장에서 자세히 소개할 것이다).

총체적 방목 계획을 실시하고 나서부터는 가축을 언제 어디로 움직여야 하는지에 대해 유연성과 선택지가 크게 늘었다. 우리는 이 유연성으로 파리와 기생충을 조절하는데, 살충제를 더 이상 사용하지 않는 우리에게는 중요한 방법이다. 소를 거름이 있는 곳에서 떨어뜨리고 파리가 알을 낳는 생애주기를 깨뜨리면서 살충제가 필요 없게 된 것이다. 해충을 잡아먹는 포식성 곤충과 쇠똥구리 수가 늘어나는 것도 목격할 수 있었다. 살충제 사용을 멈추고 2년이 지나서야 쇠똥구리가 나타났다. 폴은 우리 농장에서만 17종의 동물을 기록했다! 찌르레기, 녹색제비, 잠자리, 그리고 무수히 많은 포식자와 다양한 야생동물로 해충을 조절할 수 있다. 특히 소에 의지해 번식하는 해충의 종말숙주[5] 역할을 하는 카타딘Katahdin이나 도퍼Dorper 같은 헤어시프hair sheep[6]도 키운다(헤어시프에 대해서는 5장 '모든 목장은 양이 필요해'를 참조하라). 자연은 이런 사실을 알아냈다. 우리는 이것을 이용할 수 있을 만큼 똑똑해져야 한다!

총체적 방목 계획의 또 다른 이점은 소를 통해 농경에 해를 입히는 잡초를 조절할 수 있다는 것이다. 예를 들어 우리는 20년 이상 미국 농무부의 보존유보계획의 관리 대상이던 방목지를 빌렸다. 이곳에는 대부분 스무스부롬그라스smooth bromegrass가 있었고, 알팔파도 조금 있었으며, 농경지에 극심한

5 병원체를 종숙주에게 전파하지 못하게 만드는 숙주
6 울처럼 곱슬거리는 털이 아니라 직모를 지닌 양과 염소의 중간종

해를 입히는 잡초가 거대한 규모로 자라고 있었다. 하지만 우리는 걱정이 전혀 없었다. 가축 밀도를 높이면 소들의 행동이 변하고 캐나다엉겅퀴처럼 생산성이 좋은 작물을 덜 먹기 시작할 것이다. 이처럼 농사를 짓는 데 해가 되는 외래종 잡초를 크게 줄이는 동시에 다른 초본식물의 다양성과 건강을 향상시킬 수 있었다. 소들은 캐나다엉겅퀴를 비롯해 향쑥이나 심지어 흰대극도 먹지 않았다.

자연에서 배움을 얻어라

그래서, 내가 농장을 경영한 방식의 결과는 무엇일까? 정말 토양을 재건하고 있는 걸까? 이 모든 결과로 우리 농장은 어디쯤 왔을까?

나는 재생농업으로 우리 농장이 얼마나 달라졌는지 수량화하여, 재생농업의 힘에 대한 내 믿음을 보여 주기로 했다. 다행히 전 세계를 돌아다니며 재생농업 강연을 한 덕에, 나는 수많은 과학자와 연구원을 만날 수 있었다. 이렇게 맺은 인연으로, 우리는 농장 운영의 효과를 연구하고 다른 농장의 운영 방식과 비교하여 하나의 연구를 완성했다.

네 군데 농장이 선택됐고, 그중 하나가 우리 농장이었다. 네 농장의 토양은 동일했고 날씨 변수를 줄이기 위해 인접한 곳을 선택했다. 다음은 각 농장을 운영하는 방법에 대한 간단한 설명이다.

농장1: 다양한 환금작물 운용

이 농장은 잡초를 조절하고 파종을 위한 토양을 만들기 위해 경운에 의지하는 다양한 환금작물 운용 방법을 사용했다. 작물을 줄지어 재배하기 위해 작물이 한창 자랄 시기에도 경운을 했다. 봄밀, 보리, 아마, 대두, 그린콩, 해바라기를 모두 재배했다. 전동싸리 같은 지피작물은 후에 파종할 환금작물에 양분을 제공하기 위해 재배한 뒤 갈아엎었다. 자연적인 원료를 사용해 토양을 개량했다. 합성비료, 살충제, 제초제, 살진균제는 사용하지 않았다. 가축은 한 마리도 없었다.

농장2: 경운을 최소화하는 운용

이 농장은 경운을 최소화하고 주로 아마와 봄밀을 사용했다. 아주 드물게 해바라기도 재배했다. 얇은 날로 홈을 파 씨를 뿌리는 무경운 파종기는 씨를 파종하고 무수암모니아를 도포하는 데도 사용됐다. 그 외에 다른 합성비료는 사용하지 않았다. 필요한 경우에는 제초제, 살충제, 살진균제를 썼다. 가축은 없고 농장과 통합 운영하지도 않았다.

농장3: 적당한 다양성과 무경운 농법

이 농장은 수년간 무경운 농법을 실천했고 돌려짓기를 하는 과정에서도 다양성을 적당히 유지했다. 돌려짓기로 옥수수, 해바라기, 맥아용 보리, 대두, 봄밀을 심었다. 수확량을 최대로 늘리기 위해 어마어마한 양의 합성비료, 제초제, 살충제, 살진균제를 사용했다. 가축은 없고 농장과 통합 운영하지도 않았다.

농장4: 우리 농장

네 번째는 우리 농장이다. 환금작물과 지피작물을 높은 비율로 재배하고 무경운 농법을 사용했으며 합성비료, 살진균제, 살충제는 사용하지 않았다. 가축은 농지에서 방목하며 길렀다.

토양 시료를 이용한 침투율 실험은 같은 날 각 농장에서 진행됐다. 릭 헤이니 박사는 토양 시료를 텍사스주 템플에 있는 미국 농무부 산하 농업연구소의 '초지 토양과 물 연구소'에서 실험했다. 실험 결과는 표 4.1에 나와 있다. 수분을 추출할 수 있는 유기탄소WEOC는 토양 생태계가 섭취하는 양분이다. 이렇게 생각해 보자. 유기물은 생명체가 살고 있는 집이며 유기탄소는 집에 있는 냉장고다.

실험 결과에서 어떤 점이 눈에 띄는가? 아마 다른 농장보다 농장 4(우리 농장)의 토양 양분 비율, 더 적절한 유기물 비율, 탄소 함량, 침투율이 높다는 사실을 가장 먼저 알아차릴 수 있을 것이다. 그러나 세 농장의 수치를 비교했을 때 별 차이가 없다는 점을 알아차리는 것이 중요하다.

표 4.1

운용	N (kg)	P (kg)	K (kg)	WEOC (ppm)	OM (%)	INFIL (센티미터/시간)
농장1	0.9	43	70	233	1.7	1.2
농장2	12	61	110	239	1.7	1.7
농장3	16	90	98	262	1.5	1.1
농장4	127	793	456	1095	6.9	76.2+

N=질소, **P**=인, **K**=칼륨, **WEOC**=수분을 추출할 수 있는 유기탄소, **OM**=유기물, **INFIL**=침투율

이 중요한 요소들은 다음 논증 결과를 뒷받침한다.

- 경운은 토양 건강을 다방면으로 해친다.
- 다양성이 낮으면 토양 건강을 해친다.
- 합성비료를 많이 사용하면 토양 건강에 해롭다.
- 농장에 가축을 기르면 토양 건강에 긍정적인 영향을 끼친다.

이 자료는 우리 농장의 생태계를 관리하는 데 이 조건이 얼마나 중요한지 보여 준다. 틀림없이 우리 가족, 우리 농장, 우리 공동체, 우리 지구를 치유하는 데 핵심적인 부분이다.

나는 고故 제리 브루네티로부터 중요한 조건들을 배웠다. 브루네티는 자신의 기념비적인 책인 《생태계로서의 농장The Farm As

Ecosystem》에서 개인의 농장을 생태계로 운영하는 일이 얼마나 중요한지 호소력 있게 설명했다. 나는 이런 정보들, 특히 자연을 어떻게 바라봐야 하는지 가르쳐 준 브루네티에게 평생 고마움을 잊지 못할 것이다. 나무, 동물, 토양을 통해 자연에서 배움을 얻어라.

5장

미래 세대,
미래를 위한 건축

우리 아들 폴은 나에게서 농장을 사랑하는 마음을 물려받았다. 우리 부부는 폴이 농장 일을 물려받고 싶어 한다는 사실을 오래 전부터 알고 있었다. 사실 폴은 고등학교를 졸업하자마자 농장에서 일하게 해 달라고 애원했다. 우리는 잠깐이나마 폴이 자신의 세계를 경험해 보기를 바랐기 때문에 아들의 부탁을 거절했다. 폴은 마지못해 대학을 가기로 결정했다. 나는 늦은 저녁 아들의 전화를 받은 일을 잊을 수 없다. 폴은 불만이 가득했다.

"아빠, 학교에서 잘못된 개념을 가르치고 있어요! 학교에서 가르치는 방법은 우리가 다 그만둔 것들이에요!"

나는 안쓰러운 마음으로 폴의 이야기를 듣고 나서 전화를 끊은 뒤 웃음을 터뜨렸다. 이런 이유로 우리는 아들이 대학에 가기를 바랐던 것이다! 폴은 대학을 졸업하고 집으로 돌아와 우리 농장의 정직원이 됐다.

운 좋게도 우리는 예상보다 몇 년 일찍 아내의 숙모와 삼촌이 가지고 있던 땅을 살 수 있었다. 이곳에는 작고 오래된 농가가 있었다. 우리는 이 농가의 창문, 문, 지붕, 양탄자 천, 난방 시스템, 판자벽을 보수했다. 스물여섯 살 미혼남이 살기에 완벽한 장소였다. 이 농가는 우리 농장에서 *8km* 떨어진 곳에 있었다. 몸이 멀어지면 마음도 멀어지게 된다.

농장 일을 하는 내 친구들은 아들이 대학을 졸업하자마자 농장으로 돌아오게 놔두는 게 큰 실수라고 말했다. 한동안 다른 곳에서 일하게 하는 것이 우리 부부에게나 아들에게도 더 나을 것이라고 했다. 사회 초년생들은 집으로 돌아오기 전에 다른 직업을 가져 봐야 정말 농장에서 일하고 싶은지 확신할 수 있다는 것이다. 우리 부부는 친구들의 말을 곰곰이 생각해 봤다. 하지만 독립적 사고를 장려하는 환경에서 자랐고 책임지는 법을 배웠다면, 자신의 직업은 스스로 선택할 수 있어야 한다는 게 우리 부부의 생각이었다. 우리는 폴이 졸업하고 농장으로 오겠다고 했을 때 허락한 것을 후회하지 않는다.

내 친구들은 대부분 자식들이 농장을 떠나서 직업을 갖게 '해야 한다'고 생각했는데, 그중 누구의 자식도 농장으로 돌아오지 않았다는 사실은 매우 흥미로웠다! 우리 아들처럼 농장에서 자란 친구들 중 가족 농장으로 돌아온 친구가 거의 없다는 사실도 놀라웠다. 폴이 예외적이란 사실은 다소 유감이다. 얼마나 슬픈 일인지! 이것은 오늘날 농업 생산모델의 결과이다. 이에 대해서는 10장에서 더 자세히 설명하겠다.

내가 참여한 한 학회에서 어떤 발표자는 이런 질문을 했다.

“여러분의 농장을 물려받거나 물려받을 계획인 자녀나 친척이 있는 분 계신가요?”

200명 정도의 청중 가운데 몇이나 손을 들었을까? 나와 다른 한 명, 이렇게 단 두 명이었다. 충격적이었다! 나는 적어도 30명, 아니 그보다 더 많기를 바랐다. 그날 발표에 참여한 120개 이상의 농장 가운데 농장의 삶을 이어 가고 싶은 딸, 아들, 혹은 조카가 있는 농장이 단 두 곳이란 사실은 믿기 힘들었다. 내 말을 오해하지는 마시라. 대부분의 자녀들은 농업 생산을 경력에 넣고 싶어 하지 않는 것 같다. 그렇다고 문제 될 것은 없다. 누구든 자신의 꿈을 좇아야 하니까. 그러나 청년이 농업에 뛰어들 만큼 호의적인 환경을 조성한 곳이 왜 단 두 곳뿐일까? 학회가 끝난 뒤 나는 생각이 많아졌고, 되도록 많은 농장주와 청년들에게 이 질문을 하기 시작했다. 내가 알아낸 바로는 일반적으로 두 가지 원인이 있었다. 첫째, 농장 수입으로는 두 가족이 먹고살기 충분하지 않다. 둘째, 농업 생산업에 뛰어들려면 비용이 너무 많이 든다. 나는 이 두 문제의 해결방법이 밀접하게 연관돼 있다고 본다.

미래를 위한 우리의 계획

우리 부부가 장인장모님과 함께 8년 동안 일하고 나서 농장을 물려받겠다고 했을 때 두 분이 얼마나 놀라셨는지는 앞서 얘기한 바 있다. 장인장모님은 갑자기 농장을 셋으로 나눠 세 딸에게 3분의 1씩 팔기로 하셨다. 이 결정은 근본적으로 우리가 아내의 몫뿐 아니라 자매들의 몫까지 구매해야 한다는 뜻이었다. 우리는 임대료를 내야 했고 이 돈으로 처제들의 대출금을 갚았다. 처제들이 농지를 빌려준 일은 정말 고맙게 생각한다. 우리의 농경 사업에 정말 중요한 부분이었다. 하지만 이 시나리오는 우리가 농장을 자식들에게 물려줄 방법을 결정할 때 큰 영향을 미쳤다.

자식들 중 하나는 농장으로 돌아와 일을 돕고 다른 하나는 자기 경력을 쌓았지만 부모는 아무런 자산 계획이 없는 상황을 나는 여러 해 동안 수없이 목격했다.

시간은 금세 흐르고 갑자기 한쪽 부모 혹은 양쪽 다 세상을 떠나면 농장은 자녀들에게 쪼개져 돌아간다. 그 결과 성인이 되고 나서 계속 농장에서 일한 자녀는 형제나 자매 몫의 농지를 사야 하는 곤란한 상황에 놓인다. 설상가상으로 농장에서 강제로 쫓겨나기도 한다. 우리는 아들이 이런 상황에 놓이는 것을 원치 않았다. 폴은 대학 졸업 전부터 이미 농장에서 혼자 일했으므로, 우리는 우리의 자산 계획을 아들에게 알리고 싶었다.

우리는 아들과 딸을 앉혀 놓고 계획을 이야기했다. 딸은 농장 일에 관심이 없었다. 딸도 관심이 있었다면 자식 둘 모두 농장 일을 하게 했을 것이다. 우리는 모든 땅을 소득 기반 유언신탁에 예치했다. 땅을 신탁에 예치하면 우리가 죽거나 신탁을 해지할 때까지 신탁의 이윤을 받을 자격을 얻는다. 아들은 우리가 죽거나 신탁을 해지하면 토지증서를 받게 되고, 유언신탁의 집행자가 된다. 그동안 우리는 아들에게 임금을 지급하고, 신탁이 있기 때문에 아들은 농장을 물려받을 수 있다는 확신을 얻을 수 있다.

딸을 위해서는 어떻게 할 거냐고? 우리가 세상을 떠나면 딸은 우리의 생명보험증권과 부동산, 투자금을 받는다. 금전적으로 아들과 똑같은 몫을 받게 되냐고? 아니다. 그럼 불공평하지 않느냐고? 두말하면 잔소리다. 아들은 벌써 우리와 수년을 함께 일했다. 평생에 걸쳐 농장의 가치를 높일 것이다. 그러니 보상 받을 권리가 있다.

이런 질문을 할 사람도 있을 것이다.

“은퇴하면 어떻게 하려고요? 그땐 뭘 먹고살 거예요?”

내 대답은 간단하다. 농사를 짓는 동안 노후 대비를 할 만큼 충분히 벌지 못하면 농사 말고 다른 길을 알아봐야 한다! 미래 세대가, 기존 세대가 농경을 구축할 때 도움이 됐던 사업만 하려 한다면 이는 너무 터무니없는 사고방식이다. 농장을 사업처럼 운영한다면 이런 일이 일어나서는 안 된다.

길고 긴 항해를 위한 계획

가족이든 가족이 아니든 누군가 농장을 양도하지 않는다면 그것은 사실상 지속가능하다고 볼 수 없다. 현재 농업의 한 가지 문제는 농지가 잘게 쪼개져 있다는 것이다. 자녀들이 농장을 떠나고 부모가 세상을 떠나면 자녀들은 유산을 한 번에 한 필지씩 팔아 버린다. 그 때문에 인접한 작은 농지를 하나로 합치기 어렵다. 그래서 우리는 우리 농장을 위해 향후 200년 계획을 세웠다.

다음은 우리의 계획이다.

- 농지를 신탁에 예치해 쪼개지 않고 다음 세대에 전달될 수 있도록 한다.
- 우리가 생산한 품목을 판매할 수 있는 유한책임회사를 만든다.
- 가축을 도축할 수 있는 도축시설에 투자한다.
- 우리가 생산한 품목을 취급하는 비스만 식품협동조합에 투자한다.
- 물과 미네랄 순환을 포함해 생태계의 기능을 재건할 수 있도록 적극적으로 일한다. 이렇게 하면 생산성과 수익성을 둘 다 확실히 잡을 수 있다.
- 랜드스트림(농사를 짓는 사람이 토양의 질을 향상시킴으로써 농장의 생물 다양성을 높이고 수질을 개선하며 홍수 조절 같은 효과를 볼 수 있도록 최첨단 환경 모니터링과 모델링을 활용하는 단체)의 면밀한 도움으로 생태계의 기능을 관찰한다.
- 미래 세대에게 수입을 창출해 줄 수 있는 과일과 견과류 과수원을 조성한다.
- 수입원을 다양하게 만들어 다양한 사업 모델을 확보한다.
- 주택 근처의 농지에 다양한 다년생 작물을 심어 방목지 역할을

할 수 있게 한다. 도시와 가까운 곳은 작물을 재배하기 적절하지 않기 때문이다.

- 사업을 세분화하여 더 많은 사람이 농업 생산에 뛰어들고 시장에 우리 상품을 더 많이 내놓을 수 있게 한다.

우리에게 건강상 문제가 생겨도 병원이나 요양원은 우리 토지를 강제 매각할 수 없다. 이런 보장을 받는다는 것은 개인이 할 수 있는 최선의 방법이라는 점에서도 중요하다. 건강보험료가 천정부지로 치솟는 상황에서 이런 부분은 정확히 짚고 넘어가야 한다.

다양한 가축

폴이 아직 대학생이었을 때 아들은 농장에 변화가 필요하다고 집요하게 말했다. 평소처럼 한밤중에 전화를 건 아들은 어느 날, 전화를 끊기 전에 농장에 큰 변화를 일으킬 방법을 이야기했다.

"아빠, 늘 다양성이 중요하다고 말씀하셨죠. 하지만 우리 농장에 있는 가축은 소뿐이에요. 우리 농장에는 닭, 양, 어쩌면 돼지도 필요해요."

와! 닭, 양, 돼지라니? 이런 선택지는 생각해 본 적이 없었다. 하지만 내가 답을 하기까지는 몇 초밖에 걸리지 않았다.

"좋은 생각인데!"

결국 폴이 옳았다. 작물뿐 아니라 어느 모로 보나 다양성은 최선의 선택이었다. 폴이 대학을 졸업하고 농장에 돌아오자마자 우리는 암탉을 구매하기로 했다.

집으로 돌아오는 길에 아들은 레그혼종[1] 150마리를 판매하고 싶어 하는 사람을 찾아냈다. 거래는 성사됐고 아들은 달걀 산업에 본격적으로 뛰어들었다. 가장 먼저 한 일은 닭이 지낼 곳을 만드는 일이었다. 폴은 가로 1.8*m*, 세로 4.8*m* 크기의 오래된 트레일러를, 목초지를 가로지르는 이동식 닭장으로 리모델링했다. 우리는 트레일러를 구매해 개조하기 시작했다. 오래된 나무 바닥을 뜯어내고 금속 철망을 깔았다. 그 덕에 배설물이 그대로 땅에 떨어져 농지를 비옥하게 만들었다. 트레일러의 벽면마다 닭이 내려앉을 수 있는 횃대를 4줄씩 설치했다. 트레일러 끝부분에는 중력식 유동 급수기가 부착된 208ℓ짜리 드럼통을 설치했다. 드럼통을 채울 때는 얕게 묻은 수도관에 연결된 수직관 하나에 정원용 호스를 끼운 뒤 물을 채우기만 하면 된다. 뒷문에는 달걀을 쉽게 수거할 수 있는 둥지 상자를 여러 개 설치했다.

트레일러에 몇 가지를 더하면 농장 일을 더 효과적으로 할

1 닭의 한 품종으로, 영국과 미국에서 성장 속도가 빠르고 알을 많이 낳는 품종으로 개량하여 전 세계에서 사육되고 있다.

사진 20 우리가 처음으로 만든 '에그모바일'이다. 횃대, 둥지 상자, 급수대를 추가해 만든 이동식 장이다.

수 있다. 한 가지는 차축 상단 중앙에 5*cm* 길이의 금속 공을 용접한 이륜 짐수레다. 금속 공에는 트레일러 히치(결합장치)를 걸 수 있다. 차축에 금속 버클도 부착하여 ATV(전지형차)에 부착돼 있는 금속 공에 버클을 끼우기만 하면 된다.(사진 20 참조) 덕분에 트레일러를 이동시키는 과정이 한결 단순해졌다. 트레일러를 위아래로 움직이기 위해 잭jack을 쓸 필요가 없기 때문이다. 해가 뜨는 아침이 되면 자동으로 문이 열렸다가 해가 지는 밤이 되면 문이 닫히는 빛 감지 센서가 달린 문도 있으면 좋다. 밤에는 포식자가 트레일러로 들어오지 못하게 문을 닫을 수 있을 뿐 아니라, 밤마다 닭을 트레일러에 가둬 두고 아침이 되면 다시 풀어 주는 데 걸리는 시간과 노력을 줄일 수 있다. 폴은 이 신기한 닭장을 뭐라고 불렀을까? 움직이는 달걀이라는 뜻의 '에그모바일 Eggmobile'이라고 불렀다!

그렇다면 이 달걀로 무얼 할 수 있을까? 폴은 이모, 삼촌을 비롯한 일가친척과 친구들에게 달걀 판매 소식을 알렸다. 이 소식은 쏜살같이 퍼져 나갔고 곧 수요가 공급을 넘어섰다. 폴은 지역사회 지원농업[2]에 연락해 비스마르크에 매주 식품을 배달할 거점을 만들어 줄 수 있느냐고 물었고, 지역사회 지원농업 측에서 가능하다고 답했다. 폴은 매주 한껏 흥분해서는 비스마르크에 보낼 달걀을 포장했다. 내가 함께 배달을 가겠다고 억지를 부리고 나서야, 나는 폴이 왜 그렇게 흥분했는지 그 이유를 알 수 있었다. 배달지에 도착하자 몇 분도 안 되어 10대 안팎의 차가 주차장에 들어섰고, 대부분 젊은 여성들이 차에서 내려 아들 주위를 에워쌌다(아들은 아직 미혼이다)! 아들, 제법인데!

폴의 달걀 사업에 관한 한 가지 슬픈 소식을 이야기해야겠다. 사실, 당시 노스다코타주에서 폴의 방식으로 달걀을 판매하는 것은 불법이었다. 노스다코타 주정부의 검사와 허가를 받지 않고 달걀을 파는 것이 불법이란 말이다. 이것은 과한 규제다. 정부의 개입 없이 누구나 건강하고 영양가 높은 식품을 판매할 권리가 있어야 한다! 안타깝게도 미국의 식품 시스템이 엉망진창

2 Community Supported Agriculture(CSA). 한 농가나 여러 농가가 다수의 소비자와 미리 계약을 맺고 생산할 농산물의 품목과 수량을 결정하여 공급하는 시스템

이라, 이런 사례는 수도 없이 많다. 이런 규제 때문에 더 나은 방향으로 변화를 꾀하는 우리나 여러분 같은 농부에게 지지를 보내기가 어렵다.

달걀 생산량을 높이자

달걀을 낳는 폴의 암탉 사업은 에그모바일 함대 일곱 척과 150마리로 시작해 1,100마리까지 커졌다. 더 이상 달걀을 손으로 씻을 수 없었다. 세척 과정을 단순화해 주정부에서 승인받은 시판용 크기의 달걀 세척기로 바꿔야 했다. 공장식 축산에서 생산된 달걀은 12개에 약 60센트에 판매됐다. 폴은 12개에 4달러 50센트에 팔았지만 사람들은 영양이 풍부한 식품을 원하기 때문에 기꺼이 그 값을 지불했다. 달걀은 소비자의 관심을 끄는 입문자용 상품으로 최고였다. 일단 우리 농장에서 자연방목한 닭의 달걀을 맛보면 소비자들은 우리가 생산하는 다른 상품들도 구매하고 싶어 했다.

어떻게 암탉을 전부 관리할 수 있었을까? 암탉은 농장 청소를 도와주는 일꾼들이다. 봄, 여름, 가을 동안 소들이 한 번 풀을 뜯고 나면 3일 뒤 농지에 닭을 풀어놓았다. 3일은 소똥에서 파리 유충이 자라기에 충분한 시간이다. 자, 암탉을 위한 만찬이 준비됐다! 닭은 놀라운 생명체다. 잡식성이라 거의 모든 걸

먹는다. 토끼풀, 잔디, 파리와 파리 유충, 메뚜기, 쥐, 심지어 뱀까지 먹는다! 닭에게는 일도 아니다. 우리는 곡물을 정제하고 난 부산물(곡물, 곡물과 섞였을지 모르는 부서지거나 금이 간 잡초 씨앗 알맹이)도 사료로 약간씩 준다. 농장이 실질적으로 이윤을 낼 수 있는 중요한 원칙은 한 가지 사업에서 발생한 폐기물로 다른 사업의 이윤을 내는 것이다. 그냥 두었으면 쓰레기가 됐을 곡물을 정제하고 난 부산물을 닭 모이로 사용하는 것이야말로 아주 좋은 예다. 우리가 닭을 위한 보조제로 구매한 것이라곤 굴 껍데기뿐이었다. 굴 껍데기는 달걀껍질을 단단하게 해 주는 칼슘을 공급해 준다.

겨울에는 너무 추워서 닭을 에그모바일에서 지내게 할 수 없었다. 2015년에 우리는 가로 11*m*, 세로 22*m* 크기의 긴 비닐하우스를 만들었다. 겨울을 나기 위해 비닐하우스로 닭을 이동시키기 전, 닭의 배설물에서 생기는 탄소와 질소 비율을 맞추기 위해 우드칩을 두껍게 깔았다. 다음 해 봄, 비닐하우스에 깔아 둔 우드칩을 수거해 이 훌륭한 비료를 한 해 동안 퇴비로 사용할 수 있었다. 그 후 퇴비는 정원에도 사용했다. 태양에너지와 1,100마리 닭의 체열 덕분에 가장 기온이 낮았던 겨울에도 따뜻하게 지낼 수 있었다. 겨울에는 곡물을 정제하고 난 부산물과 고기 부스러기를 닭에게 먹였다. 냠냠! 닭은 만족스런 생활을 하고 있었다. 사실 공장식 축산 시설에서 자란 닭은 약 1년밖에 살지 못한다. 하지만 우리 농장에는 일곱 살 난 암탉도 있었다!

몇 년 전, 〈내셔널지오그래픽〉 제작진이 3일 동안 우리 농장을 촬영한 적이 있다. PD는 우리 농장처럼 완전히 자연방목한 암탉이 낳은 달걀과 매장에서 구매한 달걀이 정말 차이가 나는지 물었다. 이 둘의 차이를 알려 줄 기회였다! 나는 PD에게 아무 가게에서 달걀 12개를 사 오라고 말했다. 다음 날 PD는 닭장 밖에서 기른 닭이 낳은 유기농 달걀 12개를 사서 나타났다. 그다음 나는 에그모바일에서 달걀을 골라 오라고 했다. 우리는 주물 프라이팬에 밖에서 사 온 달걀 하나를 깼다. 옅은 노란색 노른자와 묽은 흰자가 들어 있는 평범한 달걀이었다. 그 옆에 우리 농장에서 가져온 달걀 하나를 깼다. PD의 표정이 가관이었다! 우리 농장의 달걀은 밝은 오렌지색 노른자와 단단한 흰자로 이루어져 있었다. PD는 신이 나서 밖에서 사 온 달걀을 하나 더 깼고, 똑같은 옅은 색을 볼 수 있었다. 우리 농장의 또 다른 달걀 노른자는 밝은 오렌지색을 띠고 있었다. PD는 우리 달걀에 열광했다. 그는 이 수업을 통해 값진 교훈을 얻었을 것이다.

모든 목장은 양이 필요해

닭을 키우기 시작한 뒤 폴은 양도 데려오고 싶어 했다. 폴은 양을 기다리면서 130만m^2 크기의 목초지에 고인장 철사 3개로 이루어진 전기 울타리를 설치했다. 양을 제대로 사육하는 데 이 정도면 충분하다고 생각했다. 양을 경험해 본 적이 없다는 점을 감안하면, 우리는 목축을 너무 과소평가했다. 우리는 누구도 양을 사육해 본 적이 없었다. 폴은 몇 가지 조사를 한 뒤, 우리 농장에는 카타딘 헤어시프가 가장 잘 맞을 것이라고 판단했다. 카타딘 헤어시프는 봄이 되면 털갈이를 하고 육질이 우수한 것으로 유명하다. 우리는 육질을 가장 우선적으로 고려하여 결정을 내렸다. 헤어시프는 따로 털을 깎을 필요가 없었으므로 우리 입장에서 양털은 추가적인 요소일 뿐이었다. 하지만 이 결정으로 양털을 수입원으로 활용할 수 있는 기회를 잃었다.

폴은 우리 농장에서 북쪽으로 수백 킬로미터 떨어진 곳에서 목장을 운영하며 우리에게 새끼 양 20마리를 팔 의향이 있는 사람을 알게 됐다. 이 목장은 양에게 구충제나 백신을 맞히지 않았고 우리 농장과 환경도 비슷해서 폴은 이 목축업자에게 양을 구매하기로 했다. 양들이 우리 방식과 환경에 잘 적응하리라 판단했기 때문이다. 자연의 흐름과 맞추기 위해 12월에 숫양과 암양을 합사했고, 5월에 새끼를 낳았다. 나는 사람들에게 교훈이란 힘들게 얻어야 하는 법이라고 자주 말한다. 목초지에서 새끼 암양을 돌보면서 분명히 또 다른 교훈을 얻게 될 것이었다. 코요테 때문이었다! 코요테는 저녁거리로 새끼 양을 잡아먹었다. 이 문제는 가축 지키는 개를 데려온 다음 해결됐다.

초기에 나는 계획 방목 시스템으로 양을 기를 것이라고 말하곤 했다. 방목을 하기로 계획한 곳이면 어디든 양을 이동시켰다! 고인장 철사 3개로는 충분치 않다는 사실을 금방 깨닫고 철사를 몇 개 더 추가했다. 시간이 흐르면서 우리는 양 주위에 울타리를 치고 양 다루는 법을 꾸준히 배워 나갔다.

우리는 도퍼 종을 더 데려와 가축 무게와 잡종강세를 발전시켰다. 카타딘과 도퍼를 교배한 품종은 한 살에 평균 31kg에 달할 만큼 우리 농장 환경과 잘 맞았다. 양의 먹이나 건강관리 측면에서 우리는 소와 똑같은 방법을 썼다. 백신과 구충제를 쓰지 않고 곡물도 먹이지 않았다. 양은 한 마리도 빠짐없이 스스로 새끼를 낳고 길렀으며, 그렇지 않은 개체는 시장에 내놨다. 양들도 우리 방식에 잘 적응했다. 또한 우리는 '양은 오만 가지 이유로 죽는다'라는 말이 틀렸다는 것을 알았다!

양 사육의 한 가지 멋진 점은 양이 소와는 다른 식물을 먹는다는 사실이다. 덕분에 소떼 규모를 줄이지 않고도 양을 방목할 수 있었다. 우리 목장 정도 규모에서는 수백 마리 소와 수천 마리의 양을 수월하게 방목할 수 있다. 우리는 풀만 먹여 기른 양고기를 원하는 사람들이 있어서 양을 늘리기로 했다.

지상 낙원

우리 딸 켈리는 냉장고에 '베이컨을 즐기지 않는 자, 당신은 틀렸다!'라는 문구가 적힌 자석을 붙여 놓았다. 나는 이 말에 동의하지 않는다! 우리 농장에서 육류사업 규모를 키우자, 풀만 먹여 키운 돼지고기를 요구하는 소비자들이 꾸준히 늘었다. 어떤 돼지 품종이 우리 농장 환경과 잘 어울릴지 몇 가지 조사를 진행한 뒤, 먹이를 찾아다니는 능력이 좋은 탬워스Tamworth와 육질이 좋은 버크셔Berkshire를 선택했다. 2014년, 우리는 버크셔 암퇘지 4마리, 새끼 탬워스 암퇘지 2마리, 탬워스 수퇘지 1마리를 구매했다. 이렇게 장애물 천지인 돼지고기 생산 수업이 시작됐다.

거대한 돼지고기 산업은 오늘날 생산모델이 얼마나 잘못됐는지 보여 주는 또 다른 예다. 돼지들은 갇혀서 사육되면서 새끼를 기르는 방법 같은 타고난 본능을 빠르게 잊어버린다. 우리 농장의 돼지도 갇힌 공간에서 자란 동물의 유전자를 받았다. 우리는 농장 환경에 알맞은 가축을 발굴하기 위해, 소와 양들을 반복적으로 골라냈던 동일한 과정을 거쳐야 했다. 내 생각에는 텍사스로 가서 야생 돼지 몇 마리를 생포한 뒤 우리 농장으로 데려와 종축으로 삼는 게 더 나을 것 같았다. 우리 농장 돼지는 시간이 지나면서 먹이를 찾는 능력, 모성 본능, 산자수[3]가 향상됐다. 어느 정도는 우리가 글로스터셔 올드스팟Gloucestershire Old Spots 종을 일부 추가한 덕분일 것이다.

4월부터 10월까지 우리는 약 20마리의 암퇘지를 잃었나. 특히 돼지들을 가둬 두지 않는다는 점을 감안하면 노스다코타주

3 한 번의 분만으로 출산하는 새끼의 수

에서 겨울에 새끼를 낳는다는 건 말도 안 되는 일이다. 겨우내 우리가 한 일은 원기둥 모양의 거대한 짚더미를 돼지와 함께 농지에 풀어놓는 것뿐이었다. 돼지들은 짚더미 안으로 파고들어 따뜻하게 지냈다!

봄, 여름, 가을 동안은 다년생 식물이 자라는 농지에 돼지를 풀어놓는다. 우리는 질 좋은 콩과 식물로 이루어진 목초지를 선호한다. 여기에 집에서 재배한 옥수수, 보리, 콩, 그리고 귀리 간 것과 곡물 정제하고 난 부산물을 더 공급했다. 겨우내 소들이 건초더미를 뜯었던 목초지에서 돼지가 먹이활동을 하는 것은 남은 잔여물을 퍼뜨리는 훌륭한 방법이었다. 돼지들은 이 잔여물을 파헤치고 어마어마한 양의 탄소(아무도 먹지 않은 건초)에 서식하는 곰팡이와 곤충을 즐겨 먹었다. 그렇다면 아무도 먹지 않은 어마어마한 양의 건초와 거름을 돼지 대신 우리가 써레질[4]할 필요가 있을까? 우리는 방풍림[5]을 '새로이 조성'하는 데도 돼지를 활용했다. 돼지들은 오래되고 썩은 나무를 찾아다니며 땅을 뒤엎는다. 이렇게 땅을 파헤치면 초본식물과 콩과 식물의 발아가 촉진돼 훨씬 더 건강한 환경이 조성된다.

사람들은 돼지도 지피작물 방목지에 방목하는지 자주 묻는다. 우리는 이 방법을 실험해 봤고 돼지는 지피작물을 좋아했다. 하지만 밭을 많이 파괴하기도 했다. 적어도 이틀에 한 번 돼지를

4 써레로 흙덩이를 잘게 부수는 일
5 농경지·과수원·목장 등을 강풍으로부터 보호하기 위해 조성한 숲

사진 21 돼지도 초지에 적응했다. 돼지는 일년생 지피작물이 자란 초지에 방목했다.

이동시킬 만큼 여유가 있다 해도, 돼지가 땅을 파헤쳐 땅에 홈이 패면 이듬해 파종을 하는 데 어려움을 겪을 수 있었다. 그래서 이 방법은 쓰지 않았다.

돼지를 기르면서 가장 좋았던 일은 베이컨이나 돼지갈비를 먹을 수 있었던 게 아니라 경제적인 이익을 얻을 수 있다는 점이었다. 우리 농장 돼지들은 7개월이 되면 다 자라고 최상의 육질을 자랑한다. 달러당 투자 금액으로 따지면 돼지고기 사업은 꿀에 버금가는 이윤을 안겨 주었다.

켈리가 냉장고에 붙여 놓은 자석 문구가 틀린 말이 아니었다!

다음 세대를 교육하자

폴과의 동업은 우리 농장이 성공할 수 있는 근본적인 이유다. 우리 가족은 농사와 목장 일을 시작하는 다음 세대를 돕는 일이 중요하다고 생각했다. 다음 세대를 돕고 싶어 하지 않는 농부나 목장주를 보면 실망스럽고 짜증이 난다. 이런 일들을 거의 모든 농장 경매장에서 볼 수 있다. 이제 막 일을 시작한 농부는 이미 자리를 잘 잡은 농부가 더 비싼 값을 부를 것이 분명한 물건에 입찰할 것이다. 토지 경매장에서도 비슷한 일이 벌어진다. 확실히 자리를 잡은 농부들은 대개 어마어마한 양의 토지와 장비를 갖고 있다. 얼마나 부끄러운 일인지.

우리는 다음 세대를 돕는 방안의 일환으로 '브라운 농장 인턴십 프로그램'을 진행하고 있다. 지난 25년 동안 우리는 매년 여름이 되면 함께 일할 젊은이들을 모집했다. 몇 년 전부터는 이것을 아예 인턴십 프로그램으로 만들었다. 매년 우리는 지원서를 받고 인터뷰를 진행한 뒤 이력에 재생농업을 추가하고 싶은 열정과 열망 있는 젊은이를 인턴으로 채용했다. 매년 많은 젊은이들이 이 인턴십 프로그램에 지원한다.

보통 지원서는 12월 1일부터 1월 15일까지 받는다. 나, 아내, 폴은 각자 지원서를 검토하고 1, 2, 3등을 매긴다. 만약 우리 세 명이 모두 1등을 매긴 지원자가 나오면 인터뷰를 진행한다. 우리는 뽑을 인원의 약 세 배수를 인터뷰한다. 나는 인터뷰에서 지원자들에게 생각할 거리를 주는 질문을 즐겨 던진다. 내가 가장 좋아하는 질문은 '일을 적당히 하고 마감 날짜를 지키는가 아니면 조금 늦더라도 완벽하게 하는가?'이다. 나에게 마감 날짜를 지킨다는 건 이미 늦었다는 뜻이다. 나를 아는 사람들은 다 아는 사실이다. 시간 약속을 안 지키는 사람은 용납할 수 없다! 인턴 선발 기준은 열정, 동기, 의욕이다. 원칙과 일은 가르칠 수 있지만 성향은 가르칠 수 없기 때문이다.

인턴십은 보통 4월 중순부터 10월 중순까지 진행된다. 우리는 약간의 임금과 숙소를 제공한다. 인턴들은 우리 농장에서 생산되는 것은 무엇이든 먹을 수 있지만, 그들이 날마다 돼지고기 안심을 먹는다면 내 속이 편하지만은 않을 것이다!

이 인턴십 프로그램은 다음 세대를 도와야 한다는 신념에서 시작했다. 그래서 우리는 다른 인턴십 프로그램에서는 경험할 수 없는 기회를 제공했다. 우리 농장에서 인턴십을 마친 뒤 참가자가 농경 생산 일을 하고 싶어 하는 욕구, 투지, 열정을 보이면 우리 사업의 일부를 나눠 주는 것이다. 다시 말해 닭이든, 소든, 돼지든, 양이든, 혹은 작물이든 우리가 선택한 사업의 일부를 인턴에게 판매한다는 것이다. 사업을 꾸려 나가기 위한 기본적인 토지를 합당한 비율로 제공해 재정을 지원하고, 필요한 상품이나 가축을 정가에 구매해 우리가 구축한 시장을 통해 판매할 수 있게 한다. 인턴이 사업을 잘 꾸려 나간다면 이윤은 꽤 괜찮을 것이다. 사업을 운영하고 자금을 축적하는 기간에는 우리 농장에서 계속 수습으로 일할 수 있다. 이 과정에서 인턴은 사업 원칙을 배우고 독립해 나갈 때 굳건한 기반을 마련할 수 있다.

나는 인턴들에게 농장을 시작할 때 사업이 휴대 가능해야 한다고 말한다. '휴대 가능하다portable'는 말은 토지나 기반시설을 구매하지 말라는 것이다. '새로운 장소로 쉽게 옮겨 갈 수 있는 사업부터 시작해라. 얻은 수입으로 사업을 키워 나가라. 고객층을 구축해 나가라. 고객이 늘어나면서 사업을 함께 키워 나가라.' 이 원칙에 따르면 기회가 늘었을 때 더 나은 상황이나 지역으로 이동할 수 있다. 조엘 살라틴Joel Salatin은 《농부를 위한 농장Fields of Farmers》에서 이런 상황을 자세히 설명했다. 이 책은 농경 생산에 관심을 갖기 시작한 사람이라면 누구나 쉽게 읽을 수 있다.

나는 '목표를 아는 것'의 중요성을 교육하는 데도 최선을 다했다. 당신의 목표를 알고 그 목표를 항상 염두에 두는 것은 직거래를 포함한 모든 사업에서 중요하다. 사이먼 시넥은 《스타트 위드 와이: 나는 왜 이 일을 하는가》라는 멋진 책에서 이 원칙을 자세히 소개했다. 우리 농장에서 우리의 '목표'는 생태계를 재건하면서 양분 밀도가 높은 식품을 생산하는 것이다. 농장에서 어떤 결정을 하기 전 우리는 먼저 이렇게 자문한다.

"이 결정이 우리의 목표에 딱 들어맞을까?"

이 질문을 해 보면 결정을 내리기 한결 수월해진다.

인턴십 프로그램은 내가 한 일 가운데 가장 재미있기도 했고 가장 성가시기도 했다. 몇 년에 걸쳐 우리 농장에서 일한 인턴들의 독창성과 무모함, 그리고 내가 한 번도 생각해 본 적 없는 방식으로 여러 방법을 융합하는 능력은 나를 놀라게 했다. 이 자리에서 인상 깊었던 인턴 이야기를 하고 넘어가지 않으면 이 책을 제대로 마무리할 수 없을 것이다.

몇 년 전 어느 날 아침, 한 인턴이 내게 이런 질문을 했다.

"방목지에 있는 수도는 어떻게 잠그나요?"

인턴은 내게 한 살배기 소가 물통의 수직관에 발굽이 걸리면서 수직관이 부러진 것 같다고 말했다. 물이 사방에 흩뿌려지고 있었다. 물 잠그는 법이 복잡해서 나는 그에게 내가 해결할 것이니 신경 쓰지 않아도 된다고 말했다. 나중에 물을 잠그러 가보니 그 인턴이 아주 기발한 방법으로 물을 잠그려 애쓴 흔적이 보였다. 부러진 파이프에 작은 애호박을 끼워 둔 것이었다! 나는 큰 소리로 웃음을 터뜨렸다! 인턴의 노력에 후한 점수를 줬다!

한번은 날씨 좋은 어느 여름날, 나는 한 인턴에게 60만m^2 크기의 건초지에서 건초더미를 둥그렇게 만드는 법을 가르쳐 주었다. 이렇게 건초더미를 만들어 두면 겨우내 가축을 방목할 장소까지 쉽게 옮길 수 있다. 인턴이 운전한 트랙터는 지붕과 에어컨이 있는 존 디어 7220이었다. 이 정도 운전은 식은 죽 먹기이고 그녀가 금방 일에 익숙해질 거라고 판단한 나는 자리를 떴다. 그날 오후 그녀가 울면서 나를 찾아왔다. 하도 흐느끼며 우는 바람에 무슨 일이 생긴 것인지 거의 알아들을 수가 없었다. 흐느껴 우는 사이사이 그녀는 트랙터 문짝이 떨어져 나갔다고 설명했다. 뭐?? 그녀가 트랙터를 몬 곳은 탁 트인 농지였다. 나무나 말뚝 하나 없었다. 게다가 트랙터 안에는 에어컨도 있었는데 왜 문을 연 채로 운전을 했을까? 그 이유는 알 길이 없지만, 여하튼 문을 열고 건초더미 옆을 지나는 바람에 문짝이 뜯어진 것이다. 이번 일은 마냥 웃어넘기기는 쉽지 않았다.

인턴십을 다시 시작한 지 일주일 정도 됐을 무렵 한 인턴이 나와 폴이 일하던 매장으로 뛰어왔다.

"픽업트럭이 뒤집혔어요!"

"다들 괜찮아?"

"한 명은 피를 흘리고 있어요. 근데 둘 다 의식은 있는 것 같아요."

응급실 신세를 지긴 했지만 상황은 다행히 잘 마무리됐다. 심각한 부상을 입은 사람은 없었다. 그나마 다행이었지만, 아무래도 둘 다 안전벨트를 하지 않았던 것 같았다. 픽업트럭은 완파됐다. 기억해 두자. 도시에서 자란 인턴을 채용할 때는 자갈길 운전법을 알려 줘야 한다. 아내 말마따나 '전부' 설명해 줘야 한다.

가끔은 설명해 줘도 별 소용이 없는 경우가 있기는 하다. 어느 여름 날 나는 24만m^2 크기의 옥수수밭 한가운데 4,000m^2만큼 스위트콘을 심었다. 나는 인턴에게 스위트콘을 심은 위치를 보여 주었다. 경계는 밝은 주황색 깃발로 분명히 표시돼 있었다. 인턴과 나는 이 구역의 잡초를 손으로 뽑기 시작했다(사람이든 동물이든 누군가가 먹을 작물에는 제초제를 사용하지 않는다). 어느 정도 시간이 흐르고 우리는 그날 일을 마치고 집으로 향했다. 다음 날, 나는 일을 마치기 위해 그녀를 밭으로 보냈다. 그녀는 저녁시간까지도 돌아오지 않았다. 그저 손이 느린 사람이겠거니 생각했다. 그날 저녁 그녀는 페이스북에 사진을 하나 올렸다. 끔찍하게 힘든 일을 했고 다시 옥수수 밭에서 잡초를 뽑으려면 꽤 오랜 시간이 걸릴 거라는 내용이었다. 그녀는 옥수수밭 한가운데에 서 있었다! 스위트콘 밭에 있는 잡초만 뽑으라는 말을 잊은 듯했다! 세상에! 이런 이야기는 지어낼 수도 없다.

마지막으로, 나는 인턴이 무경운 파종기에 지피작물의 씨앗 채우는 과정을 도와주고 그에게 밭에 씨 뿌리는 일을 맡긴 적이 있다. 이 밭에 씨를 다 뿌리면 다음 밭으로 이동하기 전에 나를 부르라고 했다. 그날 오후 인턴은 밭 하나를 다 끝냈고 다음 밭으로 가는 중이라고 했다. 나는 픽업트럭에 씨앗을 싣고 다음 밭으로 향했다. 밭에 도착했지만 인턴은 온데간데없었다. 나는 기다리고 또 기다렸다. 밭 사이 거리는 고작 3*km*인데다 단지 씨를 뿌리는 일이었을 뿐이다. 나는 조금 더 기다렸다. 마침내 인턴이 모습을 나타났다. 그는 파종 기어가 아니라 주행 기어로 파종기를 몰고 있었다! 기어 변속 방법을 모르는 게 분명했다.

그가 도착했을 때 나는 씨앗을 더 넣기 위해 파종기에 올랐다. 실망스럽게도 파종기 안은 텅 비어 있었다!

"안이 텅 비어 있네."

나는 굳은 목소리로 말했다.

"아, 걱정하지 마세요. 제가 파종기를 몰기 시작했을 때는 씨앗이 엄청 많았거든요."

세상에! 그 말이 무슨 뜻인지 잘 알 것 같았다. 아니나 다를까 식물이 자라는 시기가 되자 6만m^2를 남겨 두고 씨앗이 다 떨어진 게 분명했다. 그나마 교훈을 얻었으니 다행이다. 나는 가끔 인턴을 통해 신께서 내게 인내심을 가르치는 게 아닌가 생각한다.

6장

자연과 함께 풍요롭게

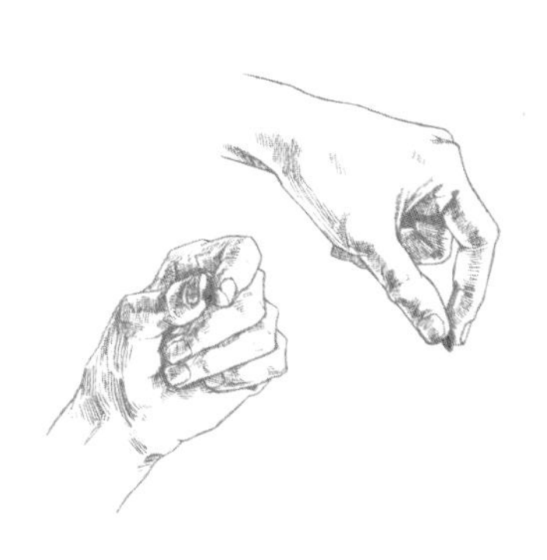

다른 많은 농부들도 동의하겠지만, 나는 납세자 보조금 없이는 우리 농장의 상품을 생산하는 데 들어갈 돈을 마련할 수 없다는 사실을 경험으로 배웠다. 소비자들이 식품을 사는 데 소비하는 1달러 중 생산자에게 돌아가는 몫은 대개 14센트에 불과하다. 내 상품의 대가로 받아야 할 86센트가 다른 곳으로 새고 있는데, 고작 14센트에 만족해야 할 이유가 어디 있겠는가? 그렇다, 나는 자본주의자다! 폴이 이 사업에 뛰어들면서 우리 농장의 목표를 달성하려면, 관습적인 방식으로 생산해 온 사람들이 놓치는 86센트도 잡는 방향으로 사업모델을 개선해야 했다. 우리 농장과 목장의 상품을 직거래해야 한다는 의미다.

농장에서 생산하는 고기를 직거래하고자 하는 생산자들은 대부분 '가공'이라는 가장 큰 문제에 맞닥뜨린다. 우리도 마찬가지였다. 우리가 소를 처음 기르기 시작했을 때, 가공육을 소매로 판매할 수 있는 검증받은 도축기관은 노스다코타주 전체에 단 네 곳뿐이었다. 여기서 고기를 가공하려면 13개월을 기다려야 한다. 이런 제한적인 상황에서는 사업을 진행할 수 없었다. 그래서 우리는 2012년, 생산자와 여러 투자자들과 함께 노스다코타주 농업당국의 인증을 받아 육류 소매가 가능한 보던 육가공 협동조합BMP을 만들었다. 보던 육가공 협동조합은 우리 농장에서 150*km* 떨어진 보던의 작은 마을에 있었다. 마을에는 육가공장이 있었는데, 주인이 사망하고 갑자기 문을 닫으면서 규정을 충족시킬 수 없었다. 우리는 이곳을 보던 육가공 협동조합 본부로 택했다. 투자, 보조금, 대출금으로 130만 달러를 마련한 뒤 건물은 철거됐고 새로운 건물이 들어섰다. 보던 육가공 협동조합은 2014년 4월에 문을 열었다. 공장은 여러 가지 이유로 보던에 지었다. 첫째, 주민들이 그 자리를 원했고 건물 용도에 꼭 필요한 승인을 얻는 데 주민들이 기꺼이 협동조합과 협력하겠다는 의사를 밝혔기 때문이다. 더 큰 지역사회에서는 쉽지 않을 일이었다. 둘째, 대부분의 마을 사람들이 보던 육가공 협동조합이 이곳에 들어서면 협동조합에 투자하겠다는 의사를 표했기 때문이다.

보던 육가공 협동조합은 주 당국의 감독을 받으며 버펄로, 소, 양, 돼지, 염소를 도축하고 가공했다. 매주 약 25마리를 처리할 수 있는, 상대적으로 작은 육가공장이었다. 여느 작은 공장들처럼, 큰 규모의 공장과 비교하면 규모의 경제를 실현하기 위해 두당 가격을 올려야 했다. 비싼 가공비용을 부담하기 위해 상품 가격을 올렸다. 상품이 아니라 영양분을 판매하기 위한 일이었다.

우리는 2주마다 보던 육가공 협동조합에서 고기를 가공하기 위해 고정적으로 예약을 잡았다. 덕분에 상품 수요를 맞추기 위해 가공할 종을 꾸준히 선택할 수 있었다. 어떤 품목도 모자라지 않게 재고를 정확하게 파악하려면 이런 과정이 필수였다. 우리는 도축할 가축을 보던으로 보내고 돌아오는 길에, 2주 전에 보낸 가축의 고기를 받아왔다.

보던 육가공 협동조합이 설립된 2013년, 우리는 변호사의 지시에 따라 '브라운 마케팅 LLC'라는 독립 사업체를 설립했다. 이 사업체의 목표는 우리 농장에서 생산한 상품을 소도매로 판매하는 것이었다. 브라운 마케팅 LLC는 우리 농장의 가축이나 농장에서 생산된 품목을 정가에 구매해 가공한 후 소매로 판매한다. 이 사업 구조는 중요하다. 이 구조로 농장의 위험부담을 덜 수 있기 때문이다. 예를 들어 육류 가공 과정에서 안전 취급 규약을 지키지 않는 등, 누군가가 육류 안전 가공 가이드라인을 따르지 않아 소비자가 피해를 입는 일이 발생했을 때 소송으로 농장이 넘어가는 일을 피할 수 있다.

이 유한회사를 설립하면서 아들 폴의 지분을 60%, 나와 아내 지분을 40%로 나눴다. 폴이 대표를 맡아 모든 결정을 내렸다. 폴에게 사업의 재정적 측면과 시장적 측면을 가르치기 위해

사진 22 우리는 농장 간판으로 우리 이름과 농사 원칙을 알리고 있다.

의도적으로 이런 구조를 택했다. 나는 부모 중 한쪽 혹은 양쪽이 모든 결정을 내리고 재정 문제를 해결하는 가족농장을 수도 없이 많이 봤다. 이런 부모 밑에서 자란 아들딸은 쉰 살이 돼도 사업 운영을 할 줄 모를 것이다. 부모들은 부끄러운 줄 알아야 한다!

유한회사를 설립한 뒤 우리는 커져 가는 시장과 사업을 고급화하는 데 집중했다. 소비자에게 매력적이면서도 우리가 하려는 일을 잘 전달할 수 있는 상호가 필요했다. 충분한 논의를 거쳐 상호를 '자연과 함께 풍요롭게Nourished by Nature'로 결정했다. 단순하면서도 우리의 목표를 아우르는 문구였다. 우리는 상품에 '자연과 함께 풍요롭게'라는 라벨을 사용할 수 있도록 상표 신청을 하고 승인을 받았다.

상품 판매를 위한 인프라를 구축하다

2014년 봄, 보던 육가공 협동조합에 예정된 스케줄을 진행하면서 우리는 가공처리 기계에서 수거한 상품을 보관할 공간이 필요한 상황이었다. 우리는 장인어른이 1950년대 후반에 암탉을 키우려고 지은 건물을 활용했다(이 건물은 여우와 코요테가 암탉을 약탈하고 점령하기까지 몇 년만 사용했다). 그 후 수십 년간 이 건물을 창고로 사용했다. 먼저 건물 내부를 깨끗이 비워 내고 전선을 재배치했다. 수많은 콘센트와 전등을 달고 벽 내부와 지붕에 발포 단열재를 7.6cm 두께로 설치했다. 그런 다음 냉동 박스와 냉장고도 몇 개 구매해 건물 안에 들여놓았다. 그때 폴은 재고를 보관하고 직거래 사업에 운용할 효율적인 공간을 확보했다. 이 사업을 시작할 때 초기 투자금으로 1만 달러가 들었다. 하지만 그 순간부터 사업에 자금이 흐를 준비가 돼 있었으므로 단 한 푼도 빌릴 필요가 없었다. 여기서 소중한 교훈을 하나 얻을 수 있다. 빚이 아니라 이윤으로 사업을 확장해라!

우리 농장의 마케팅 팀에서 다음으로 구매한 것은 이동식 가판대였다. 농수산물 직판장과 지역사회 지원농업CAS에 버금가고, 달걀 배달 장소로도 활용할 수 있는 시설이다. 이동식 가판대 내부에는 고기 보관이 가능한 큰 냉동 박스 2개와, 달걀 및 농작물 보관용 냉장고 1개가 들어가도록 주문 제작했다. 고객과 거래할 수 있는 작업대와 발전기 공간도 있었다.(사진 23 참조)

사진 23 우리는 농산물 직판매장에서 '자연과 함께 풍요롭게' 상품을 판매하기 위해 이동식 트럭을 판매대로 사용했다.

2014년 6월, 무슨 일이 벌어질지 모른 채 큰 기대에 부풀어 비스마르크에서 첫 농산물 직판장을 시작했다. 와! 우리 상품을 원하는 사람은 예상보다 훨씬 많았다! 우리는 머지않아 지역 공동체의 틈새를 메웠다는 사실을 깨달았다. 지역 공동체의 지지는 힘이 되었고, 사람들이 상품이 아니라 영양분을 원한다는 사실을 증명했다.

2014년 여름 내내 폴은 겨울에 할 수 있는 일을 찾기 시작했다. 농수산물 직판장과 지역사회 지원농업은 노스다코타주에서 약 5개월 동안만 진행되기 때문에 '비수기'가 매우 길었다. 다행히 우리는 시장이 열리지 않는 긴 시간 동안에도 물건을 판매하는 법을 이미 알고 있었다. 작년에 우리는 비스마르크에서 열린

'유기농가축협회 학회Grassfed Exchange Conference'에서 자신들의 시장 모델 이야기를 들려주던 블레인 히츠필드Blaine Hitzfield와 그의 아버지 리 히츠필드를 만났다. 이것은 비수기를 메우는 데 우리에게 꼭 필요한 방법이었다. 우리는 그에게 연락해 이 방법을 시작할 수 있게 도와줄 수 있는지 물었다. 이 연락은 우리의 직거래 사업 성공에서 결정적인 역할을 했다.

블레인은 인디애나주 로어노크 외곽에 있는 '일곱 아들 농장Seven Sons Farm'을 운영하던 일곱 아들 중 하나였다. 그의 이야기는 우리와 비슷했다. 그의 아버지 리 히츠필드는 2000년대 초에 농장 운영법을 바꾸기로 결심한 전통 방식의 생산자였다. 오늘날, 히츠필드 농장은 계획적인 배달로 미드웨스트 전역 5,000가구에 방목으로 생산한 제품을 직거래한다. 블레인은 자신의 사업을 위해 그레이즈카트GrazeCart라는 프로그램을 개발했으며, 플랫폼을 확장해 다른 직거래 판매자들도 월정액으로 이 프로그램을 사용할 수 있었다. 빙고! 폴은 배달 스케줄을 설정해 고객들이 1년 내내 우리 상품을 받아 볼 수 있도록 그레이즈카트 프로그램을 사용하는 새로운 홈페이지를 만들었다. 우리 홈페이지(www.nourishedbynature.us)는 2014년 가을에 개시했다.

이 프로그램은 우리가 상품 이름과 상품 카테고리를 추가하고 재고를 추적하며 배달지와 배달 옵션을 설정할 수 있어 사용하기 편리한 인터페이스를 갖추고 있었다. 소비자가 손쉽게 접근해 물품을 구매할 수 있는 홈페이지를 만드는 일은 매우 중요하다. 어쨌든 이제는 모두 인터넷을 사용하니까! 새로운 고객이 우리 홈페이지에 첫 방문을 하면 즉시 정보를 기입하고 계정을 만든다. 그다음 지정된 시간과 날짜에 상품을 배달받을 지역을 선택한다. 배달 지역을 선택한 뒤, 소비자들은 장바구니에 원하는 상품을 담고 주문서를 제출하기만 하면 된다. 소비자들은 예정된 배달 시간 48시간 전이라면 언제든 주문을 할 수 있다. 우리가 출발하기 전 주문받은 내역을 차에 싣는 데는 이틀이면 충분했다. 일단 주문서에 있는 상품을 가공하고 포장하고 나면 소비자의 카드가 결제된다. 그다음 잊지 말고 알맞은 시간과 장소에서 구매한 물품을 찾아가라는 알람이 메일로 전송된다. 이 간단한 과정으로 우리는 배달할 때마다 얼마큼의 이윤을 얻을 수 있는지 미리 알 수 있었다. 우리가 배달 지역에 도착해서 소비자들이 주문한 물품을 수령한 다음 영양분이 가득한 식품을 들고 집으로 돌아가기까지 모든 과정이 30분 안에 일어난다.

고객은 항상 옳다

제품을 소비자들의 피드백에 맞춰 생산하기 위해 우리는 홈페이지를 계속해서 업데이트했다. 이 피드백은 우리가 고객과 형성한 관계에서 가장 중요한 부분이었을 것이다. 고객의 생각과 수요를 알아내는 데 직접 관계를 맺는 것만큼 중요한 건 없다.

가장 자주 받는 질문을 기록해 두는 것도 꽤 흥미롭다. 95% 확률로 고객이 하는 첫 질문은 '어디서 오는 건가요?'이다. 작물이 어디에 파종돼서 자라는지 그리고 농장이 어디에 있는지 알고 싶어 한다. 우리는 '비스마르크에서 동쪽으로 11*km* 직진하세요' 혹은 '비스마르크 외곽에 있는 94번 주간고속도로를 따라가다 보면 스마일이 그려진 돌이 있습니다. 그 돌을 보신 적 있나요? 네, 거기에 바로 우리 농장이 있습니다'라고 대답한다. 항상 열려 있고 매력적인 농장을 만드는 것이 중요하다.

80% 이상의 확률로 두 번째 질문은 '유전자변형 농산물GMO을 재배하거나 가축에게 먹이나요?'다. 이 질문이 얼마나 자주 들어오는지, 우리는 매우 놀랐다. 특히 노스다코타주 같은 지방에서 말이다. GMO 식품의 장단점에 대해서는 원하는 만큼 논쟁할 수 있지만, 소비자가 GMO 혼합 상품을 원하지 않는다면 GMO를 재배하고 가축 사료로 사용할 이유는 없다. 그다음으로 많이 듣는 질문을 순서에 관계없이 나열하자면 '항생제를 먹이나요?', '호르몬 주사를 맞히나요?', '가축은 어떻게 관리하나요?' 등이다. 폴은 이 세 가지 질문에 이렇게 답했다.

"제가 만약 가축이었다면 우리 농장에서 살고 싶었을 거예요."

나는 이렇게 답했다.

"우리 가축들은 눈부신 일생을 보내고 좋지 못한 순간을 단 한 번만 겪죠!"

고객들에게 이런 질문을 받으면 그에 답하며 시장 상품의 목표를 설정할 수 있었다. 참 좋은 일이었다. 가족을 돌보는 일에 돈을 쓸 때 이런 질문을 중요하게 생각하는 사람에게 호소할 수 있기 때문이다. 흥미롭게도 우리 상품이 유기농인지 묻는 사람은 거의 없었다. 우리가 아는 한, 우리 상품이 유기농 인증을 받지 못한 것 때문에 고객을 잃는 일은 없었다. 충분한 시간을 두고 우리의 달성 과제와 계획을 포함한 우리의 '목표'를 설명하면 고객을 만족시킬 수 있었다. 고객들은 유기농 인증을 받은 제품과 동일한 비용이나 그 이상을 지불할 용의를 보였다.

브랜드를 알리려면 신뢰를 형성하고 투명하게 결점 없는 상품을 만드는 것이 중요하다. 앞서 이야기했듯이 당신의 '목표'를 파악하고 당신의 사업을 꼼꼼하게 그려 낼 수 있어야 한다. 당신이 분명한 메시지를 전달한다면 잠재 고객과 기존 고객 모두 당신이 어떤 사업을 운영하고 어떤 가치를 추구하는지 정확히 파악할 수 있을 것이다. 이 과정에서 당신의 상품과 사업이 알려지게 되고 궁극적으로 신뢰도를 높은 수준까지 끌어올릴 수 있을 것이다.

이 세 원칙은 상호적으로 작용한다. 예를 들어 우리는 상품 라벨에 사용한 모든 원재료를 명확히 표기한다. 이것은 고객을 위한 '투명성'이다. 만약 양념으로 '향신료'를 사용한다면 정확히 어떤 향신료를 사용하는지 표기했다. 우리는 고객의 건강을 주의 깊게 살폈다. 높은 기준을 만족시키기 위해 MSG, 인공 질산염, 말토덱스트린, 액상과당, 덱스트로오스 및 기타 첨가물이 함유된 상품은 판매하지 않는다. 어쨌든 가축을 기르는 일뿐 아니라 그 너머의 일을 하기로 결정한 이상, 불필요한 첨가물을 잔뜩 추가하면서 온전한 상품의 기준을 망칠 이유는 없기 때문이다. 고객이 이런 점을 확인하면 우리가 신뢰를 쌓기 위해 고객들의 주관심사를 명심하고 신경 쓴다는 사실을 알 수 있다. 생산자들은 방목을 해서 재배한 단백질을 홍보하면서, 자신들의 상품에는 그런 '쓰레기'가 들어 있다는 것을 다른 상품과의 차별점으로 내세운다. 정말 듣기 거북한 말이다!

우리가 고객과 신뢰를 쌓는 또 다른 훌륭한 방법은 문호개방 정책(투명성을 보여 주는 또 다른 방법)이었다. 고객은 원한다면 언제든 우리 농장에 찾아올 수 있었다. 다만 우리가 농장이나 가축이 있는 곳까지 안내할 수 있도록 고객들에게 방문 의사를 미리 알려 달라고 했을 뿐이다. 농장을 방문해 우리의 '목표'를 목격했을 때 고객의 반응을 보는 것만큼 값진 일도 없다. 사실, 고객이 농장을 방문하면 보통 '자연과 함께 풍요롭게' 상품을 박스로 사 간다. 신뢰를 형성하면 고객들은 계속해서 비용을 지불함으로써 보답할 것이다. 다른 상품시장이나 슈퍼마켓은 구축할 수 없는 독특한 연결고리다. 생산자와 소비자 사이에 다리를 놓는 것은 우리에게 가장 중요한 일이다.

직거래는 할 일이 많다는 잘못된 인상을 심어 주고 싶진 않다. 내가 하고 싶은 이야기는 고품질 상품을 훌륭한 서비스로 배달하는 것이다. 우리 농장에는 이 지역의 다른 대다수 직거래 농장과 비교할 때 몇 가지 차별점이 있다. 첫째, 가축이 태어나는 순간부터 생을 마감하는 순간까지(닭을 제외하고) 기른다. 둘째, 닭과 돼지에게 먹일 곡물뿐 아니라 소와 양에게 먹일 꼴도 직접 기른다. 그러므로 우리는 가축들이 태어나는 순간부터 무엇을 먹는지 정확히 알고 있다. 우리 농장의 토양 건강이 향상되면서 곡물의 양분 밀도도 함께 상승했다. 우리는 우리 농장에서 생산한 곡물, 채소, 사료의 브릭스를 전부 측정한다. 브릭스는 액체에 녹은 고체(곡물의 경우 보통은 당이다)의 양을 정량화한 것으로, 양분 밀도(식물 조직 내의 양분 농도)를 나타내는 중요한 지표다. 브릭스는 포도 당도가 최대치에 달해 수확할 준비가 됐는지 판단하기 위해 와인 산업에서 수년 동안 사용됐다. 우리 농장에서 재배한 곡물, 채소, 사료의 브릭스는 지난 10년 동안 눈에 띄게 증가했다. 따라서 우리는 상품이 아니라 양분 밀도가 높은 식품을 생산하고 있다는 사실을 확신할 수 있었다.

아직 배워야 할 점이 많지만, 우리는 고객층을 구축할 새로운 방법을 꾸준히 찾고 있다. 농산물 직거래 장터는 새로운 고객에 노출되고 더 많은 고객을 얻을 수 있는 좋은 방법이다. 2016년, 우리는 냉동 박스와 냉장고 몇 개를 더 싣고 이동식 가판대와 연결할 수 있는 밴을 구매했다. 직거래 장터에 가려면 320*km*를 이동해야 했기 때문에 밴은 탁월한 선택이었다. 우리는 시장을 선주문 상품을 배달하는 장소로 사용했다. 이렇게 하면 여름과 가을 동안 일석이조의 효과를 거둘 수 있다. 상권을 확장하자 고객층도 늘어났다. 이 글을 쓰는 지금도 우리는 노스 다코타주 전역의 1,200가구에 배달을 하고 있다. 이렇게 늘어난 수요를 충당하기 위해 냉동고를 구매했다. 냉장고와 냉동고를 들여놓기 위해 오래된 닭장을 개조했다던 말을 기억하는가? 지금은 냉동고가 11개, 냉장고가 3개 있다. 이는 사람들이 건강하고 영양분이 가득한 음식을 먹고 싶어 한다는 또 다른 증거다.

나는 우리 농장의 성공이 자랑스럽다. 하지만 전적으로 만족한 적은 없었기 때문에 꾸준히 더 나은 방법을 찾았다. 예를 들어 계속해서 다양한 사업을 운영하려 노력했다. 작물이 자라는 동안 다른 식물들도 늘 꽃을 피우기 때문에, 주변에는 꽃가루와 꿀을 공급하는 꽃가루매개자가 항시 존재했다. 그렇다면 꿀도 판매할 수 있지 않을까? 조사를 해 보니 우리 농장에서 그리 멀지 않은 곳에 양봉장이 있었다. 벌들은 우리 구역에 벌집을 만들고 농장의 곡물을 수분하는 동시에 영양분이 가득한 꿀을 만들어 냈다. 양봉장은 벌집에서 가공하지 않은 천연 꿀을 추출해 우리가 갖고 있는 0.5*kg*, 1*kg*, 2.5*kg* 혹은 4*ℓ* 들이 통에 담았다. 양봉장 주인은 우리 구역의 벌집이 다른 구역의 벌집보다 꿀을 19% 더 생산한다고 말했다. 이 높은 수확량은 우리 생태계가 다양하고 건강하다는 증거였다. 우리는 지역 산업을 지원하기 위해 양봉장 주인에게 적절한 비용을 지불했다. 꿀은 적은 이윤을 남기고 고객들에게 판매했다. 벌은 물론이고, 모두가 윈윈

사진 24 우리의 200년 계획에는 더 많은 다년생 작물을 재배하는 것이 들어 있다. 이 과수원의 과일나무는 이제 막 자라기 시작했지만 지금으로부터 30년 후를 상상해 보자. 게다가 이곳의 하층식생은 잡초가 아니다. 하층식생으로 꽃가루매개자와 포식곤충을 끌어들일 수 있는 식물이 자라고 있다.

할 수 있는 상황이다!

앞서 언급했듯이 우리는 향후 200년 계획의 일부로 최근 과일나무를 심었다. 사과, 배, 복숭아, 자두, 살구, 준베리(채진목 열매), 체리, 사스카툰, 커런트, 아로니아, 블랙베리, 블루베리, 오디나무를 1,500그루 넘게 심었다.(사진 24 참조) 과일나무는 노스다코타주에서 쉽게 볼 수 없었다. 나는 이런 말을 자주 했다.

"사람들은 제가 남들과 다르기 때문에 비웃지만 저는 다른 사람들이 모두 똑같기 때문에 비웃습니다."

이 과일나무는 다방면으로 우리 농장의 가치를 높였다. 신선한 과일을 판매하는 일은 분명 선택사항이다. 지역에서 과일을 판매하는 사람이 거의 없기 때문이다. 하지만 우리는 과일주스, 발효 과일주, 잼, 젤리, 파이, 와인도 판매할 수 있다. 밤, 헤이즐넛, 개암, 호두나무도 심었다. 제대로 수확하려면 30년 정도 걸리겠지만 미래 세대에는 또 다른 성공적인 사업이 될 것이다.

오리, 칠면조, 토끼, 유제품, 그 외에 더 많은 사업도 고려 중이다. 사람들은 자신의 상상에 갇혀 있다. 많은 생산자들이 잠재적인 수입원을 간과한다. 물론 돈이 전부는 아니다. 우리가 단 한 번도 추구하지 않은 수입원은 오로지 '상업적 사냥'뿐이다. 지피작물과 다양한 다년생 식물로 이루어진 초원은 수많은 야생동물을 끌어들인다. 건강한 농장을 총과 카메라를 이용해 야생동물을 사냥할 기회로 활용하는 사람도 많다. 우리는 평범한 사냥꾼들에게는 농장을 개방하지 않는다. 대신 장애인들에게 사냥할 기회를 주는 '스포팅챈스Sporting Chance'에는 개방한다. 이런 제안은 법 집행기관과 퇴역 군인들에게도 확대 적용된다.

달러당 86센트를 챙겨서 내 목표를 이뤘느냐고? 아직은 아니다. 하지만 목표를 향해 달려가는 중이다. 확실한 것은 농장이 재건되기만 해서는 지속가능할 수 없다는 것이다. 수익성도 있어야 한다. 농경 생산에서 이윤을 챙겨야 한다!

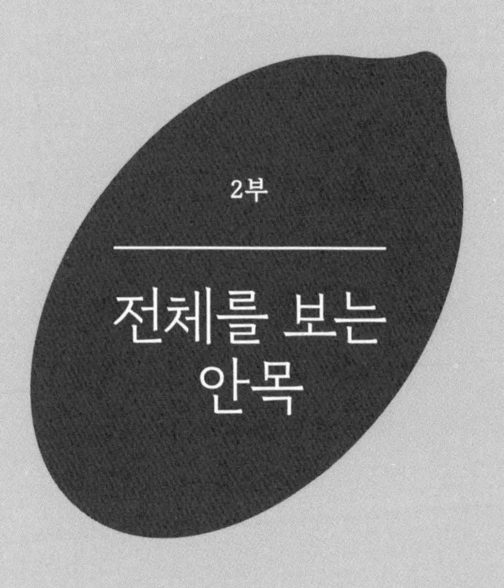

2부

전체를 보는 안목

7장

토양 건강을 지탱하는 다섯 가지 원칙

나는 이 책 서두에서 토양 건강을 지탱하는 원칙을 언급했고, 1부에서 우리 농장 이야기와 엮어서 설명했다. 이 원칙은 재생농업에서 근본적으로 중요하기 때문에, 왜 이 원칙이 중요한지 다시 한 번 설명하려고 한다. 이 원칙을 하나라도 무시했을 때 어떤 일이 벌어지는지, 그리고 여러분의 농장, 목장, 정원에 이 원칙들을 어떻게 적용할 수 있는지도 설명할 것이다.

자연은 수백억 년에 걸쳐 토양 건강을 지탱하는 다섯 가지 원칙을 구축했다. 이 원칙은 햇빛이 비치고 식물이 자라는 곳이면 어디든 적용할 수 있다. 전 세계 정원사, 농부, 목장주가 이 원칙을 활용한다면 건강한 집수구역과 양분이 가득하고 풍부한 표토를 만들 수 있을 것이다. 내가 아는 한 '토양 건강을 지탱하는 다섯 가지 원칙'을 탄생시킨 공로는 제이 퓌어러, 레이 아출레타, 존 스티카(《토양 주인을 위한 매뉴얼A Soil Owner's Manual》의 저자)에게 돌려야 한다. 농장주와 목장주라면 이 원칙을 이해해야 한다. 이 원칙을 무시하면 토양뿐 아니라 모든 천연자원이 완전히 황폐화되는 나락으로 빠질 것이다. 건강한 토양이 없으면 작물과 가축은 물론이고 사람도 건강해질 수 없다. 우리가 경작하는 생태계의 건강과 기능을 향상시켜야 한다. 자연도 사람처럼 가끔씩 찾아오는 스트레스는 견딜 수 있다. 하지만 사람처럼 자연도, 장기적인 혹은 극심한 스트레스를 마주하면 제대로 기능하지 못한다.

첫 번째 원칙: 방해를 최소화하라

첫 번째 원칙은 기계적, 화학적, 물리적 방해를 최소화하는 것이다. 자연에서 기계적인 경운이 일어나는 곳이 있을까? 당연히 없다!

사람들은 수천 년 동안 토양을 경운해 왔다. 현대 기술로 더 넓은 경작지를 더 깊고 빠르며 더 강력한 힘으로 경운할 수 있게 되면서 피해는 한층 심각해졌다. 경운이 널리 사용되면서 농사짓기가 조금은 쉬워졌지만 토양 구조와 기능은 망가졌다. 데이비드 몽고메리는 저서 《흙: 문명이 앗아간 지구의 살갗》에서 역사 전반에서 문명의 소멸은 토양침식과 연관돼 있다고 강조했다. 그는 토양침식에 주요한 원인을 제공한 것은 당연히 경운이라고 말한다.

많은 생산자들은 경운으로 토양 구조가 향상될 거라 믿는다. 절대 그렇지 않다. 경운을 하는 즉시 토양입단이 파괴되고 침투율이 급격하게 떨어진다. 또한 유기물 분해 속도가 가속화될 뿐 아니라 그 밖에 여러 가지 일이 일어난다. 토양 건강을 방해하는 동안 산소는 토양 속으로 들어가 특정한 기회성 세균[1]을 자극한다. 기회성 세균은 빠르게 증식하며 탄소를 기반으로 쉽게 용해되는 천연 접착제를 소모한다. 천연 접착제는 매우 복잡한 구조를 띄는데, 크고 작은 토양입단(모래, 유사, 점토 입자)을 한데 뭉쳐주는 역할을 한다. 이러한 천연 접착제가 사라지면 유사와 점토 입자가 토양입단 사이의 빈 공간을 메우며 다공성을 떨어뜨린다. 그 결과 토양에 무산소 환경이 형성돼 토양생물상이 완전히 달라진다. 병원균과 탈질소세균이 늘어나면서 토양 내 질소가 줄어들고 대기 중으로 이산화탄소를 방출한다. 이 미생물이 죽으면 토양 속으로 수용성 질산성질소가 방출돼 잡초의 성장을 촉진한다.

또한 경운은 균근균의 복잡한 관계를 약화시킨다. 균사 네트워크가 끊어지면 복잡한 아미노산이나 다른 복잡한 유기/무기 분자를 전달할 수 없다. 이것은 식물, 동물, 사람에게도 영향을

1 건강한 상태에서는 질병을 유발하지 못하다가 다양한 이유로 신체의 면역이 저하되면서 감염증상을 유발하는 세균

끼친다. 10장에서 더 자세히 설명하겠지만, 식물을 위한 양분이 줄어든다는 것은 동물과 사람이 섭취할 양분도 줄어든다는 뜻이다.

우리 농장의 토양 유기물 비율은 유럽의 정착인들이 아메리카대륙에 도착했을 당시 약 7%였다. 우리 부부가 장인장모님께 농장을 샀을 때는 2%까지 떨어졌다. 그 주된 이유가 바로 경운이다. 식물의 성장에 관여하는 토양 기능의 90%를 유기물질이 관장한다는 사실을 감안하면, 경운이 왜 그토록 파괴적인지 이해할 수 있을 것이다.

운 좋게도 나는 전 세계 수백 군데의 농장과 목장을 방문할 수 있었고, 경운의 결과로 나타난 토양침식 때문에 늘 고민이었다. 호주에서 토양 질이 가장 뛰어나다는 농장에 며칠 머물 때도 실망스러웠다. 경운으로 1*m* 이상의 표토가 유실됐기 때문에, 내가 발을 딛고 있는 곳이 사실은 하층토라고 크리스틴 존스 박사가 알려 준 것이다! 나는 지구에서 가장 생산성이 높다고 자부하는 일리노이주, 인디애나주, 아이오와주의 수많은 농장을 다녀 봤지만, 농장에 깊고 풍부한 토양이 거의 없다는 사실을 발견하고 슬픔에 잠겼다.

오랫동안 화학물질을 사용하는 것도 경운만큼이나 파괴적이다. 엄청난 양의 합성비료와 제초제를 사용하면 토양 구조와 생태적 기능이 망가진다. 일리노이대학교 어바나 샴페인 캠퍼스에 있는 모로 구획Morrow Plots에서는 100년 이상 지속적으로 옥수수, 대두, 건초를 경작하며 연구했다. 2009년, 이 구획을 관리하는 연구진은 「그을린 녹색혁명The Browning of the Green Revolution」이라는 제목의 논문에서 "논리적으로는 작물에 필요한 양보다 훨씬 많이 합성비료를 뿌리면 토양의 질소 비율이 늘어야 한다"고 말한다. 그러나 모로 구획에서 자라는 옥수수가 소비하는 질소 양의 60% 이상을 뿌렸는데도, 시간이 지나면서 토양 속에서 줄어드는 질소 양은 4,000㎡당 283㎏에서 725㎏으로 증가했다. 합리적이지도 심지어 가능하지도 않은 상황 같아 보였다.

연구진은 논문에서 이렇게 언급했다. "50년 동안 합성질소 양을 거의 2배 가까이 늘렸지만 단일 재배로 수확한 옥수수 양은 두 번의 윤작을 통해 재배했을 때보다도 낮았다. 토양 속에서 잠재적으로 사용할 수 있는 질소 양은 지속가능한 토양 생산성의 중요한 요인인데, 이런 차이는 이 질소의 양과 일치했다. 따라서 이런 냉혹한 결론을 내릴 수 있다. 가장 널리 사용되는 농업 시스템이 알려 주는 식량과 섬유질 생산 증대 방법은 반드시 토양침식이라는 대가를 치러야 한다."

이 마지막 문장이 내 머리를 강타했다. "가장 널리 사용되는 농업 시스템이 알려 주는 식량과 섬유질 생산 증대 방법은 반드시 토양침식이라는 대가를 치러야 한다." 화학적 농경이 토양을 파괴한다면 어떻게 이 방법이 옳다고 고집할 수 있겠는가?

어쩌면 연구진이 이런 결과를 도출한 이유가 궁금할 수도 있다. 3장에서 말했듯이, 그 해답은 식물과 토양 미생물의 관계에서 찾을 수 있다. 식물에 수용성 합성비료를 준다면 그 식물은 게을러질 것이다. 식물이 탄소를 방출해 토양 미생물을 끌어들일 필요가 없기 때문이다. 결국 유익한 미생물과 곰팡이의 수는 줄어든다. 토양 미생물이 줄어든다는 것은 결국 토양입단이 줄어들고 토양 속 빈 공간이 줄어들어 침투율이 낮아진다는 말이다. 이 순환으로 아조토박터 같은 질소고정박테리아도 눈에 띌 만큼 줄어든다. 이 모든 것은 토양 생태계의 기능이 망가진다는 뜻이기도 하다.

제초제를 사용하는 것도 비슷하다. 퍼듀대학교의 명예교수이자 화학물질, 토양, 식물 사이의 상호작용 분야에서 세계적인 권위자의 한 사람인 돈 후버 박사는 제초제가 환경에 미치는 영향을 보여 주는 풍부한 정보를 갖고 있었다. 후버 박사는 제초제의 양과 숫자가 생태계와 인류 건강 모두에 영향을 끼칠 수 있다고 경고했다. 여기, 너무나도 따분한 통계자료가 있다. 2017년, 미국 전역에서 일반적으로 '작물을 수확한 농지 4,000m^2당' 300g의 비율로 제초제 글리포세이트가 사용됐다(전 세계적으로는 작물을 수확하고 난 농지 4,000m^2당 270g이 사용됐다).

글리포세이트는 킬레이트제의 일종이다. 즉 글리포세이트가 금속 원소와 결합한다는 뜻이다. 그렇다면 식물에 필요한 토양 영양분과 글리포세이트가 결합할 수도 있지 않을까? 글리포세이트는 생물을 죽이는 살생물제이기도 하다. 토양 생태계를 망가뜨리는 글리포세이트를 줄일 수 있을까? 글리포세이트가 유일한 주범이라고 말하려는 건 아니다. 제초제, 살균제, 혹은 살충제는 자연에 부정적인 영향을 끼칠 것이다. 당신이 기존의 방식으로 농사를 짓고 있다면 화를 내고 책을 덮기 전에 한번 생각해 보기 바란다. 농산물을 생산하는 과정에서 우리가 하는 모든 행동은 눈덩이 효과[2]를 일으킨다. 특정한 해충을 죽이기 위해 살충제를 사용한다면 살충제는 그 해충뿐 아니라 해롭지 않은 곤충과 익충도 죽게 만든다. 이 점을 알아야 한다. 자연은 가끔씩 찾아오는 스트레스는 견딜 수 있다. 사실, 가끔 찾아오는 스트레스는 긍정적인 영향을 끼치기도 한다. 하지만 수년간 반복되는 경운, 합성비료, 살충제, 살균제 같은 '만성' 스트레스는 견딜 수 없다.

두 번째 원칙: 지표를 지켜라

두 번째 원칙은 작물을 수확하고 남은 잔해물로 지표를 보호하는 것이다. 건강한 생태계가 형성됐는데도 토양에 지표가 그대로 드러날 수 있을까? 당신은 이렇게 답할 수 있을 것이다.

"브라운, 지표가 그대로 드러난 보양이 있는 곳은 셀 수 없이 많아요!"

2 작은 규모로 시작한 것이 가속도가 붙어 큰 효과를 불러오는 현상

슬프게도 그렇다. 하지만 과연 그 토양은 건강한 상태일까? 지표가 노출되는 것이 자연에서 흔한 일이었다면 경운할 때마다 잡초는 왜 자라는 걸까? 자연은 토양을 덮으려 노력한다! 실제로 지표가 노출된 곳이 많아서는 안 된다. 지표가 노출된 토양은 생태계가 잘못됐다는 신호이기 때문이다. 건조한 곳에서 사는 생산자들이 자신의 농지에 토지가 드러난 부분은 항상 있었다고 하는 말을 자주 들었다. 하지만 오래된 논문을 포함해 역사적인 기록에 따르면 오늘날 사막인 지역도 한때 어마어마하게 광활한 초원이었다. 최근 오클라호마주의 한 농부는 자신의 할머니가 1800년대 서부 개척시대의 마차를 타고 오늘날 자신의 집이 있는 땅에 왔다는 이야기를 해 주었다. 심지어 초원의 풀이 너무 높게 자라 말을 타고 지나가는 사람이 보이지 않는 경우도 자주 있었다고 한다! 오늘날의 오클라호마주와 극명히 대비되는 풍경이라니 얼마나 놀라운가!

나는 우박이 쏟아지던 1990년대에 지표를 보호하는 일이 얼마나 중요한지 호되게 배웠다. 우박은 채소를 강타했고 나는 이 쓰러진 작물이 어떻게 지표를 보호하는지를 목격했다. 다음 해가 돼서야 이 잔해물이 잡초 성장을 억제하고 한여름에 토양 온도를 낮추며, 증발률을 떨어뜨리고 중요한 토양 유기물을 제공한다는 사실을 알아차렸다. 이 유기물은 마법처럼 나타난 지렁이 덕에 순환한다. 지표 위를 덮은 잔해물은 다양한 미생물의 집이기도 하다.

사진 25 우박을 동반한 태풍이 우리 농장을 찾아왔을 때, 농장은 완전히 노출돼 있었다. 우리의 농경법 덕분에 극단적인 날씨에도 유연하게 대처할 수 있었다.

빗방울이 지표가 아니라 잔해물에 떨어지면 빗방울이 지닌 에너지가 대부분 소멸돼 토양침식을 막을 수 있다. 경운으로 작물을 재배하는 곳이라면 전 세계 어디든 바람에 토양이 흩날리는 모습을 볼 수 있다. 요즘 더스트 보울dust bowl[3]처럼 바람으로 인한 침식은 곳곳에서 흔히 볼 수 있다. 이 책을 쓰던 중 오클라호마주 중부에 간 적이 있는데, 당시 바람을 타고 흙먼지가 날아와 가시거리가 짧아졌고 그 때문에 주 당국은 주간州間 고속

3 모래바람이 자주 발생하는 북미대륙 로키산맥 동쪽의 산록 분지로, 지형이 사발 모양을 한 대초원지대이다. 남북전쟁 이후 농지로 개발하여 작물을 재배하면서 풍식 피해가 심각해졌다.

도로를 폐쇄해야 했다. 얼마나 우스꽝스러운 일인지! 표토 1t이 4,000m^2 크기의 농지에 골고루 퍼지면 종이 한 장 두께밖에 안 된다. 그날 오클라호마주에서 얼마나 많은 표토가 사라졌을지 상상하면 정말 안타깝다.

기계적, 화학적, 물리적 개입을 줄이면 토양 생태계를 향상시키고 새로운 도전과제가 나타날 수도 있다. 표토를 보호할 수 있는 물질을 지속적으로 만들어 내는 도전이다. 토양 상태가 향상되면서 지렁이를 비롯한 다른 토양 생명체들은 지표에 있는 잔여물을 더 빠르게 순환시킬 것이다. 우박과 가뭄이 발생한 이듬해, 우리 농장의 토양 생명체들은 더 빠른 속도로 늘었다. 우리 농장의 토양은 현재 생물학적으로 매우 활동적이어서 2.5cm 두께의 잔여물이 6주 만에 사라진다! 나는 돌려짓기를 통해 질소 대비 탄소의 상대적인 양을 늘림으로써 이 문제를 해결했다(이 부분은 '세 번째 원칙: 다양성을 늘려라'에서 더 자세히 언급할 것이다). 실질적으로는 지피작물과 환금작물에서 콩과 식물의 양을 줄였다.

지표를 보호하는 두꺼운 보호막을 만드는 또 다른 방법은 이것이다. 고농도 탄소를 함유한 지피작물을 재배해 수분受粉이 일어날 때까지 성숙시킨 다음 가축을 고밀도로 방목하는 것이다. 나는 소가 식물을 일부 뜯어 먹을 수 있게 했다. 지표 위 바이오매스의 25%에 해당하는 양이다. 하지만 확신하건대 소는 토양을 보호하는 이 두꺼운 잔해물 층을 망가뜨릴 수 있다.(사진 26 참조)

사진 26 늦가을 혹은 초겨울 난지형 지피작물에 가축을 방목하고 남은 잔여물이다. 우리는 지표 위 바이오매스의 65% 이상은 방목 후에도 남아 있다고 확신했다. 이렇게 만들어진 보호 덮개는 증발과 풍식을 예방하고 잡초가 자라는 것을 막아 준다.

자연적 방목장에서도 중요한 사실이다. 무슨 수를 쓰든 지표가 노출되는 과도한 방목은 피해야 한다. 만약 지표가 노출되면 그 부분이 회복되게 도와주는 가축을 활용해야 한다(2장 '가축 밀도의 힘'에서 설명했다). 건초 더미 방목도 까다로운 농장의 빈 지표를 메울 수 있는 좋은 방법이다.

지표 위의 작물 잔해물이 토양 온도를 일정하게 유지하면 식물에도 토양 생태계에도 긍정적인 영향을 끼친다. 생산자들은 대부분 토양 온도에 큰 관심을 기울이지 않지만 토양 온도는 식물의 건강에 큰 영향을 줄 수 있다. 다음 정보들을 고려하자.

- 토양 온도가 21℃면 식물이 성장할 때 사용할 수 있는 수분이

사진 27 지표를 보호하는 일은 외부적인 조건에 유연하게 대처할 수 있는 한 가지 방법이다. 지표를 보호하는 물질은 전년도에 심었던 지피작물로 이루어져 있고 환금작물은 그 사이에서 자라난다.

토양 안에 100% 존재한다.

- 토양 온도가 38℃가 되면 식물이 성장할 때 사용할 수 있는 수분이 15%만 남고 85%는 증발과 증산 작용으로 사라진다.
- 토양 온도가 54℃가 되면 증발과 증산 작용으로 수분이 모두 사라진다.
- 토양 온도가 60℃가 되면 토양 박테리아가 죽는다.

생산자로서 우리는 작물 재배로 삶을 영위한다. 작물에 가능한 최상의 서식지를 제공하는 것이 우리에게는 초미의 관심사다. 특히 지표 아래 상태가 중요하다. 지표를 잘 보호하는 일은 우리의 최우선 과제가 돼야 한다.

세 번째 원칙: 다양성을 늘려라

세 번째 원칙은 되도록 많은 분야에서 다양성을 늘려야 한다는 것이다. 폴은 지역의 커뮤니티 칼리지에서 5년 동안 목초지 관리를 가르쳤다. 아들은 해마다 우리 농장의 목초지 한 군데에 학생들을 데리고 와서 가능한 다양한 초본과 콩과 식물을 채집하게 했다. 어떤 해에는 학생들이 채집한 식물이 140종을 넘었다! 자연적인(지금 시대에서 가능한 정도로 자연적인) 생태계에서 발견할 수 있을 정도의 다양성이었다. 루이스와 클라크는 1800년대 초, 다양한 동식물과 곤충을 포함해 미주리강의 생태계를 탐구했다. 한때 지구 대부분을 덮고 있던 풍부하고 깊은 표토는 이 다양성 덕분에 오랫동안 잘 발달해 왔다.

지금의 농경 생산모델을 떠올려 보자. 미드웨스트를 가로질러 수백 킬로미터를 이동할 때면 옥수수나 대두를 제외하고 어떤 작물도 볼 수가 없다. 미국 남동부에서는 지천에서 목화를 볼 수 있다. 태평양 연안 북서부에는 밀이 그렇다. 단일작물 재배는 다양성의 반대편에 있다.

캔자스주 학회에서 발표가 끝난 뒤 한 젊은 농부가 다가와, 아버지와 할아버지를 어떻게 다양성의 세계로 초대할 수 있겠느냐고 물었다.

"지금 돌려짓기는 어떤 작물로 하고 있나요?"

"글쎄요, 1920년대 후반 이후로 우리는 밀 말고 다른 작물을 심어 본 적이 없어요."

와! 100년 넘게 밀을 재배했다니.

"수확량이 그리 좋지 않을 것 같은데요."

"네, 맞아요. 평균 수확량이 4,000m^2당 18부셸밖에 안 돼요. 우리 모두 농장 일 말고도 다른 일을 해야 하죠."

언젠가 캐나다에서 온 젊은 농부가 아버지에게 다양성의 중요성을 어떻게 설명해야 하느냐고 묻기도 했다.

"돌려짓기로 어떤 작물을 사용하고 있나요?"

젊은 농부는 이렇게 답했다.

"카놀라, 눈雪, 그리고 카놀라요."

극단적인 예처럼 보일 수도 있다. 하지만 농부들과 나눈 대화로 보나 내가 관찰한 바에 따르면 이런 일은 생각보다 훨씬 더 자주 일어난다. 농사짓는 사람이라면 북방형 볏과 목초, 북방형 광엽초본, 난지형 목초, 난지형 광엽초본 이렇게 네 가지 작물에 관심을 더 기울여야 한다(8장에서 더 자세히 설명하겠다). 이 작물들은 각자 다른 방법으로 농장 생태계에 영향을 미친다. 건강한 목초지를 조사해 보면, 위치에 따라 비율은 다르겠지만 이 네 가지 작물을 모두 찾을 수 있을 것이다. 돌려짓기를 할 때 이 네 가지 작물을 모두 사용해야 한다는 사실은 분명하다. 생산자들은 대부분 그해 이윤을 남길 수 있는 특정 작물에만 집중하고 다양성이 만드는 생태적 자본에는 주의를 기울이지 않는다. 다양한 초본과 콩과 식물 100여 종으로 이루어진 자연의 초원 생태

사진 28 다양한 싹이 자라는 모습이 보이는가? 다양한 지피작물을 파종했을 때 볼 수 있는 모습이다.

계가 한두 가지 식물 종으로 다양성이 줄어든다면, 생태계가 잘 작동하리라는 기대는 할 수 없다.

토양 상태를 개선하고 싶다면 돌려짓기에 사용하는 작물 종류를 늘리거나 지피작물을 더 재배해 다양성을 높여야 한다. 내 친구 데이비드 브랜트는 농장에 관심을 보이는 사람마다 토양에 가장 큰 발전이 일어난 순간은 옥수수와 대두로 돌려짓기하면서 가을밀을 추가했을 때라고 말했다. 그 이점은 밀을 추가로 재배하는 것이 다가 아니었다. 브랜트는 밀을 수확한 직후 다양한 지피작물을 재배했다. 가장 큰 차이는 지피작물이다. 옥수수와 대두 단 두 종의 뿌리 삼출액으로 토양 미생물에게 먹이를 제공하는 대신, 열댓 종의 뿌리 삼출액으로 토양 미생물을 배불릴 수 있다. 이 모든 식물로 순환하는 탄소의 양이 얼마나 늘어날지 생각해 보자.

브랜트가 얻은 결과는 2장에서 설명했던 2006년 버얼리 카운티 토양보호구역의 지피작물 실험과 비슷했다. 이 실험에서 6종의 식물을 혼합했고, 지피작물을 한 종만 사용했을 때보다 바이오매스가 2~3배 늘었다.

미네소타대학교 생태학자 데이비드 틸먼David Tilman 박사는 식물이 7~8종까지 다양해지면 시너지가 혼합된다는 엄청난 사실을 보여 주었다. 달리 말해 식물의 건강, 기능, 바이오매스가 다양성과 함께 향상되고 늘어난다는 것이다. 이 방법이 중요한 한 가지 이유는 다양한 식물 덕에 토양 미생물이 섭취할 수 있는 뿌리 삼출액이 훨씬 더 다양해진다는 사실이다. 그렇다면 요즘에도 여전히 단일작물 생산모델을 지지하는 사람이 많은 이유를 더더욱 이해하기 어렵다. 틸먼 박사의 연구는 추가적인 기능을 하는 지피작물, 즉 초본식물과 콩과 식물을 함께 심으면 식물의 건강, 기능, 바이오매스가 향상되고 늘어났다는 사실도 보여 주었다.

재생농법으로 바꾸고 나면 직후에는 돌려짓기에 콩과 식물을 더 많이 추가할 필요가 있다는 사실을 발견할 것이다. 그 이유는 탄소와 질소 비율과 관계가 있다. 토양 유기물의 탄소와 질소 비율은 12:1 정도다. 탄소 12에 질소 1의 비율이란 뜻이다. 지

사진 29 재생농법의 사례: 이미 알팔파가 자라고 있는 곳에 수수/수단그라스, 기장쌀, 동부, 녹두, 사료용 유채, 메밀, 잇꽃을 포함한 다양한 지피작물을 혼합 파종해 토양 건강을 재생하고 있다. 어떤 첨가물도 필요하지 않다.

표의 식물 잔해물은 식물의 종류에 따라 탄소와 질소 비율이 달라진다. 호밀과 밀 같은 작물은 탄소와 질소 비율이 약 80:1이다. 옥수수는 57:1, 알팔파는 25:1, 헤어리베치는 11:1이다.

토양의 작물 잔해물의 탄소와 질소 비율이 얼마이건 토양 생태계의 분해를 거쳐 최종적으로는 12:1이 될 것이다. 잔해물 분해가 잘 일어날 수 있는 이상적인 탄소와 질소 비율은 24:1이다. 이 비율은 미생물들의 건강에 최적화돼 있다. 작물 잔해물이 탄소 비율만 높고 미생물이 잘 증식할 수 있을 만큼 질소가 충분하지 않으면 미생물은 토양 속 다른 질소원을 찾아야 한다. 이 비율은 돌려짓기할 작물과 지피작물을 선택할 때 반드시 기억해야 한다.

무경운 농법으로 바꾼 뒤 양분 순환이 제대로 일어나지 못해 잔해물 분해 속도가 느리다는 사실을 종종 발견하기도 한다. 내 경험에 비추어, 식물 내 탄소와 질소 비율이 높을수록 분해되기까지 더 오래 걸린다. 탄소와 질소 비율이 낮을수록 잔해물이 분해되는 속도는 더 빨라질 것이다. 이 속도는 얼마나 많은 질소가 저장되냐를 결정하기 때문에, 저장된 양이 많으면 다음 작물을 위한 질소가 남아 있지 않을 수도 있다. 밀처럼 탄소 농도가 높은 작물은 콩처럼 탄소 농도가 낮은 작물보다 훨씬 더 천천히 분해된다. 분해 속도가 느린 문제를 해결하려면, 토양에서 양분이 적절하게 순환하여 잔해물이 잘 순환할 정도의 탄소와 질소 비율을 지닌 환금작물과 지피작물을 재배해야 한다.

예를 들어 한 친구는 5년 동안 무경운 농법을 진행한 후 어마어마한 작물 잔해물 때문에 씨를 심기가 어렵다고 불만을 늘어놓았다. 나는 직접 확인하러 농장을 방문했다. 농지를 꼼꼼히 살펴보자, 잔해물을 통해 지난 5년 동안 어떤 작물을 심었는지 알 수 있었다. 해바라기, 봄밀, 옥수수, 보리, 가을밀을 발견했다. 모두 탄소 농도가 높은 작물이다. 내 친구의 문제는 잔해물이 아니라 탄소와 질소 비율이었다. 이 딜레마를 해결할 방법은 간단하다. 질소 비율이 높은 콩과 식물을 심는 것이다. 친구는 돌려짓기에 콩을 추가했고 환금작물을 일찍 수확한 뒤 콩과 식물과 다이콘 무도 심었다. 콩과 식물은 탄소와 질소 비율의 균형을 잡아 주었다. 무의 뿌리는 질소를 저장해 이듬해 봄, 잔해물이 분해될 때쯤 토양으로 방출했다. 이렇게 방출된 질소는 작물 잔해물 분해를 가속화했다. 문제는 해결됐다!

다양성은 농지뿐 아니라 방목지에도 중요하다. 내가 처음 목초지를 만들었을 때 다년생 식물을 심었던 기억이 자주 떠오른다. 당시 나는 스무스부롬그라스와 개밀을 함께 재배했다. 다양성은 별로 신경을 쓰지 못했다! 콩과 식물, 광엽초본도 없었으므로 왜 이 방법이 효과가 없었는지는 뻔하다.

네 번째 원칙: 토양 속에 살아 있는 뿌리를 남겨 둬라

네 번째 원칙은 가능한 오랫동안 1년 내내 토양에 살아 있는 뿌리를 유지해야 한다는 것이다. 농사짓는 사람들은 곡물을 수확하고 다음 해가 될 때까지 살아 있는 뿌리가 하나도 없는 채로 토지를 놀린다. 그런 일을 볼 때마다 나는 늘 안타까웠다. 2017년 10월, 우리 집 근처의 비스마르크에서 몬태나주의 뷰트까지 1,000*km* 넘는 거리를 이동한 적이 있었다. 농장 밖에서 푸릇푸릇한 농경지를 얼마나 많이 봤을까? 난 한 군데였다! 가는 길에 본 모든 농장 가운데 단 한 농장만 제철 수확이 끝난 뒤 시간을 들여 농지에 무언가를 심었다. 토양 생태계를 지속하기 위해 토양에 액체탄소를 쏟아 내는 일이 얼마나 중요한지 다른 농장들은 모르는 것 같다. 비유하자면, 수개월 동안 가축에게 사료를 먹이지 않는 것과 마찬가지다. 그렇다면 왜 농부들은 겨우내 '땅속 가축'에게 사료를 줄 생각을 하지 않는 걸까? 사람들은 종종 내게 이런 질문을 한다.

"이제까지 시도한 방법 중 토양에 가장 큰 변화를 일으킨 건 무엇이었나요?"

답은 간단하다.

"작물을 기르는 일이요!"

태양에너지를 생물학적 에너지로 전환할 기회를 절대로 흘려보내지 말아야 한다. 나는 작물 하나를 콤바인이나 방목으로 수확하고 나면 그 즉시 다른 작물이나 지피작물을 파종한다. 이것이 양분 순환과 얼마나 밀접하게 연관돼 있는지를 생각해 보자. 만약 토양 속으로 액체탄소를 쏟아 내지 않으면 토양 미생물에게 먹이를 줄 수 없다. 토양 미생물에게 먹이를 주지 않으면 양분은 순환하지 못한다. 이 간단한 원칙을 이해하면, 왜 많은 농부들이 작물을 재배하면서 막대한 합성비료를 사용할 수밖에 없는지 전혀 새로운 관점에서 이해할 수 있을 것이다. 합성비료를 퍼부으면 토양의 자연적인 비옥함은 완전히 바닥난다.

토양에 살아 있는 뿌리가 가져다주는 또 다른 이점은 균근균 군집을 키우고 빠르게 확산시킬 수 있다는 것이다. 균근균이 가져다주는 수많은 장점은 이미 설명했다. 그렇다면 이 방법을 택하지 않을 이유가 없다. 미국 전역에서는 환금작물이 많이 성장하기 전에 지피작물을 심는다. 서리가 내리지 않는 날이 한정돼 있거나 수분의 양이 제한적이기 때문이다. 수년 동안 나는 환금작물을 심은 뒤 이어서 지피작물을 파종했다. 서리로 시들기 전까지 지피작물은 고작 7.5*cm* 자랐을 뿐이다. 그러나 이것은 실패가 아니다! 지표 위로는 거의 성장하지 않는 것처럼 보이지만, 이 작은 식물은 지표 아래에서 수많은 뿌리를 만든다. 바로 이것이 중요하다.

농사를 짓는 지역에 수분 문제가 있다면 지피작물을 기르는 것은 훨씬 더 중요하다. 토양의 수분 함량을 늘릴 수 있는 단 한 가지 방법은 유기물을 늘리는 것이기 때문이다. 늘어난 유기물의 약 3분의 2는 뿌리를 통해서 얻는다. 1년 내내 토양에 가능한 많은 뿌리가 가능한 오래 살아 있는 건 매우 중요하다. 로버트 쿠릭Robert Kourik은 《뿌리에 대한 모든 것Roots Demystified》에서 호밀 하나의 뿌리가 600*km*까지 자랐다고 말했다! 호밀들의 뿌리를 모두 합친 길이는 1만 450*km*, 그중 잔뿌리 길이는 9,850*km*였다! 이 뿌리들은 분명히 유기물을 늘려 줄 것이다! 당신이 이 식물을 캐서 뿌리 길이를 측정해야 하는 대학원생이었다면 어땠을까?

목초지와 방목장에서도 살아 있는 뿌리의 역할은 마찬가지로 중요하다. 나는 다양한 농장을 돌아다니면서 수십 제곱킬로미터에 걸쳐 난지형 식물만 심거나 북방형 식물만 자라는 모습을 보았다. 이처럼 다양성 부족은 연중 대부분의 기간, 토양에 살아 있는 뿌리를 남겨 두는 방식에 적합하지 않다. 그래서 자연적인 방목장의 생태계에 난지형 및 북방형 초본식물을 혼합하는 것이다. 생태계는 두 종의 식물이 모두 있어야 건강할 수 있다.

다섯 번째 원칙: 가축을 참여시켜라

다섯 번째 원칙은 농경지에 늘 가축을 들이는 것이다. 오늘날 생산모델의 또 다른 비극적인 결점은 농경지에서 가축을 내쫓는다는 점이다. 100년 전 우리의 조부모들이 어떻게 농사를 지었는지 돌아보자. 거의 모든 농장에 돼지와 가금뿐 아니라 소나 젖소가 있었다. 말은 수레를 끄는 가축으로 활용했다. 오늘날 우리는 닭과 돼지를 칸막이가 쳐진 건물에, 소는 축사에, 젖소는 매우 비좁은 공간에 가둬 놓고 기른다. 전 세계 대부분의 지역에서 차를 타고 수천 킬로미터를 이동해도, 울타리 없이 가축을 가만히 풀어 둔 곳은 하나도 보지 못할 수 있다.

가축을 가둬 기르는 것과 풀어 기르는 것은 어떤 차이가 있을까? 이 질문에 답하려면 토양이 어떻게 만들어지는지 이해해야 한다. 수백 년 전, 수천만 마리의 들소, 엘크, 사슴 및 여러 반추동물들이 북아메리카 대륙을 돌아다녔다. 이 반추동물은 여기저기서 식물을 뜯어 먹는데, 이 과정에서 식물은 뿌리로 삼출액을 분비하며 다시 생장할 때 필요한 양분을 공급해 줄 생물을 끌어들인다. 반추동물 무리는 포식자 때문에 계속해서 이동해야 하므로, 같은 장소에 꽤 오랫동안 돌아오지 않는 일도 있다. 따라서 식물은 오랜 시간에 걸쳐 완전히 회복할 수 있고 그동안 어마어마한 양의 탄소를 토양으로 쏟아 낸다(앞서 언급했듯이 동물에게 뜯긴 식물은 그렇지 않은 식물보다 광합성을 더 많이 해서 더 많은 액체탄소를 토양에 쏟아 낸다). 수많은 곤충, 새 및 다른 야생동물도 이 환경에 서식한다. 이 모든 것은 건강하고 잘 작동하는 생태계를 형성한다.

오늘날, 전 세계 초원에서 풀을 뜯는 동물이 거의 다 사라지면서 이런 과정을 거쳐 순환하는 탄소의 양은 훨씬 줄었다. 기후변화에 대한 비난의 화살을 소에게 돌리는 사람도 있을 것이다. 이것은 너무 단순한 시각이다. 생태계가 어떻게 작동하는지 더 큰 그림은 보지 못하는 시각이다. 대기에서 어마어마한 양의 이산화탄소를 토양으로 격리하는 데 가장 좋은 방법은 반추동물을 다시 불러들이는 것이다. 소가 문제가 아니라 소를 다루는 우리의 방법이 문제다! 나는 농장에 가축이 얼마나 중요한지 채식주의자와 토론하는 것을 정말 좋아한다. 생태계의 건강이 진심으로 걱정된다면 풀을 뜯는 반추동물의 이점을 알아야 한다는 것이 내 논조다. 고기를 먹지 않기로 했어도 마찬가지다. 이 논쟁을 가장 논리적으로 풀어 낸 책은 니콜렛 한 니먼의 《소고기를 위한 변론》이다.

우리 농장에 다양한 동물을 초대하자 우리 생태계에도 훨씬 더 많은 탄소가 순환하기 시작했다. 그 결과 토양 건강이 향상됐

사진 30 사진 속 소들은 수수/수단그라스, 기장쌀, 동부, 녹두, 구아, 사료용 유채, 해바라기, 다이콘 무를 뜯고 있다.

을 뿐 아니라 수익도 크게 상승했다. 나는 매년 수익을 내지 못해 한탄하는 수백만 가구와 이야기를 나눈다. 어떤 생산모델을 활용하느냐고 물어보면 모두가 농지에서 가축을 기르지 않았다는 사실을 알 수 있었다. 나는 모든 생산자들에게 가축이 주는 이점을 활용하라고 권한다.

8장

지피작물, 생물학적 도화선

지피작물을 재배하는 일은 황폐한 땅을 비옥한 토양으로 변화시키는 데 중요하다. 이번 장에서는 우리 농장에서 어떻게 지피작물을 사용하고, 재생농업을 통해 여러 해 동안 우리 농장과 다른 농장에서 무엇을 배웠는지 설명할 것이다.

지피작물을 재배하기 시작한 지 20년도 넘었지만, 처음에는 내가 심는 작물을 지피작물로 생각하지 않았다. 오로지 가축 사료로 쓰려고 작물을 파종했다. 지금까지도 사실 '지피작물'이라는 표현을 별로 좋아하지 않는다. 그보다는 '생물학적 도화선'이라고 부르고 싶다. 단지 토양을 덮는 일 이상의 역할을 하기 때문이다. 그래도 편의상 지피작물이라는 단어를 사용하겠다.

당신이 가축을 기르고 농지를 관리한다면 지피작물을 재배하겠다는 결정은 정말 쉽게 내릴 수 있다. 가축이 지피작물을 손쉽게 현금으로 바꿔 줄 수 있기 때문이다. 가축이 없다 해도 지피작물을 재배해야 할 이유는 끝도 없다. 토양에 탄소를 더 많이 불어넣고 생태계에 먹이를 제공하며 침식으로부터 토양을 보호하고, 수익성을 높이는 건 당연하다!

지피작물의 탄소 순환

지피작물은 농지의 탄소량을 늘릴 수 있으며, 실제로 탄소량은 늘어날 것이다. 2장에서 탄소가 얼마나 중요하고, 광합성을 통해 어떻게 식물이 생태계에 액체탄소를 쏟아 내는지 설명했다. 농지에 잎 면적이 넓어질수록 더 많은 햇빛을 포집해 광합성이 더 많이 일어날 것이다. 크리스틴 존스 박사는 이를 '광합성 능력'이라고 부른다. 농지에 다양한 지피작물을 파종하는 것이 한두 작물만 파종하는 것보다 훨씬 더 좋은 선택인 또 다른 이유다. 수많은 식물들은 제각기 키가 다르고 잎의 크기와 형태도 다양하다. 그러면 더 많은 햇빛이 작물에 닿기 때문에 더 많은 탄소가 토양으로 쏟아져 나온다.

존스 박사는 식물에서 빛에너지가 당으로 전환되는 속도를 '광합성속도'라고 정의했다. 광합성속도에 영향을 미치는 변수는 많다. 수분, 온도, 빛의 세기, 토양 미생물이 식물에 공급하는 탄소량, 균근균의 존재 등이다.

사진 31 가을에 파종한 지피작물인 귀리, 콩, 렌틸콩, 다이콘 무는 햇빛을 '포집'한다. 서리가 찾아올 수 있는 9월 초에도 탄소를 순환시킬 수 있는 기회를 절대 놓치지 않았다.

곡물과 목초지 식물의 광합성능력과 광합성속도가 높을수록 토양 생태계는 더 건강해지고 표토는 더 빨리 형성된다. 놀랍게도 어떤 식물은 광합성으로 포집한 탄소의 70%까지 뿌리 삼출액의 형태로 토양에 쏟아 낼 수 있다. 뿌리 삼출액은 토양 속 탄소의 원천이 될 뿐 아니라 단생질소고정균[1]과 협생질소고정균[2]이 살아갈 수 있도록 도와준다. 토양 속 탄소 농도가 상승하면서 토양 구조가 향상되고 생물학적 질소고정[3] 환경도 좋아진다. 이런 양분들의 유용성은 당연히 농상 수익성도 훨씬 높

1 원핵생물로, 기주식물과 관계없이 독립적으로 생활하며 질소를 고정하는 세균
2 식물 뿌리 표면이나 내부에 서식하면서 질소를 고정하는 세균
3 질소고정생물을 통해 공기 중의 질소가 질소화합물로 전환되는 반응

여 줄 것이다.

수확을 마치고 끝없이 펼쳐진 휴경지를 지날 때마다 머릿속에는 '탄소 순환'이라는 말이 떠나지 않는다. 설상가상으로 오늘날 많은 생산자들은 '자생하는' 식물이 싹을 틔우거나 자라지 못하게 작물을 수확한 뒤 농지에 제초제를 뿌린다! 대부분의 평범한 농지는 연중 6~9개월이 비어 있다. 게다가 녹색 식물이 하나도 없으면 광합성이 일어나지 않아 햇빛이 에너지로 저장되지도 않고, 이산화탄소를 채집해 토양 속 탄소를 순환시킬 수도 없다. 이것은 모든 부분에서 자연에 반하는 방향으로 나아가는 것이다.

안타깝게도 수많은 농지와 초지의 토양과 토양 생물은 기존의 농경법 때문에 대량 살상됐다. 경운, 합성비료, 돌려짓기로 인한 다양성 부족, 연중 대부분의 기간 동안 토지에 어떤 식물도 자라지 않은 모습은 모두 토양 속 먹이그물이 제대로 작동하지 못하게 만든다. 초지에서 방목을 과도하게 많이 하거나 반대로 너무 적게 해서 다양성이 부족해지면 비슷한 현상이 생길 수 있다. 건강한 토양 생태계를 보장하는 토양 미생물의 수와 다양성을 모두 잡으려면 다양한 식물을 재배해야 한다. 다양한 지피작물을 재배해야 하는 또 다른 이유다.

전 세계 농부들에게 작물을 수확하고 나서 되도록 언제라도 지피작물을 재배하게 설득할 수 있다면 얼마나 다른 세상이 펼쳐질까! 이 단순하고 쉬운 방법 한 가지로 농경지의 전체적인 광합성능력이 눈에 띄게 상승하고, 이것은 지구를 치유하는 방향으로 향하는 길고 긴 여정이 될 것이다!

"우리 농장의 문제는 무엇일까?"

사람들은 파종할 지피작물을 어떻게 정하느냐고 자주 묻는다. 이 질문에 답하기 전에 먼저 이 질문을 해야 한다.

"우리 농장의 문제는 무엇일까?"

달리 말해 내가 이 지피작물을 재배함으로써 달성하고자 하는 목표는 무엇인가? 농지에 유기물 함량을 늘리고 싶은가? 침투율을 향상시키고 싶은가? 생물종의 다양성을 늘리고 싶은가? 합성비료 사용을 줄이는 것과 같은 방향으로 양분 순환을 향상시키고 싶은가? 잡초를 줄이고 싶은가? 염도 문제를 해결하고 싶은가? 야생동물에게 서식지를 제공하는 것? 꽃가루매개자를 끌어들이는 것? 가축을 먹이는 것? 문제는 이외에도 수없이 많을 것이다. 지피작물을 재배하고 올바른 방법으로 경작하는 이점은 농장의 이런저런 문제를 모두 해결할 수 있다는 것이다.

나는 농사를 짓는 사람들이 지피작물을 사용해 봤으나 별 효과가 없었다는 이야기를 자주 듣는다. 그러면 나는 그들의 농장에 어떤 문제점이 있는지 묻는다. 보통 이런 질문을 던지면 사람들은 대답 대신 멍하니 나를 쳐다본다. 다시 말해 이들은 지피작물로 무엇을 얻고 싶은지 생각해 보지도 않고 지피작물을 심었다는 것이다. 어떤 종을 심을지 결정할 때 논리적인 기준이 없다는 뜻이기도 하다. 이들은 흔히 그냥 구하기 쉬운 품종을 심었다. 그 결과는 보통 좋지 않다.

당신이 살고 있는 지역에서 어떤 지피작물이 효과를 보일지 배우고 당신의 농장 문제를 해결해 줄지 결정하려면 사전 준비를 해야 한다. 인터넷에 정보는 넘쳐 난다. '지속가능한 농업연구 및 교육 프로그램' 홈페이지(www.sare.org)에서는 《지피작물로 수익을 얻는 법Managing Cover Crops Profitably》을 무료로 다운받을 수 있다. 이 책은 다양한 지피작물의 종류뿐 아니라, 지피작물이 어떤 곳에서 자랄 수 있고, 생장습성과 재배를 통해 어떤 이점을 얻을 수 있는지 소개하고 있다. 당신의 지역 근처에 있는 다른 농장에서 어떤 지피작물을 사용하는지 관찰하고 주변 사람들의 경험을 듣는 방법도 추천한다. 지역의 종자 공급업자에게 조언을 구하거나 지역에서 열리는 야외 행사에 참여하는 것도 좋은 방법이다. 또, 매년 농경지에 실험을 해보라고 추천한다. 우리는 매년 여러 종을 다른 조합으로 재배하는 실험을 한다. 만약 효과가 있으면 이듬해에는 효과를 본 종의 비율을 늘린다. 만약 2년 연달아 실패하면 다시는 시도하지 않았다. 재배할까 말까 고민하는 지피작물의 계절성을 이해하는 것도 중요하다. 예를 들어 노스다코타주에서는 7월에 보리를 심으면 안 되고 4월에 조를 심으면 안 된다. 나는 북부 농지에서 경작하며 3, 4월에 옥수수를 심는 대부분의 농부들을 볼 때면 이런 생각을 한다. 최근에 확인해 본 바로도 옥수수는 여전히 난지형 목초다!

농장에서 문제를 일으키는 유기물을 들여다보자. 유기물 농도는 토양 구조를 결정짓는 데 주요한 지표일 뿐 아니라 건강한 토양의 기반 중 하나이기도 하다. 유기물 농도가 기후 조건과 기후 대응에 따라 요동친다는 사실을 깨닫는 것이 중요하다. '유기물'은 최근에 살아 있던 유기체에서 기인한 물질로 정의할 수 있다. 이 물질은 분해될 수 있거나, 분해된 산물이거나, 혹은 유기물질로 이루어져 있다. 이것은 대사과정을 수행하는 살아 있는 유기체가 전달하는 탄소 에너지의 흐름으로, 모래, 유사, 점토입자 속에 묻혀 있거나 그것들을 에워싼 유기물-무기물 복합물질을 만들어 낸다.

나는 우리 농장을 포함해, 과거에 비해 상태가 나빠지지 않은 농장에 가 본 적이 없다. 당신이 사는 지역의 공문서를 찾아보면 100여 년 전 토양 유기물 농도가 어땠는지 알 수 있다. 당신의 농장 유기물 농도가 우리 농장만큼 줄었다면(7%에서 약 2%까지) 그 농지는 양분이나 물이 제대로 순환하지 않는다는 뜻이다. 토양 유기물 농도가 낮은 농지는 자연이 원래 아무 대가 없이 해주던 일을 합성비료에 기대해야만 했다. 유기물 농도가 상승하고 토양 생물들에 서식지를 제공하면 토양 속에 우리가 사용할 수 있는 양분의 양이 급격하게 늘어난다. 이 책을 쓰면서 나는 계산을 좀 해 보았다. 유기물이 1% 늘 때마다 4,000m^2당 750달

사진 32 지피작물을 재배하기 시작한 지 2년밖에 되지 않아 오래된 목초지의 토양 건강은 거의 기적적으로 향상됐다.

러어치의 질소, 인, 칼륨, 황을 주입하는 것과 동일한 효과가 있었다. 양분을 순환시키는 생명체를 먼저 불러들여야 한다는 사실을 기억하자. 그러려면 농장관리는 핵심적인 사항이며, 어느 정도 수준을 갖추면 들어가는 비용이 눈에 띄게 줄어 수익을 늘릴 수 있다.

늘어난 토양 유기물의 3분의 2 정도는 토양 속에 형성된 뿌리에서 왔을 것이다. 지표에서 저 밑에 있는 하층토까지 토양에서 뿌리가 차지하는 질량을 늘리는 일이 중요하다. 이 뿌리는 토양 속 중요한 생물의 먹이가 되는 액체탄소를 쏟아 낸다. 다른 여러 작물 중 수수/수단그라스, 호밀, 일년생 라이그라스, 붉은 토끼풀 같은 지피작물은 어마어마한 뿌리 질량을 만들어 이런 역할을 거뜬히 해 낼 것이다. 나는 수수/수단그라스, 기장쌀, 동부, 녹두, 일년생 전동싸리, 해바라기, 케일, 다이콘 무, 메밀, 잇꽃 같은 난지형 목초를 혼합한 지피작물을 주로 사용했다. 다양한 작물을 혼합한 덕분에 토양층위를 가득 채울 수 있는 종류와 길이가 다양한 뿌리를 얻을 수 있었고, 그 결과 유기물의 양도 늘었다. 모양이 다양한 이파리는 태양에너지를 가능한 많이 모으고 다양한 꽃은 익충을 끌어들인다. 하지만 우리 농장에서 효과를 보인 방법이 당신의 농장에서는 효과가 없을지도 모른다는 사실을 명심하자. 실제로 시도해 보지 않는 이상 절대로 알 수 없다!

파종량 결정하기

나는 '여러 작물을 혼합할 때 각 작물의 파종 비율을 어떻게 정해야 할까요?'라는 질문을 많이 받는다. 앞에서 예시로 들었던 혼합 방식을 다시 살펴보자. 우리 농장의 목표는 유기물을 늘리는 것이었다. 그래서 나는 수수/수단그라스, 기장쌀 비율을 가장 크게 높였다. 이 작물은 토양 속 뿌리 바이오매스 대부분을 차지한다. 질소를 고정하기 위해서는 콩과 식물을 더 추가했다. 동부, 녹두, 일년생 전동싸리는 우리가 여름에 심었던 다양한 작물과 함께 우리 농장의 환경에 잘 녹아들었다. 해바라기는 토양층위 깊은 곳에 있는 영양분을 끌어올릴 수 있는 긴 원뿌리를 갖고 있다. 메밀은 식물이 사용할 인을 만드는 토양 생물을 끌어들이는 뿌리 삼출액을 분비하고 메밀꽃은 꽃가루매개자를 끌어들인다. 또 우리 농장에 수분을 공급해 주는 가장 큰 원천은 눈이었기 때문에, 눈을 포집할 수 있는 직립식 작물[4]인 잇꽃도 추가했다. 소와 양은 잇꽃을 좋아하지 않으므로 눈을 포집하기에는 안성맞춤이었다. 양질의 사료를 다량으로 생산할 수 있는 케일도 추가했다. 다이콘 무는 땅속 질소 저장고로 사용할 수 있도록 깊은 곳까지 원뿌리를 뻗어 질소를 빨아들인 후, 이듬해 봄에 덩이뿌리가 분해되기 시작하면 질소를 땅으로 쏟아 낸다. 표 8.1에서 이 작물의 혼합 비율을 적어 두었다. 다시 한 번 말하지만 우리 농장에서 효과가 있었다고 해도 당신의 농장에서는 같은 효과가 나지 않을 수도 있다.

4,000m^2에 씨앗을 얼마나 많이 심어야 하는지 어떻게 결정해야 하느냐고? 명확한 답이 있으면 좋겠지만 정답은 한데 섞여 있는 작물들의 생장습성에 따라 달라진다. 그 작물들이 크기가 작은 곡물이나 수수/수단그라스처럼 곧게 자라는 습성이 있는

4 가지를 옆으로 뻗기보다 수직으로 뻗어 키를 키우는 식물

표 8.1 **10가지 지피작물을 혼합한 파종량 예시**

품종	4,000㎡당 씨앗 무게(kg)	킬로그램당 씨앗 개수	총 씨앗 개수
수수/수단그라스	5.4	40,000	216,000
기장쌀	0.9	180,000	160,000
동부	4.5	9,000	41,000
녹두	2.3	26,000	60,000
일년생 전동싸리	0.5	35,000	70,000
해바라기	0.2	20,000	4,000
메일	0.9	40,000	36,000
잇꽃	0.5	30,000	15,000
케일	0.2	440,000	87,500
다이콘 무	0.5	50,000	25,000
합계	15.9	870,000	714,500

가? 혹은 꼴로 활용하는 배춧속 작물, 베치, 토끼풀처럼 싹이 튼 뒤 넓은 지역을 뒤덮는 습성이 있는가? 여기서 경험을 이길 수 있는 건 아무것도 없다. 파종량에 대한 최선의 조언은, 수년 동안 지피작물을 재배해 본 생산자나 지피작물을 주로 취급하는 종자회사 직원에게 들을 수 있을 것이다.

'크기가 작은 씨앗을 무경운 파종기 가장 아래에 두어야 하지 않나요?', '무경운 파종기를 어떻게 세팅해야 하나요?' 이 두 질문도 자주 듣는다. 파종기를 채우지 않고 한 번에 수 제곱킬로미터의 농지에 파종하지 않는 이상 씨앗이 한 곳에만 몰리는 일은 없을 것이다. 씨앗이 골고루 뿌려지지 않아도, 지피작물이므로 완벽할 필요는 없다!

무경운 파종기를 세팅하는 최선의 방법은 파종기를 잭으로 들어 올리고 구동 바퀴의 원주를 측정하는 것에서 출발한다. 씨앗이 들어 있는 봉지를 나중에 골고루 나눠질 파종기의 씨앗통 두세 개 위에 고정시킨다. 그런 다음 구동 바퀴를 회전수가 정확히 30*m*가 되도록 돌린다. 그램 단위의 저울을 사용해 분배할 씨앗의 무게를 측정하고, 이 값을 씨앗통 개수로 나누면 통 하나당 분배된 씨앗의 평균 질량을 구할 수 있다. 다음 계산식을 사용하면 4,000m^2당 전체 씨앗 무게를 계산할 수 있다.

$$\frac{10.76ft^2/m^2 \times \text{분배된 씨앗 무게 } kg \;(\text{씨앗 무게 } kg/\text{통 개수} \times \text{전체 통 개수})}{3.28(ft/m) \times \text{파종기 너비}(m) \times 1.1} = \text{단위면적당 씨앗 무게}(kg/m^2)$$

분모에 곱한 1.1은 밭에서 파종기 바퀴가 미끄러지는 것에 대한 보정값이다. 이 계산은 오래 걸리지도 않고 정확히 들어맞는다.

수분이용능을 향상시켜라

수분이용능[5]처럼 물과 관련된 자원 때문에 걱정인가? 이를테면 가뭄에서 살아남는 일이 걱정인가? 토양 구조를 향상시키면 토양의 침투율과 수분 저장능력도 늘어난다. 토양은 토양입자 하나하나를 둘러싼 미세한 막에 수분을 저장한다. 토양입자가 더 많이 뭉쳐질수록 물을 더 많이 저장할 수 있다. 미국 중서부 지역의 주된 골칫거리 하나는 최악의 침투율에 의한 면상침식[6]과 홍수다. 우리 부부가 농장을 구매한 1991년, 농장의 침투율은 시간당 3.8*cm*에 불과했다. 큰 폭풍우가 올 때면 5~7.6*cm*의 비가 쏟아지고 이 중 대부분은 수많은 표토와 함께 빠르게 농장 밖으로 유실된다. 2009년이 되자 균근균과 토양 미생물 덕분에 토양 응집이 강해져 침투율은 시간당 '25*cm*' 이상이 됐다. 토양은 어마어마한 양의 물을 흡수할 수 있다. 2009년 6월 15일에 그 사실을 정확히 관찰할 수 있었다. 저녁 5시 30분부터 비가 내리기 시작하더니 멈출 줄 모르고 내리고 또 내렸다. 폭풍우는 다음 날 아침까지 몰아쳐 22시간 동안 34.5*cm*가 내렸지만 대부분 토양 속으로 스며들었다. 그날 제이 퓌어러는 토양 상태를 확인하러 우리 농장에 찾아왔는데, 바퀴 자국도 남기지 않고

5 water availability. 관개된 수분 중 식물이 흡수해 증발산에 이용한 수분 비율

6 경사지에서 강우나 관개에 의해 발생한 유거수가 전면에 걸쳐 표토를 이동시키는 토양침식

밭을 지날 수 있겠다고 했다.

2015년, 우리는 9초 만에 농장에 2.5*cm* 물이 흡수되는 현상을 실험하는 다큐멘터리 영상을 촬영했다. 그다음 2.5*cm*는 16초 만에 흡수됐다. 한 시간에 1.2*cm*가 흡수되던 과거에 비하면 엄청난 발전이었다!

비가 얼마나 많이 내리는지는 그리 중요하지 않다. 토양 속으로 얼마나 많은 빗물이 침투되는지가 중요하다.

수많은 생산자들이 침투율 문제를 해결하기 위해 경운이나 암거배수[7]를 사용한다는 사실에 나는 의문을 가질 수밖에 없었다. 이런 방법은 문제를 해결하는 것이 아니라 증상을 완화하는 것일 뿐이다. 내 친구 데이비드 브랜트의 농지는 물 문제를 해결하기 위해 경운기나 암거배수를 사용할 필요가 없다는 사실을 증명했다. 브랜트의 농장이 있는 오하이오주 캐럴은 연강수량이 1,000*mm*를 훌쩍 넘고 토양에 진흙 농도가 매우 높다. 그러나 브랜트의 토양은 그 지역 대부분을 차지한 토양과는 달랐다. 무경운 농법과 지피작물을 사용하면서 브랜트의 토양은 잘 응집되고 물이 토양 전반에 흐르며 침투되는 능력이 있었다. 브랜트는 토양입단을 형성하고 진흙 사이에 구멍을 뚫고 들어갈 수 있는 다이콘 무, 해바라기, 알팔파, 뿌리가 깊은 토끼풀, 호밀, 라이그라스, 노랑전동싸리, 수수/수단그라스 같은 다양한 지피작물을

7 땅속이나 지표에 넘쳐 있는 물을 지하에 매설한 관을 이용해 배수하는 방법. 주로 농지의 관개 배수를 할 때 쓴다.

해충에 맞서는 더 나은 방법

내가 관찰한 바로 해충은 과거보다 오늘날 생산자들이 훨씬 더 골치 아파하는 문제다. 생산자들은 살충제를 뿌리거나 유전자 조작을 거친 작물을 사용하는 방식을 택한다. 나도 돌려짓기에 다양한 지피작물을 재배하기 전까지 이 방법을 택했다. 우리 농장에서 해충 문제가 사라졌다는 사실을 알아차리는 데는 그리 오랜 시간이 걸리지 않았다. 나는 겉에 약품 처리가 된 옥수수 씨앗 사용을 2010년이 돼서야 중단했지만, 이것을 제외하면 21세기 들어서기 전부터 살충제를 사용하지 않았다. 어떻게 이런 선택을 할 수 있었을까? 꽃을 피우는 종을 포함해 다양한 지피작물을 재배한 덕분이었다. 이 과정을 통해 나는 해충 포식자를 끌어들이고 이들을 위한 서식지를 제공했다. 3장에서 언급했듯이 이 방법은 꽃가루를 공급하는 다년생 식물을 심고 포식자가 해충을 사냥할 수 있는 공간을 만드는 것으로 확장될 수 있다.

사용했다.

보수력保水力에 영향을 미치는 또 다른 중요한 인자는 유기물이다. 유기물이 1% 증가할 때마다 우리는 4,000m^2당 6만 4,000~9만 4,000ℓ의 물을 더 저장할 수 있다. 우리 농장을 예로 들자면, 1991년에는 2% 미만이던 유기물로 시작해 2017년에는 6%까지 늘었다. 1991년 우리 농장의 토양은 4,000m^2당 약 15만 1,000ℓ를 저장할 수 있었지만 2017년이 되자 동일 면적당 37만 8,000ℓ가 훌쩍 넘는 양을 저장할 수 있게 됐다. 이 차이는 비가 내리지 않았을 때 급격하게 커졌고 우리 농장의 성공에서 중요한 부분을 차지한다.

몇 년 전 나는 캘리포니아에 있는 한 농장을 구경했다. 이곳은 '가뭄'이 어떻게 5년 동안 지속됐고 어떻게 대처했는지 할 말이 많은 곳이었다. 초지에 있는 초본식물은 모두 일년생이었고 고작 몇 센티미터 자랐을 뿐이다. 삽에 흙을 가득 담아 파헤치니 매우 짧은 뿌리와 잘 응집되지 않는 흙을 발견할 수 있었다. 분명히 토양 유기물 농도가 낮은 듯했다. 나는 농장주에게 그 해 비가 얼마나 많이 내렸는지 물었다.

"810mm밖에 안 내렸어요!"

이야말로 우리가 어떻게 가뭄을 '만들어 내는지' 보여 주는 완벽한 예다. 나는 생산자로서 우리가 토양과 농경법을 통해 수분 범위를 훨씬 더 넓게, 혹은 이 경우에는 덜 탄력적으로 만들 수 있다고 굳게 믿는다.

한 지역에 내리는 강우량이 중요하지 않다고 말할 때마다 나는 지긋지긋하다는 눈빛을 수도 없이 받는다. 특히 건조한 지역에서 온 농부들이 그렇다. 물론 그 말도 맞지만, 중요한 것은 얼마나 많은 빗물이 토양 속으로 침투되어 유기물에 저장되느냐이다. 이것을 '유효강우량'이라고 한다.

연평균 강우량이 1,400mm인 아칸소주에서 발표를 한 적도 있었다. 그 지역의 어떤 생산자는 옥수수 175부셸을 생산하기 위해 농지에 관개수를 127cm를 추가했는데, 이 농지의 용수

사진 33. 자생하는 초원 사이를 주기적으로 흐르는 물이 얼마나 투명한지 주목하자. 여기서는 토양침식을 걱정할 필요가 없다!

효율은 물 2.5㎝당 옥수수 1.7부셸 정도다. 이 수치를 우리 농장과 비교해 보자. 우리 농장의 용수효율은 물 2.5㎝당 옥수수 8.08부셸이고 연중 침투율은 40㎝, 옥수수의 평균 수확률은 127부셸이다. 아칸소주의 농부들은 제한된 침투율과 물을 저장하는 문제만 해결할 수 있다면 관개용수 없이도 옥수수 수확률을 손쉽게 175부셸까지 올릴 수 있다.

양분 순환의 문제

내가 방문한 농장들 중에는 생산성이 떨어지는 농경지를 다년생 식물이 자라는 방목지로 바꾸었지만 그다지 생산적이지 않는다는 사실을 발견한 농장들이 많았다. 양분 순환 문제를 먼저 해결하지 않았기 때문에 이런 일이 일어난 것이다. 이 문제를 해결할 수 있는 방법 한 가지를 설명하겠다.

우리 농장에서는 호밀, 겨울 라이밀, 헤어리베치처럼 가을에 파종하는 이년생 작물을 다년생 농작물 사이에 바로 심으면서 훌륭한 결과를 목격했다. 제초제로는 다년생 식물을 뿌리 뽑을 수 없다. 다음 해 봄, 우리는 이년생 작물이 꽃을 피우기까지 기다린 뒤 방목을 했다. 그리고 가축이 지표의 바이오매스 중 35%만 소비하도록 제한했다. 가축들은 뜯어 먹고 난 작물을 밟아 토양을 보호할 수 있는 두꺼운 층을 만들었다.

그 사이에는 주로 난지형 목초로 구성된 다양한 지피작물을 파종했다. 경운이 불러일으키는 해로운 영향 때문에 나는 가능하다면 기계적 경운을 하지 말라고 조언한다(이 내용을 잊었다면 7장을 다시 읽어 보라). 오늘날 시장에서 판매하는 무경운 파종기는 대부분 이런 종류의 잔디밭에 바로 씨앗을 심을 수 있도록 설계돼 있다. 호도하려는 것은 아니지만 이미 다년생 작물이 자리 잡고 있는 잔디밭에 일년생 작물을 심는 일은 쉽지 않다. 씨앗과 토양이 제대로 만날 수 있어야 한다. 파종기가 지표에 있는 작물 잔여물을 헤치고 들어가 씨앗을 원하는 정도의 깊이에 심고 구멍을 덮을 정도의 적절한 압력을 지니는지 확인해 봐야 한다. 다년생 작물이 이미 자란 방목지에 지피작물을 심을 때 가장 큰 걸림돌은 씨앗과 토양이 잘 만나지 못하고, 발아할 수 있을 만큼 적당량의 흙으로 씨앗을 덮지 못한다는 것이다.

나는 수수/수단그라스, 기장쌀, 케일, 다이콘 무, 전동싸리, 해바라기, 메밀, 잇꽃을 자주 재배한다. 가축들은 늦은 계절까지 이 작물을 뜯어 먹어 지피작물이 잠재력을 십분 발휘할 수 있게 한다. 다음 해에도 이 과정을 반복하지만 지피작물의 종류는 다르다. 봄에는 보리, 귀리, 콩, 케일을 파종한다. 다시 한 번 말하지만 이 지피작물은 다년생 작물이 자라기 전 잔디밭에 직접 파종한다. 방목은 6월 말이 돼서야 시작한다. 다년생 작물이 아직 살아 있고 어느 정도 자라고 있지만 지피작물 때문에 그늘이 질 수도 있다는 사실을 염두에 두자. 이 목초지의 방목이 끝나면 작물 잔여물이 남아 있는 상태에서 난지형 목초를 바로 파종한다. 그리고 늦가을이나 겨울이 될 때까지 이 목초지에는 방목을 하지 않는다.

3년 차에는 목초지에 장기간 재배하고 싶은 작물이라면 다년생 초본식물이든 콩과 식물이든 이와 함께 귀리를 파종했다. 이 과정을 통해 양분 순환과 토양 품질을 모두 향상시킬 수 있었다.

건강한 토양에서는 미생물이 스스로 양분을 저장하고 순환시킨다는 사실을 기억해야 한다. 흙 속에는 대략 2~300만 종의 박테리아가 서식하고 이 중 존재가 밝혀지거나 이름이 붙은 것은 단 2~5%에 불과하다. 박테리아의 번식능력은 이해하기 어렵다. 한 시간마다 박테리아 한 마리가 번식을 하면 24시간 만에 박테리아는 7,000만 마리로 늘어난다. 어떤 종은 20분 만에 개체수를 2배로 늘릴 수도 있다. 이 어마어마한 박테리아 세포의 60%는 질소로 이루어져 있다. 그러므로 이들은 건강한 토양 속 질소 웅덩이나 마찬가지다.

양분 순환에서 또 다른 중요한 점은 당신이 농장에 뿌린 합성비료를 그해 작물이 실제로 흡수하는 비율은 약 40%에 불과하다는 것이다. 나머지는 그대로 토양 속에 남고 특히 질소는 대개 토양층위에서 침출돼 사라진다. 이렇게 질소가 사라지는 문제를 예방할 수 있는 가장 좋은 방법이 바로 지피작물을 재배하는 것이다. 토양 생물들은 합성 질소비료를 지피작물이 흡수할 수 있는 무기물 형태의 질소(질산염과 암모니아)로 바꾼다. 그 결과 질소는 살아 있는 식물 안에 '저장'된다. 식물의 생명주기가 시작되면 양분은 순환할 것이다. 양분을 농지에 저장하지 않고 합성비료를 사서 쓸 이유가 없다.

돌려짓기 개선 계획

대부분의 생산자들은 지피작물을 돌려짓기에 포함시키는 일이 어렵다고 말한다. 나는 지피작물을 우선순위에 두어야 한다고 말한다. 다시 말해 돌려짓기 순서를 바꾸라는 것이다! 가장 쉬운 방법은 가을에 파종하는 이년생 작물을 활용하는 것이다. 우리 농장에서 고민 없이 선택할 수 있었던 한 가지는 호밀, 헤어리베치, 다이콘 무를 포함한 단순한 배합이었다. 호밀은 뿌리 질량이 어마어마해 토양 구조를 향상하고 유기물을 늘릴 수 있다. 콩과 식물인 헤어리베치는 대기의 질소를 식물들이 사용할 수 있는 형태로 바꿔 주는 뿌리혹박테리아를 데리고 있다. 다이콘 무는 겨울을 나지는 못하지만 넘쳐나는 질소를 저장하고 순환시킬 것이다. 이 지피작물은 내게 수많은 선택권을 선사했다. 지피작물을 파종하고 가축을 방목한 뒤 지피작물이 시들면 지피작물 잔여물이 남은 곳에 환금작물을 파종할 수 있다.

돌려짓기에 지피작물을 활용한 우리 농장의 방법이 당신에게는 별 소용이 없을 수도 있다. 하지만 당신의 농장에 어울리는 방법을 생각해 내는 데 도움이 되도록 내가 선택한 방법을 소개하겠다. 우리는 약 800만m^2 면적의 농지에 다양한 환금작물, 지피작물, 꿀을 재배했다. 우리가 원하는 중요한 목표 한 가지는 1년 내내 이 농지에 되도록 오랫동안 토양 속에 뿌리가 살아 있게 하는 것이다.

1부에서 설명했듯이 아내와 내가 농사를 시작했을 때 나는 아버님이 매년 꾸준히 재배해 온 봄밀, 귀리, 보리에 조금씩 다양성을 추가하기 시작했다. 소수의 환금작물만 재배하는 아버님의 방식은 당시 노스다코타주의 많은 농부들이 선택한 평범한 방식이었고 오늘날까지도 그렇다. 나는 북방형 활엽초인 콩과 헤어리베치, 난지형 목초인 옥수수, 조, 수수/수단그라스를 선택했다. 아마와 해바라기는 난지형 활엽초 배합에 추가했다. 이렇게 돌려짓기를 점점 넓혀 가면서 네 종류의 작물을 포함했다. 난지형, 북방형 활엽초와 난지형, 북방형 침엽초 이렇게 네 종류다. 다양성이 핵심이다.

수많은 환금작물과 돌려짓기를 어떻게 발전시킬 수 있을까? 답은 간단하다. 나는 이것을 정돈된 무질서라고 부른다. 돌려짓기에 정해진 루틴은 없다. 이것은 결국 반복을 의미하며 반복은 실패를 위한 발판이다. 자연 생태계를 들여다보자. 단조로운 모습일까? 아니다! 자연에서 다양한 식물은 조건에 따라 다른 모습을 보여 준다. 수분, 온도, 햇빛, 습도 및 그 외에 다양한 조건은 곤충, 심지어 토양 미생물까지 포함한 동물과 식물이 그 해에 번성할지 그렇지 않을지를 결정한다. 다양성의 힘을 이해하기 시작하면 돌려짓기에 다양성을 추가할 동기를 얻게 될 것이다.

어떤 밭이든 4년 동안 4종의 작물 중 적어도 세 가지는 심는다는 게 내 지론이다. 4종을 모두 심는 편이 이상적이지만 몇 해는 목표를 달성하지 못하기도 했다. 사람들은 대부분 이렇게 말

사진 34 우리 농장의 다년생 초원을 구성하는 다양한 작물과 건강한 토양은 매우 건조한 시기에도 수확량이 좋다. 건강하고 잘 기능하는 생태계의 좋은 예다.

한다.

"이건 돌려짓기가 아니잖아요!"

하지만 내가 설명했듯이 만약 고정윤작을 활용했다면 자연은 알아차렸을 것이다. 매년 곡물에 타격을 입히는 해충도 결과적으로 고정윤작에 적응해 번성하게 될 것이다. 어디서나 흔하게 볼 수 있는 옥수수/콩 윤작에서 조명나방, 옥수수근충, 대두시스트선충이 들끓는 것을 보면 알 수 있다. 우리 농장의 해충은 다음에 어떤 작물이 나타날지 예측할 수 없기 때문에 개체수를 늘릴 발판을 마련할 수 없다.

합성비료 양을 조절하자

대부분의 생산자들은 지피작물을 관리하는 방법에 대해 내가 제초제를 사용하는지, 제초제를 어떻게 쓰는지 가장 먼저 물었다. 다른 화학물질과 마찬가지로 나는 제초제를 되도록 현명하게 사용하려 노력한다. 그 말은 보통 2~3년마다 한 번씩 제초제를 사용한다는 뜻이다. 길게는 5년 동안 사용하지도 않은 적도 있지만, 다년생 침입종을 예의주시하는 일은 중요하다. 특히 꼴이나 작물 잔해물을 처리(건초를 묶거나 잘게 자르는 것)하거나 밭에서 치우지 않는다면 주의해야 한다. 농약은 거의 살포하지 않는다. 사람이든 가축이든 누군가 먹을 작물에 합성 화합물을 뿌리고 싶지 않다. 어떤 제초제를 사용해야 하는지 물어 오면 특정 제초제를 추천해 주는 일도 드물다. 제초제 종류와 변수가 너무나도 많기 때문이다.

나는 잡초를 조절하기 위해 여전히 가끔씩 제초제를 쓴다는 점 때문에 가장 자주 비판을 받는다. 그렇다, 나는 제초제를 사용한다. 그래서 마음이 괴롭다. 물론 경운을 하는 것만큼 괴롭지는 않다! 내 생각에 경운은 가끔씩 살포하는 제초제보다 토양 생태계를 훨씬 더 망가뜨린다. 핑계를 대는 건 아니다. 나는 제초제 사용을 줄이기 위해 부지런히 일하고 있으며 농경지에는 사용하지 않을 것이다. 유기농법을 사용하는 수십 명의 농부들과 내가 매년 방문한 북아메리카 전역의 농부 수백 명 가운데,

우리 농장의 토양과 견줄 만한 품질을 지닌 농장은 하나도 없었다. 유기농장의 농부들은 제초제를 사용하지 않았지만 경운을 했고, 경운은 그야말로 토양 구조와 기능을 망가뜨린다.

나는 우리 농장과 내가 방문한 다른 농장에서 토양 건강이 향상될수록 잡초압이 줄어든다는 사실을 발견했다. 토양 속 곰팡이와 박테리아 비율이 1:1에 가까워질 때 특히 그랬다. 뉴멕시코주립대학교 데이비드 존슨 박사의 최근 연구에 따르면, 토양 속 곰팡이와 박테리아 비율은 건강한 농업 시스템에서 식물의 생산성과 양분흡수 효율성에 거대한 영향을 미친다. 숲 생태계에서는 곰팡이 비율이 우세하다. 곰팡이:박테리아의 비율이 100:1 혹은 그 이상이다. 경운을 한 농지처럼 지표가 노출된 곳에서 그 비율은 1:100으로 역전돼 박테리아가 우세해진다. 재생농업의 목표 중 하나가 황폐해진 토양의 건강을 되돌리는 것이기 때문에, 존슨 박사는 재생농업 시스템에서 가장 최적의 곰팡이:박테리아 비율은 작물에 따라 1:1~5:1이라 주장했다. 토양의 곰팡이와 박테리아 비율을 이 범위 안으로 안착시키는 일은 유기농 시스템처럼 단순히 합성비료, 제초제, 살충제 사용을 줄이는 것 이상으로 밀접한 연관성이 있기 때문에 매우 중요하다. 토양 속 곰팡이의 활동을 향상시키는 방법을 찾으려면, 7장에서 큰 틀을 설명했던 건강한 토양 생태계를 위한 다섯 가지 원칙을 따라야 한다.

존슨 박사의 연구를 통해, 토양 속 곰팡이는 대부분 식물이

막 발아했을 때 가장 중요하다는 사실을 알 수 있다. 질소, 인, 칼륨 심지어 유기물보다 훨씬, 훨씬 더 중요하다. 사실 존슨 박사는 토양 속 곰팡이와 그 밖의 미생물이 섭취할 수 있도록 순환하는 탄소의 96%를 분비하는 식물도 있다는 사실을 발표했다. 와! 얼마나 강력한 힘인지! 하지만 대부분은 생산자, 농학자, 혹은 정원사로서 이런 사실에 온 관심을 쏟기는커녕, 이런 사실을 알고 있는 사람조차 몇 안 된다.

자연의 지능은 생태계에 이득을 주는 쪽으로 움직인다. 만약 우리가 자연이 원하는 대로 내버려 둔다면 양분이 가득한 식품을 생산해 낼 것이다. 식물 뿌리와 박테리아, 곰팡이가 주고받는 다양한 신호로 식물은 원하는 수많은 무기물을 얻을 수 있다. 이 모든 생명체가 공생하면서 양분이 식물의 체내에서 우리에게까지 닿도록 돕는다. 이 우아하고 효과적이며 대단히 복잡하고 상호의존적인 생물망이 만들어지는 데는 수십억 년이 소요된다. 식물은 보편적인 생물학적 원칙을 지키며 균형, 건강, 다양성을 얻기 위해 노력하고 특정한 위치에 새롭게 단단히 뿌리내린다. 햇빛으로 움직이고 액체탄소에서 에너지를 얻으며 다양한 미생물 집합체로 이루어진 식물은, 친밀하고 유서 깊고 복잡한 관계의 네트워크가 지탱하는 자연의 기적이다.

존슨 박사와 아내는 곰팡이 군집이 방해받지 않고 번성할 수 있는 공기주입식 퇴비단 공법을 개발했다. 이것은 유산소 공법이므로 가용할 수 있는 산소가 늘 존재한다. 궁극적인 분해자인 토양 속 생명체가 비료의 품질을 원하는 대로 완성시켜 만드는 지렁이분 퇴비의 생산과정이기도 하다. 퇴비는 연간 온도가 따뜻한 생물 반응 장치[8]에 보관한 후 온도가 낮은 곳에 더 오랫동안 둔다. 퇴비는 휴면기를 거치면서 건강한 토양 생태계에서 발견할 수 있는 종 다양성을 재현할 시간을 얻는다. 완성된 퇴비에서 만들어진 슬러리는 파종에 앞서 씨앗에 '예방접종'을 하거나 4,000m^2당 180*kg* 정도로 적은 양만 토지에 흩뿌려 생태계에 도입할 수도 있다(지표에 퇴비를 뿌리는 것보다 토양 속에 섞는 것이 더 낫다). 이 시스템의 결과는 매우 고무적이다. 이 방법은 우리가 생각했던 속도보다 훨씬 빠르게 황폐해진 토양을 재생할 수 있는 기회를 준다고 본다.

하와이의 마우이에 사는 친구인 빈센트 미나는 한국식 자연농법[9]과 비슷한 방법으로 새싹 농장을 운영하고 있었다. 그 결과는 엄청났다. 공기주입식 퇴비단 공법이든 한국식 자연농법이든 모두 가치가 있다. 내년에는 우리 농장에서 그 가능성을 실험해 볼 것이다. 토양 건강을 꾸준히 향상시키면서 잡초가 사소한 문제가 되고, 제초제 사용을 단계적으로 중단하는 것이 내 바람이자 목표다.

합성비료는 어떨까? 이 책을 쓰면서 나는 크리스틴 존스 박

8 미생물을 이용하여 발효, 분해, 합성, 변환 등을 하는 장치
9 충북 괴산에 자연농업생활학교를 설립하여 국내외로 자연농법의 중요성을 설파한 자연농법 전문가 조한규가 주창한 방법

사와 토양 비옥도에 관해 이야기를 나누었다. 내가 물었다.

"전 세계 토양 속 양분이 정말 부족해서 수익을 낼 수 없는, 농경에 부적합한 토지가 얼마나 있을까요?"

"거의, 거의 없어요."

양분은 이미 토양 속에 있다. 정말로 필요한 건 그 양분을 사용할 수 있게 만들어 주는 토양 미생물이다. 합성비료 양을 줄이거나 아예 사용하지 말아야 한다. 하지만 이전에도 강조했듯이, 과도기는 아주 서서히 진행돼야 한다. 해니 토양 테스트[10]를 기준으로 사용하는 것도 합성비료에서 멀어져 올바른 방향으로 나아가는 훌륭한 방법이다.

나는 간단한 단계부터 시작했다. 콩과 식물인 경협종완두를 돌려짓기에 추가해 대기 중에 있는 '공짜' 질소를 활용했다. 4,000m^2 크기의 토지 위 대기에는 약 3만 2,000t의 질소가 있다는 사실을 기억하자. 자신의 몫을 '수확'하지 않고 합성 질소비료를 사는 건 어리석은 일이다. 돌려짓기에 경협종완두를 추가한 뒤 토양 건강과 이후에 자란 작물의 상태가 즉각적으로 향상됐다.

귀리, 보리, 콩처럼 일찍 수확하는 작물을 거둬들인 뒤 나는 호밀/헤어리베치를 소량의 다이콘 무와 함께 파종했다. 무는 대기 중에서 질소를 낚아채 다음에 자라날 작물을 위해 저장한다.

10 미국 농무부의 릭 해니가 개발한 방법으로, 토양 미생물에 필요한 양분의 양과 토양 건강을 판단할 수 있는 다양한 기준으로 의뢰인의 토양을 분석하는 테스트

헤어리베치와 혼합해 재배하는 호밀이나 겨울 라이밀은 우리 작물 재배 시스템의 중심에 있다. 나는 매년 가을에 파종하는 이년생 작물을 수십만 제곱미터에 파종한다. 이 이년생 작물 덕에 나에게는 다양한 선택지가 생겼다.

- 환금작물을 위해 작물을 혼합할 수 있다. 이 특별한 배합은 지난 9년 동안 가장 수익성이 좋은 환금작물이었다.
- 봄이 되면 이 배합의 작물에 사실상 거의 모든 가축을 방목할 수 있으며, 관리만 잘 한다면 여러 번 방목할 수도 있다. 송아지를 키우기에 훌륭한 배합이다.
- 한 번 방목한 뒤 방목지가 회복하고 성숙해질 수 있도록 시간을 가질 수 있다. 그러고 나서 여기에 곡물을 혼합할 수 있다.
- 방목지의 작물을 베어 꼴로 활용할 수도 있다. 하지만 나라면, 비록 밭 하나라 해도 어마어마한 탄소를 제거하고 싶지 않기 때문에 이런 행동은 하지 않을 것이다.
- 제초제를 사용한 뒤 다른 환금작물을 작물 잔여물 사이에 파종할 수도 있다. 이렇게는 거의 하지 않지만, 이 방법도 여러 선택지 중 하나다.

현재 내가 갖고 있는 헤어리베치 씨앗은 1994년에 구매한 첫 씨앗에서 왔다. 본질적으로 20년 이상 씨앗을 저장함으로써, 나는 우리 농장 환경에 맞는 우리만의 품종을 만들었다. 이 품종은 내 기대를 한 번도 저버리지 않았다. 이 품종을 사용하면 항상 어느 정도의 생산량을 얻을 수 있었다. 그러므로 이 품종은 보험증서와 같았다. 나는 모든 생산자들에게 씨앗을 저장하라고 추천한다. 이것은 어느 정도 다음을 안정시켜 주는 훌륭한 방법이다.

우리가 재배한 환금작물 중 가장 생산성이 높은 한 가지 작물은 귀리다. 우리는 경협종완두를 혼합 재배했다. 콩과 식물과 초본식물은 자연이 의도한 대로 함께 아름다운 공생관계를 이루어 나간다. 우리는 이 두 작물을 혼합 재배하고 지피작물 조합에 판매하거나 돼지와 닭의 먹이로 사용했다. 이 배합 덕에 사료가 더 필요하면 방목을 하거나 건초를 만들거나 둘 중 하나를 선택할 수 있게 됐다.

귀리를 곧장 곡물로 수확하고 싶을 때는 토끼풀을 함께 재배했다. 진홍토끼풀이나 땅속토끼풀처럼 지표 위를 뒤덮는 토끼풀로 귀리의 키가 웃자라게 했다. 그러면 수확할 때 일직선으로 자를 수 있다('일직선으로 자른다'는 것은 작물이 땅에 눕지 않는다는 뜻이다). 토끼풀은 귀리와 그 이후에 자랄 작물을 위해 질소를 순환시킨다. 귀리를 수확하고 나면 방목도 가능하다. 균근균은 귀리를 정말 좋아해서 귀리 밭에서 빠르게 번식할 것이다. 나는 귀리 씨앗이 우리 농장에 적응했는지 확인하기 위해 수십 년 동안 저장해 두었다.

옥수수를 심으려면 그 전해에 보통 콩과 식물의 환금작물을 재배해 토양 속 질소를 순환시킨다. 만약 콩을 일찍 수확했다면 그다음에는 수수/수단그라스, 메밀, 동부, 녹두, 구아 같은 난지형 목초를 배합해 재배한다. 이 작물은 더 많은 탄소를 순환시키지만 겨울이 되면 동사할 것이다. 그 결과 수수/수단그라스는 지표를 보호할 수 있는 두꺼운 층을 만들어 옥수수를 재배할 때 잡초 문제를 예방할 수 있다.

대다수 이웃들처럼 나도 옥수수를 재배한다. 하지만 그들과 다른 점은 단일재배를 거의 하지 않는다는 것이다. 옥수수를 파종하고 약 3일 정도 지나서 나는 무경운 파종기에 토끼풀과 헤어리베치 씨앗을 혼합해 담은 다음 옥수수가 이미 자라고 있는 밭에 직접 파종한다. 옥수수가 먼저 발아하고 다른 콩과 식물보다 미리 자라난다. 콩과 식물은 질소를 순환시키고 잡초를 억제해 꽃가루매개자를 끌어들이며 가을이나 겨울이 되면 방목도 가능하게 해준다.

비가 많이 내리는 지역의 생산자들은 옥수수가 새로 자라날 때 토끼풀/베치 배합을 파종하면 대부분 좋은 결과를 얻었다. 우리 농장에서는 이 방법이 별로 효과를 보지 못했다. 그러나 실험을 두려워할 필요는 없다. 어떤 방법이 가장 잘 맞을지는 당신의 독특한 농장 환경에 따라 달라진다.

옥수수 농사 다음에는 귀리와 토끼풀 혹은 보리와 토끼풀처럼 추위를 잘 견디는 환금작물을 파종한다. 그러면 잡초 씨앗이 싹트지 못하게 막는 캐노피를 일찍이 만들 수 있다. 해바라기도 깊은 원뿌리를 갖고 있어서 옥수수를 수확한 후 파종하기에 좋은 선택지다. 해바라기는 건조한 환경에서 잘 자란다. 작물을 수확한 뒤 지피작물을 재배하는 일은 반드시 고려해야 할 사항이다.

해바라기의 깊은 원뿌리는 땅속 깊숙이 있는 양분이 순환할 수 있게 도와준다. 지피작물을 해바라기 사이사이에 심기도 쉽다. 해바라기는 매년 재배하지는 않는다. 하지만 해바라기를 재배할 때면 조, 녹두, 구아, 메밀, 아마처럼 다양한 난지형 목초를 배합해 함께 파종했다. 75*cm* 간격으로 해바라기를 한 줄로 심은 지 며칠 안 되어 이 배합을 파종한다. 난지형 지피작물은 서리가 내리면 시들기 때문에 손쉽게 해바라기를 수확할 수 있다.

2017년에는 귀리, 보리, 콩, 렌틸, 아마를 혼합해 다양한 환금작물 혼작을 새로운 차원으로 끌어올렸다.

"뭐? 작물 다섯 가지를 함께 재배한다고? 미친 짓이야."

대부분의 사람은 이렇게 말했다. 내가 왜 이렇게 재배하냐고? 그럴 만한 이유가 있다. 귀리와 보리는 수염뿌리를 지니고 있어서 토양입단을 형성하고 유기물 농도를 늘린다. 이후에는 콩과 식물이 사용할 인을 순환시키는 데도 도움을 주기까지 한다. 뿌리혹박테리아는 콩이나 렌틸 같은 콩과 식물 뿌리에 서식하면서 콩과 식물뿐 아니라 귀리와 보리를 위한 질소도 고정한다. 아마씨는 필수 지방산인 오메가-3 농도가 높아 건강상의 이점 때문에 이 배합에 추가했다. 그해 날씨는 별로 호의적이지 않았지만 나는 이 배합으로 재배했고 4,000m^2당 62부셸을 수확해 냈다. 꽤 성공적이었다. 이런 배합으로 씨앗이나 사료를 얻을 수 있었다.

대부분의 생산자는 토양 양분의 양을 가늠하기 위해 역사가 깊은 기존의 토양 테스트에 기댄다. 생산자들은 이 테스트가 정확한 결과를 알려 줄 거라고 생각하지만 실제로는 그렇지 않다. 질소를 예로 들어보자. 오늘날 사용되는 거의 모든 기존 토양 테스트는 암모니아와 질산성 질소 및 식물이 사용할 수 있는 무기성 질소(탄소와 결합하지 않은 질소)만 측정한다. 100년 전, 러시아 토양미생물학자들이 식물이 아미노산 형태를 이룬 유기성 질소(탄소와 결합한 질소)도 사용한다는 사실을 밝혔는데도 기존의 방식을 고수했다. 그렇다, 식물 뿌리는 유기성 질소를 바로 흡수할 수 있다. 오늘날 우리는 토양 시료 속에 있는 유기물 형태의 질소를 측정할 기술은 있다. 그러나 기존의 토양 테스트는 그렇지 않다. 그러므로 이 테스트는 식물이 얻을 수 있는 토양 속 질소원의 많은 부분을 보여 주지 못한다. 2013년, 일리노이대학교의 연구자들이 발표한 메타분석 연구논문 「칼륨의 역설: 토양 비옥도, 작물생산, 인류 건강의 영향」에서 강조했듯이, 대부분의 생산자들은 기존 토양 테스트의 결과와 조언에 의지하기 때문에 질소와 염화칼륨 같은 다른 영양분을 과용하게 된다.

합성 질소를 과용하면 토양 생물상, 동물의 건강, 식물의 건강, 사람의 건강, 토양입단에 부정적인 영향을 미친다. 화학적 질소가 가득한 염분은 토양의 자가 치유, 자가 조절, 자가 조직 능력까지 감소시킨다. 물과 영양분을 효과적으로 순환시키는 토양의 능력에도 영향을 미친다. 양분(자연적으로 만들어진 것이든 합성비료로 축적된 것이든)이 토양에 과하게 축적되면, 초과한 양은 토양에서 흘러넘치거나 토양 속으로 침출되거나 두 상황이 모두 일어난다. 사용하지도 않은 과도한 양의 양분은 호수, 강, 만 같은 하류 유역까지 흘러 들어간다. 유역에 녹아드는 질산염과 인산염의 양은 충격적이다. 미시시피삼각주부터 오대호, 체서피크만, 샌프란시스코 만까지, 그리고 그 사이에 있는 모든 지역에서 우리는 부영양화로 생기는 문제를 목격할 수 있다. 토양에 남아있지도 못할 양분에 생산자들이 어마어마한 돈을 퍼붓는 일은 무의미한 낭비다. 생산자들이 그저 지피작물을 심고 투여하는 양분의 양을 줄이면, 매년 토양을 비옥하게 하는 데 들이는 수천 달러의 비용을 절약할 수 있으며 어마어마한 양의 양분이 지피작물에 격리된다. 일단 지피작물(생물학적 도화선, 양분 격리, 혹은 에너지 변환이라고도 부른다)이 분해되면 작물 내에 있던 양분은 밖으로 새어 나와 다음 작물이 사용할 수 있다.

당연한 말이지만, 비료의 과도한 사용으로 득을 볼 사람은 비료 판매업자밖에 없다. 우리 농장의 재정은 말할 것도 없고 토양 건강도 몰라보게 좋아진 시기는, 내가 합성비료 사용을 완전히 줄였을 때였다.

새로운 토양 테스트

합성비료를 줄이기 위해 대부분의 농장주들이 할 수 있는 또 다른 간단한 방법은 새로운 토양 테스트를 사용하는 것이다. 기존의 테스트에서 새로운 토양 테스트로 바꿔야 한다. 새로운 토양 테스트는 미국 농무부의 농업연구소에서 근무하는 토양학자 릭 해니 박사가 개발한 생물학적인 방법을 사용한 테스트다.

해니 박사는 2011년 미국 자연자원보호청 직원을 위한 토양 건강 강좌에서 강연을 했는데, 레이 아출레타는 여기서 해니 박사를 만났다. 아출레타는 이 강연에서 해니 박사가 토양 건강이라는 퍼즐의 중요한 조각을 발견했다는 사실을 깨달았다. 아출레타는 몇 년 전 펜실베이니아 로건턴의 슈랙 낙농장을 방문했을 때 얻은 깨달음이 떠올랐다. 낙농장 주인 짐 하바크와 아출레타는 오랫동안 무경운으로 관리해 온 하바크의 옥수수밭을 함께 걸었다. 이 옥수수밭은 지렁이 똥 투성이었다. 하바크는 우리 농장에 다녀간 후 영감을 받아 지난 2년 동안 다양한 지피작물을 재배했다. 밭에는 젖소의 퇴비도 뿌렸다. 하바크 농장의 토양과 옥수수는 훌륭해 보였다. 그의 밭에 있는 옥수수는 질소가 부족하지 않았다.

하지만 그는 푸른 옥수수밭에 합성 질소비료 50포대를 추가로 쏟아부었다. 아출레타는 하바크에게 이런 질문을 했다.

"왜 질소비료를 사용했나요?"

“토양 테스트 결과, 질소비료를 사용하라고 했거든요.”

“비용은 얼마나 들었나요?”

“농장에 사용한 비료를 다 합치면 5만 달러가 들었죠!”

놀란 아출레타는 당황해 소리쳤다.

“마지막으로 휴가를 간 건 언제인가요?”

하바크는 묵묵부답이었다. 아출레타는 계속 말을 이었다.

“이 밭의 옥수수에 질소는 더 필요 없어요. 질소비료에 쓴 돈으로 당신 가족 전체가 하와이 여행도 갈 수 있었을 거예요.”

아출레타는 하바크가 토양 테스트의 조언에 얼마나 현혹됐는지를 생각하면서, 토양 테스트 과정이 무언가 단단히 잘못됐다는 사실을 깨달았다. 지난 경험을 통해 아출레타는 기존의 토양 테스트가 질소와 다른 양분의 양을 정확히 추산하지 못한다는 사실을 알고 있었다. 토양 테스트는 부정확한 결과를 전달하고, 그 때문에 농사짓는 사람은 1년에 수십억 달러까지는 아니어도 수백만 달러를 낭비했다! 이렇게 비료를 과하게 사용하면 지구의 건강에도 심각한 영향을 끼친다.

이 이야기는 새로운 토양 테스트가 필요한 이유를 여실히 보여 준다. 기존의 토양 테스트는 토양의 화학적, 물리적 특성만 고려한다. 또, 질산이나 황산 같은 부식성의 반응성 좋은 산을 사용한다. 그 결과 토양 속 영양분과 식물 뿌리 사이의 상호작용을 재현할 수 없다. 게다가 양분 순환의 90%가 생물학적 작용으로 일어난다는 사실도 무시한다. 심지어 토양과 식물이 생물학적으로 어떻게 작동하는지 안중에도 없다. 그렇다면 식물 뿌리는 어떻게 토양에서 양분을 추출할까? 식물은 당, 단백질, 유기산 및 다른 수용성 화합물과 탄소를 기반으로 한 수백만 가지의 삼출액을 분비하며 필요한 영양분을 추출한다.

해니 박사는 토양 테스트가 의미 있으려면 식물 뿌리에서 나오는 가장 흔한 세 가지 산인 옥살산, 말산, 구연산을 생체 모방해야 한다는 사실을 깨달았다. 또, 추출하는 용매로 물을 사용해야 했다. 비의 주성분이 물인 이상 그러는 게 당연하다! 해니 박사가 생각하는 토양 테스트는 자연의 화학을 모방하는 방법을 탐구하는 녹색 화학에 기반을 두고 있다. 기존의 토양 테스트는 부식성 산으로 식물의 양분을 '강제로' 추출하는 반응성 강한 테스트다. 이와 대조적으로 수동적인 토양 테스트는 식물이 사용할 수 있는 어마어마한 양의 양분을 토양에서 부드럽게 추출할 수 있다. 이 부식성 화합물은 자연적으로 토양 속에 존재할 수 없다. 식물 뿌리는 이런 화합물은 만들어 내지 않기 때문이다. 기존의 토양 테스트는 현대 농경의 전형적인 접근 방식을 사용한다. 자연의 생태계에 귀를 기울이는 대신 우리가 최선이라 생각하는 방법에 시스템을 끼워 맞추는 것이다.

해니 토양 테스트는 토양 생태계와 관련한 일곱 가지 매개변수를 측정한다.

- 물로 추출 가능한 유기탄소(WEOC)

- 물로 추출 가능한 유기질소(WEON)
- 미생물학적 활성 탄소의 비율(MAC)
- 무기질소와 인의 농도
- 유기질소와 인의 농도
- 유기탄소와 질소의 비율
- 하루 동안 호흡으로 배출하는 이산화탄소의 양

이 일곱 가지 매개변수는 최종적인 토양 건강 지수를 책정하는 데 사용된다. 각각의 측정값을 통해 해니 토양 테스트는 식물이 사용 가능하거나 작물을 재배하는 기간 동안 사용할 수 있는 질소, 인, 칼륨의 양을 결정할 수 있다.

나는 생산자들에게 토양 시료를 채취해 반으로 나눈 뒤 하나는 기존 토양 실험을 진행하는 실험실에, 다른 하나는 해니 테스트를 진행하는 실험실에 보내라고 권한다. 결과지가 도착하면 농장 절반에는 해니 테스트에서 조언하는 만큼 비료를 사용하고 나머지 반에는 기존의 토양 테스트에서 조언하는 만큼 비료를 사용해 보자. 그 결과는 자명할 것이다. 중요한 건 수확률이 아니라 이윤이라는 점을 명심해라. 나는 해니 테스트가 굉장히 높은 정확도로 수백 제곱킬로미터의 밭에 활용되는 모습을 목격했다. 그 덕에 생산자들은 수백만 달러를 절약할 수 있었다. 해니 테스트가 어떻게 생산자들의 결론에 긍정적인 영향을 끼쳤는지를 보여 주는 한 가지 적절한 예가 궁금하다면 9장에서 설명할 러셀 헨드릭의 사례를 읽어 보자.

호주인의 예시

지피작물을 둘러싼 논의는 호주 뉴사우스웨일스주의 양목장을 운영하는 콜린 세이스Colin Seis를 언급하지 않고는 완벽하다고 말할 수 없다. 세이스의 이야기는 굉장하다.

세이스는 작물 방목지pasture cropping라는 농경법을 세상에 탄생시켰다. 목초지가 휴면기에 돌입했을 때 특정한 환금작물, 특히 곡류를 다년생 난지형 목초지에 무경운 파종기로 심는 방법이다. 곡물이 발아하고 자라면서 기온이 상승하고, 난지형 다년생 작물도 자라기 시작한다. 그 결과 땅속에 생동적인 생태계가 형성된다. 환금작물을 수확한 뒤, 다년생 난지형 목초지는 더 풍성해지고 세이스는 거기서 양을 방목한다. 같은 구역에서 서로 다른 두 종의 작물을 얻을 수 있을 뿐 아니라, 난지형 목초와 북방형 목초를 다양하게 혼합하면서 토양에 풍부한 탄소 자원을 만들어 낸다.

우리처럼 세이스도 농장에 재앙이 찾아온 뒤로 '위노나'라는 목초지를 재배하기 시작했다. 세이스의 경우, 1979년에 산불이 나서 농장이 거의 다 불타고 그는 병원에 실려 갔다. 퇴원했을 때 세이스는 농사짓는 방법을 완전히 다시 생각해야 한다는 사실을 깨달았다. 남은 돈이 얼마 없었기 때문이다. 어디서 많이 들어 본 이야기 아닌가! 세이스는 몇 년 동안 농장이 경제적으로도 생태적으로도 깊은 수렁에 빠졌다는 사실을 깨달았다. 전체적인 수익은 줄었고 토양의 탄소 저장고도 바닥났다. 국책 농학자들은 호주의 농부들에게 과인산석회를 대량으로 사용하라고 권했다. 세이스의 아버지도 이 권고에 따라 어마어마한 양의 과인산석회를 퍼부었고, 수십 년 동안 재래식 농사를 지었다. 이 합성비료로 얼마간은 수확률이 상승했지만, 생태계의 기능이 약해지며 토양 건강이 나빠지고 염분이 상승하며 잡초와 해충이 창궐해 곧 문제가 드러났다.

세이스는 단계적으로 농장을 다시 건강한 상태로 돌려놓았다. 불타 버린 기반시설을 재건하고 비용이 계속 상승하는 살충제는 전혀 사용하지 않았다. 또한 자생하는 식물이 다시 농장을 찾아오게 할 수 있는 방법도 분석했다. 자생하는 식물은 농장에 계속 돌아오고 싶어 하므로 좀 더 자극을 주는 건 어떨까? 세이스와 이웃인 대릴 클러프는 맥주 한 병을 걸치며 자주 농사짓는 방법을 논의했다. 둘 사이에서 엄청난 발상이 떠올랐는데, 바로 작물 방목지였다. 난지형 목초가 가득한 목초지에 북방형 곡물을 무경운으로 심는 일이 가능할까? 효과를 볼 수 있을까?

답은 '그렇다'였다! 북방형 목초(C3)와 난지형 목초(C4)는 이파리의 해부학적 구조와 광합성에 사용하는 효소가 다르다. C3는 보통 단백질과 에너지 농도가 높다. C4는 이산화탄소를 포집하고 질소를 사용하는 데 훨씬 더 효과적이다. 또한 건조물을 만드는 데 물을 덜 사용한다. 작물 방목지는 휴지기, 생장주기, 필요 수분, 필요 양분, 토양 생태계와의 다양한 연관성을 포함해 C3와 C4 사이의 생태적 관계의 이점을 활용한다.

당연히 이것이야말로 정확히 자연이 돌아가는 방식이다. 일년생, 다년생, 북방형, 난지형 작물과 동물이 정돈된 무질서 속에서 함께 움직이는 것이다.

세이스는 농장의 다양한 문제를 작물 방목지로 해결하고 그에 따라 경제적 이득도 거둘 수 있었다. 양도 더 많이 기를 수 있었고 양털의 품질도 향상됐다. 위노나는 이제 50종 이상의 목초로 거의 완전한 '자생' 초원이 됐다. 작물 수확량도 높아졌다. 양분 순환도 향상됐다. 아마도 가장 중요한 부분은, 세이스가 작물 방목지를 활용한 이후로 토양의 탄소 농도가 2배 이상 늘었고 토양이 저장할 수 있는 물의 양도 급격하게 늘었다는 점이다.

나는 전 세계 곳곳에서 작물 방목지의 진정한 가능성을 보았다. 예를 들어 미국 중남부와 남동부의 주에는 난지형 목초가 우세했다. 북방형 환금작물은 가을에 다년생 작물 사이에 직접 파종할 수도 있었다.

나 역시 세이스처럼 작물이 완전히 엉망이 되고 나서, 경험 덕에 우리 농장에 알맞은 방법을 찾을 수 있었다. 나는 또 다른 재앙이 닥치더라도 유연하게 대처할 수 있는지 확신하고 싶었다. 그렇다고 지피작물이 만병통치약은 아니라는 점을 강조하고 싶다. 지피작물은 커다란 퍼즐의 한 조각이다. 그중에서도 매우 중요한 한 조각이다. 당신의 농장에는 어떤 문제가 있는지 스스로 질문하고 그 문제점을 해결해 보자. 살아 있는 식물은 토양을 재생할 수 있다. 레이 아출레타가 좋아하는 말마따나 "식물과 토양은 하나다!"

9장

당신도
할 수 있다

농장 투어를 하면서 나는 "노스다코타에서는 그 방법이 먹힐지 모르지만 제가 사는 지역의 농장에서도 먹힐까요?"라는 질문을 가장 많이 받았다. 질문하는 사람은 보통 회의적인 태도를 취한다. 애초에 '우리 농장에서는 절대로 먹히지 않을 거야'라고 마음먹은 사람처럼.

내가 농장 정보를 캐물으면 사람들은 항상 준비된 변명을 내놓았다. 자신의 농장에는 진흙이 너무 많거나 너무 적기 때문에, 너무 건조하거나 너무 습하기 때문에, 고도가 너무 높거나 너무 낮기 때문에, 암석이 너무 많기 때문에, 토양이 너무 난난하기 때문에 등등 다양한 이유로 자신의 농장은 해당사항이 없을 거라고 말한다. 그러면 나는 항상 이렇게 되묻는다.

"당신의 농장에는 흙이 있나요?"

당연히 당신의 농장에는 흙이 있다. 흙이 있다면 재생농법은 효과가 있을 것이다. 토양 건강에 대한 다섯 가지 원칙은 어디서나 효과를 발휘하기 때문이다. 만약 다섯 가지 원칙을 부지런히 따르고 당신의 방법으로 토양 생태계를 형성하면 결과는 자연히 따라올 것이다.

커트니와 나는 이 책을 쓰면서 '당신의 농장에서도 가능할까?'라는 질문을 어떻게 다룰지 이야기를 나눴다. 우리는 이 질문에 대한 최선의 답변으로, 재생농법을 시도했거나 자신만의 방법으로 가끔 꽤 성공적인 경험을 한 농장주들의 이야기를 추가하기로 했다. 재생농법의 가능성에서 영감을 얻은 뒤 세상을 바라보는 시각을 바꾼 농장주 8명을 인터뷰했다. 이 부분은 커트니가 지휘했다. 각자 방법과 과정은 달랐지만 실험과 고난을 겪으며 각자가 사는 곳에서 효과를 봤다. 이번 장에서는 커트니가 이들의 이야기를 들려줄 것이다.

대런 윌리엄스, 캔자스 동부

대런 윌리엄스와 아내는 캔자스 동부의 젊은 농부다. 이곳에서 윌리엄스는 대두, 옥수수, 밀, 호밀, 라이밀, 해바라기 같은 작물을 포함해 다양한 지피작물과 환금작물을 재배하고, 3장에서 저자 게이브 브라운이 자신의 농장에 만들었다고 설명했던 것과 유사한 '혼돈의' 정원을 조성했다. 할아버지가 농부였고 어렸을 때 농사를 지어 본 경험이 있었는데도 윌리엄스는 자신이 농업에 뛰어들 것이라고 상상조차 하지 못했다. 그는 농업에 미래가 없다는 이야기를 들었기 때문에 캔자스시티로 이사해서 목수가 됐다. 주택 건설업자로서 사업은 성공적이었다. 그러나 농사를 짓고 싶다는 마음이 사라지지 않았고, 2006년에 윌리엄스는 웨이벌리 근처의 가족농장으로 이사해 20만m^2 크기 농지에 농사를 지었다. 토양 상태가 좋지 못한데다 그가 할 줄 아는 농사법이라곤 어마어마한 양의 합성비료를 사용해 경운을 하는 재래식 농경법뿐이었다. 수익성이 좋지 않았지만 그는 대안을 찾을 수 없었다. 그래서 생계를 유지하기 위해 농장에서 통근하며 건축 일을 병행했다.

2008년 말 농업 잡지에 실린 브라운의 기사를 읽었을 때 모든 것이 달라졌다. 윌리엄스는 무경운에 투자해 보기로 했다. 그런데도 브라운의 이야기를 들었을 때 그의 첫 반응은 이랬다.

"헛소리네."

하지만 브라운이 토양 건강 학회에 발표자로 캔자스주 엠포리아에 왔을 때, 윌리엄스는 근처에 사는 농부 넷을 설득해 브라운의 발표를 들으러 학회에 참석했다. 비록 네 사람 모두 어느 정도는 무경운을 하고 있었지만 그날 차 안에 있던 사람 중 재생농업을 시도하기로 마음먹은 사람은 윌리엄스뿐이었다. 다른 세 사람은 그 방법이 자신의 농장에서는 효과가 없을 것이라 단언

했다.

현재 제초제를 뿌리고 비료를 주고 GMO 씨앗을 사용한 비용을 포함해 재래식 농경법을 사용한 이웃들이 4,000m^2당 콩 30부셸(카운티 평균)을 수확할 동안 윌리엄스는 4,000m^2당 50~60부셸 수확한다.

"첫 3년 동안은 이웃들이 저를 비웃었죠. 하지만 이젠 아니에요."

윌리엄스는 목수이자 건축가로 일하면서 사업 기회를 찾는 법, 수익을 얻는 새로운 방법, 수용적인 자세를 지니는 법을 배웠다고 한다. 재생농법이 실제로 작동하는지 확인하기 위해 과학적 자료가 많이 필요하지도 않았다. 게다가 브라운이 청중에게 무언가를 판매하려는 것이 아니라 자신의 성공을 전달하는데 진심이라는 것이 느껴졌다고 했다. 윌리엄스는 브라운이 엠포리아 발표에서 보여 준 진실성이 마음에 와닿아서 5년 동안 재생농법을 시도해 보기로 했다. 긍정적인 변화를 목격하기까지는 2년밖에 걸리지 않았다. 윌리엄스 농장의 토양은 점점 더 건강해졌고 수확률도 상승세에 들어섰다. 자신이 바른길을 가고 있다고 확신했다.

윌리엄스는 세 단계에 걸쳐 자신의 농장에 재생농법을 도입했다. 첫 번째는 다양성을 더 많이 추가하는 것이었다. 이전에 윌리엄스의 농장에는 옥수수와 대두만 있었기 때문에 토양 생태계에 다양성을 추가하려면 곡물을 심어야 한다는 사실을 깨달았다. 윌리엄스는 농장에 가축을 데려오기 위해 순무, 무, 메밀, 해바라기, 조를 포함한 여덟 가지 작물을 심는 것부터 시작하기로 했다. 가장 먼저, 과거에 농장에서 재배한 적이 있었던 귀리를 선택했다. 비스마르크에 있는 브라운의 농장을 방문한 일은 또 다른 영감을 선사했다. 브라운은 윌리엄스에게 자신의 농장에서 토양 깊숙이 뿌리가 일직선으로 자란 작물을 보여 주었다. 반면 대부분의 일반적인 농장에서는 뿌리가 단단한 토양에 부딪혀 옆으로 자란다.

지피작물을 활용해 놀라울 정도로 잡초를 잘 관리한 것을 보고 나서 윌리엄스는 non-GMO(유전자변형농산물이 아닌 것) 작물을 고려했다. 시험 삼아 non-GMO와 GMO 작물을 둘 다 파종한 부지에 지피작물을 심어 보았다. 이 실험 덕에 결과를 가장 잘 비교할 수 있었다. 결과는 강력했다. non-GMO 대두의 수확률은 GMO 대두와 비슷했다. non-GMO 대두는 제초제 비용이 적게 들고 시장에서 눈에 띌 정도로 상품성이 높아서 훨씬 높은 수익을 얻을 수 있다.

윌리엄스는 요즘 4,000m^2당 50부셸을 넘은 non-GMO 대두의 수확률을 주시하고 있다. 2017년에는 종자처리, 비료, 살진균제를 전혀 사용하지 않고 4,000m^2당 65부셸 이상을 생산한 농장도 있었다. 어마어마한 수확률이다. 특히 기존의 방법으로 경작하는 지역의 카운티 평균 수확량이 4,000m^2당 28부셸이라는 점을 감안하면 그렇다.

두 번째 단계는 가축을 농지로 초대하는 것이다. 그러나 윌리엄스는 소를 한 마리도 키우지 않았고 어떤 종을 구매해야 하는지도 몰랐다. 그러다 결국 브리티시화이트종을 선택했고 현재는 로런스와 근처의 여러 도시에 있는 소비자들에게 유기농 소고기를 직거래로 판매하고 있다.

세 번째 단계는 non-GMO 대두 수확률과 글리포세이트를 사용해 생산한 대두 생산량을 비교하는 것이다.

"수확량이 거의 비슷하다는 사실을 발견했을 때 건강한 토양의 가치가 제 머릿속을 맴돌았어요."

브라운처럼 윌리엄스에게 중요한 건 4,000m^2당 수확량이 아니라 수익성이었다. 비록 지피작물 씨앗을 사느라 돈이 필요했지만 지피작물을 기르면 다른 비용을 줄일 수 있기 때문에 결국 돈을 아낄 수 있었다. 경제적 가치가 높아지면서 얻을 수 있는 수익이 상승할 뿐 아니라 작물도 더 건강해 보였다. 토양이 더 건강해지고 있다는 신호였다. 게다가 변화는 매우 빠른 속도로 일어났다. 윌리엄스는 첫 3년 동안 매년 수확률이 상승하는 모습을 관찰했다.

"일반적인 통념에 따르면 무경운으로 눈에 띄게 수확량이 늘기 위해서는 7년 정도가 걸린다고 하죠. 하지만 제 개인적인 경험으로는 전혀 그렇지 않았어요."

2010년, 윌리엄스는 건축가의 공구 벨트를 벽에 고이 걸어 놓고 풀타임 농부가 됐다. 그는 여전히 비료, 살충제를 가끔 소량 사용하며 '완벽한' 농장은 없다고 말한다. 윌리엄스의 농장은 유기농 인증을 받지도 못했다.

"사람들에게 인증 받고 싶은 한 가지는 우리 농장의 성공입니다."

최근 윌리엄스 부부는 '내추럴 Ag 솔루션 LLC'라는 non-GMO 곡물 유통 터미널을 시작했다. 이 유통센터는 non-GMO 곡물을 구매하거나 판매한다. 이런 유통과정은 해당 곡물을 재배하는 농부들의 수익성을 늘리고 결과적으로 생태계에 긍정적인 영향을 미친다.

왜 윌리엄스처럼 더 많은 농부들이 도약을 시도하지 않을까? 그는 그 한 가지 이유가 자본의 문제라고 생각했다. 많은 사람들이 경제적으로 진퇴양난에 처해 있기 때문에 실패 가능성을 떠안으려 하지 않는다. 또 다른 일부는 습관의 문제다. 사람들은 정부 작물보험의 지원을 받는 현재 시스템에서 작물을 어떻게 생산해야 하는지 안다. 그러므로 다른 것을 시도해 보려는 동기부여가 잘 안 된다. 나머지는 관습의 문제다. 사람들은 기존의 농경방식 모델이 지속가능하지 않다는 사실을 인정하지 않고, 실패한 사람을 비난한다. 윌리엄스는 그가 멘토로 삼은 브라운처럼 어느 정도 위험을 감수할 의향이 있었다.

"당신의 농장에 어떤 재생농법이 효과가 있는지 확인하려면 농장에 헌신하고 다양한 시행착오를 거쳐야 해요. 실패로부터 배우는 일을 마다하지 말아야 해요."

윌리엄스는 농사를 짓는 데는 왕도나 '한 가지 방법'만 있지 않으며, 당신의 문제를 모두 해결할 수 있는 지피작물의 '비밀' 배합도 없다고 강조했다.

"사람들은 당신이 전문가라고 생각할 거예요. 하지만 그렇지 않아요. 결국 마지막에 웃는 자는 항상 자연이죠."

중요한 것은 토양 건강의 다섯 가지 원칙을 시행하고 환경이 나아짐에 따라 유연하게 적용하는 것이다.

"스스로 한계를 정하거나 자신을 가두지 마세요. 저는 토양과 유기물에 집중했어요. 그 외에 다른 것들은 부수적인 문제죠."

러셀 헨드릭, 노스캐롤라이나 중북부

러셀 헨드릭이 직업을 바꿔 농부가 되기로 결심했을 때, 그는 거의 10년 동안 소방 경력을 쌓은 27세의 정규직 소방관이었다. 그는 꿈을 좇으며 맞닥뜨린 수많은 도전들로 주눅이 들어 있었다. 가족 중 가장 먼저 농업에 과감히 뛰어들었기 때문에 의지할 만한 사전 지식이나 경험이 없었다. 어쩌면 농기구가 하나도 없다는 게 더 중요할 수도 있다! 그가 지닌 건 농사를 향한 평생에 걸친 관심과 한번 시도해 보려는 크나큰 욕망이었다.

헨드릭은 작물을 기르고 가축을 키울 계획으로 샬럿 북서쪽 히코리 근방에 위치한 10만m^2 크기의 농지에 눈독을 들였다. 그가 어떻게 시작해야 할지 물었을 때 이웃들은 150마력 트랙터, 경운 날 톱니가 50cm인 경운기, 8조식 파종기, 이 셋을 구매하지 않으면 성공하지 못할 거라고 말했다. 다른 의견을 찾던 헨드릭은 노스캐롤라이나에 있는 미국 농무부 산하 미국 자연자원보호청에서 관할구역 환경보호활동가로 근무하며 자신에게 무경운과 지피작물을 추천한 리 홀컴과 이야기를 나누었다. 홀컴은 최종 결정을 내리기 전에 레이 아출레타와 게이브 브라운과 이야기를 나눠 보라고 권했다.

"저는 완전히 상반된 두 관점을 들었어요. 어느 쪽을 선택해야 할지 알 수 없었죠. 저는 평생에 걸쳐 경운하는 모습을 보았기 때문에 그 방법이 맞다고 생각했거든요. 하지만 자금이 부족한 탓에 무경운이 매력적으로 느껴졌어요."

헨드릭은 가장 먼저 근방에 있는 그린즈버러의 미국 자연자원보호청 국가기술센터에서 근무하던 아출레타를 만났다. 아출레타는 무경운과 지피작물의 이점을 자세히 설명하고 가축에 대해서는 브라운에게 질문하는 편이 좋겠다고 했다. 브라운이 헨드릭에게 가장 먼저 전한 이야기는 간단했다. 만약 성공적으로 농사를 짓고 싶다면 농사로 돈을 버는 방법을 배워야 한다는 것이었다. 브라운은 기존의 농경 시스템은 모두 돈을 버는 것이 아니라 돈을 소비하는 데 초점이 맞춰져 있다고 말했다. 4,000m^2당 수익성에 집중하라고 조언하기도 했다. 브라운은 가축으로 돈을 벌려면 500kg 이하의 소에 풀을 먹여 기르고 소비자와 직거래를 하는 편이 좋다고 추천했다. 브라운의 무경운, 지피작물, 가축 모델을 함께 이야기하면서 헨드릭은 환경이 완전히 다른 노스캐롤라이나에서도 이 방법이 효과가 있을지 물었다. 놀랍게도 브라운은 헨드릭의 농장에도 이 방법이 효과가 있을 거라고 말했다. 브라운은 자신의 농장이 있는 노스다코타의 연 강수량이 400*mm*인 것에 비하면 헨드릭 농장은 1,300*mm*나 되기 때문에 훨씬 쉬울 거라는 말을 덧붙였다!

"브라운은 토양 건강의 다섯 가지 원칙에 관해, 농장에 햇볕이 내리쬐는 한 효과가 있을 거라며 저를 안심시켰어요."

헨드릭은 재생농법을 시도해 보기로 결정했다.

그는 가장 먼저 지피작물 씨앗을 구매해 10월 초에 파종했다. 이듬해 4월, 첫 환금작물인 옥수수를 재배하기 위해서였다. 다행히 수십 년 동안 기존의 방법으로 경운을 하고, 일반적인 비료와 여러 화합물에 시달렸는데도 농지 상태가 괜찮았다고 헨드릭은 강조했다. 그럼에도 토양 속 탄소의 양은 대폭 줄어 있었다. 아출레타와 브라운은 되도록 빨리 유기물 농도를 높이는 데 초점을 맞추라고 이야기했다. 그러나 근처 대학의 농학부에 무경운 농법과 지피작물로 얼마나 많은 유기물이 만들어질 것이라고 예상하는지 문의했을 때 그 답은 충격적이었다.

"전혀 만들어지지 않을 것입니다."

대학 측은 유기물이 만들어지지 않을 거라고 답했다. 노스다코타와 달리 노스캐롤라이나에서는 땅이 얼었다 녹는 과정이 반복되지 않기 때문에, 토양에 저장하려고 애쓴 유기물은 겨울잠을 자지 않는 미생물이 모두 분해시켜 버릴 거라는 게 그 이유였다. 토양의 활동적인 미생물과 지렁이는, 탄소 순환이 토양 건강과 탄소 저장량을 '늘리기' 위해 1년 내내 작동한다는 의미란 것을 헨드릭은 대학 측에 설명하려고 했다. 하지만 그들은 그의 말을 별로 듣고 싶어 하지 않았다. 특히나 햇병아리 농부의 말이니 더 그랬을 것이다.

"그들은 요점을 분명히 전달한답시고 지피작물은 시간 낭비라고 딱 잘라 말했어요. 생산성을 높이려면 농지가 5개월간 아무것도 없는 상태로 있어야 한다고 말했죠."

대학 측의 이런 태도에 헨드릭은 브라운이 해 준 조언을 떠올렸다. 농사는 7개월만 짓는데 세금은 왜 12개월치를 내야 하지? 왜 12개월 내내 작물을 재배하지 않는 걸까?

헨드릭은 가축을 작물 생산에 참여시키고 재생농법을 전략적으로 고수했다. 가축은 자신이 감당할 수 있는 정도인 소 10마리와 돼지 12마리로 시작했다. 현재 그는 소 40마리, 돼지 50마리, 그리고 양도 몇 마리 소유하고 있다. 수확량은 가파르게 상승했다. 2016년 미국 전역의 농장을 대상으로 건조지dryland 옥수수 수확량 대회가 열렸는데, 여기서 헨드릭은 4,000m^2당 318부셸로 1등을 차지했다. 농사짓는 방법을 배운 지 불과 4년 차였다! 그는 미국 평균 수확량인 4,000m^2당 230부셸을 가볍게 뛰어넘었다. 그뿐 아니라 수확량에서도 그해 관개지irrigated ground

에서 농사를 지은 농부들은 헨드릭보다 고작 4,000m^2당 2부셸 밖에 앞서지 못했다.

뭐니 뭐니 해도 헨드릭이 가장 좋아하는 통계는 대학 전문가들이 예상했던 것과 달리, 2012년 당시 2%였던 농장의 유기물 양이 현재 5%까지 상승했다는 것이었다.

헨드릭은 농장을 10만m^2에서 400만m^2까지 넓혀 나갔다. 농장에는 옥수수와 가축뿐 아니라 대두, 보리, 귀리도 등장했다. 또한 그는 브라운의 사업적 조언을 마음 깊이 새기고 농장에서 다양한 사업을 시작했다. 오늘날 그가 매년 재배하는 옥수수 중 일부는 프리미엄 가격을 받는 파란 옥수수Hopi corn의 유산이다. 나머지는 근방에 있는 버본 증류주 공장(헨드릭이 공동소유주다)에서 사용한다. 그가 생산한 옥수수 이삭은 기존의 방식으로 재배한 옥수수보다 단위 부피당 알코올을 더 많이 생산했다. 그는 씨앗도 생산해 다양한 시장에 팔았다. 최근 그의 농장에서 행하는 농법은 다양한 맥주회사와 맥아저장고의 관심을 받았다. 이들은 맥주 원료를 생산해 줄 수 있는지 헨드릭의 의사를 타진해 왔다. 게다가 현재 그는 노스캐롤라이나주립대학교에서 재생농업을 가르치고 있다!

헨드릭은 자신의 상품을 홍보하고 토양 건강을 향상시킬 수 있는 새로운 방법을 공유하기 위해 SNS를 활용한다.

“지피작물만 재배했을 때보다 가축을 함께 기를 때 토양 건강이 2배 정도 빨리 돌아온다는 사실을 발견할 수 있었어요.”

그는 자신이 유튜브 중독자라는 사실도 인정했다. 2012년 이후로 자신이 시청한 농업 동영상만 수천 개는 된다고 말했다. 그는 인터넷이 주는 '공짜 정보'를 좋아한다면서, 자신이 그랬던 것처럼 농사를 처음 시작하는 사람들이 정보를 얻을 수 있는 플랫폼으로 SNS를 활용했다.

"농부들은 브라운의 이야기를 듣고 가축을 구매하죠. 하지만 어떻게 하는 것이 올바른 방법인지 잘 몰라요. 저는 SNS로 도움을 주려 노력하죠."

소방관에서 농부로 변신하는 과정은 짧으면서도 성공적이었다. 헨드릭은 농장의 생산성과 수익성을 위한 아출레타와 브라운의 진심과 너그러움을 높이 평가했다. 이것은 우연의 일치가 아니다. 헨드릭은 토양 건강에 마음을 쓰는 사람이 우리의 건강에도 마음을 쓴다고 굳게 믿는다.

"제가 난데없이 브라운에게 연락을 했을 때, 그는 제가 누군지 몰랐어요. 그는 저와 이야기를 나눌 이유조차 없었죠. 하지만 그가 저와 이야기를 나눈 건 마음에서 우러나온 친절함 덕분이에요."

잭 슈탈, 캐나다 앨버타주 북서부

브라운이 캐나다 앨버타주 매닝에서 농장주들에게 강연을

하던 2012년, 맨 앞줄에 앉아 있던 한 메노파[1] 교도 한 명이 발표 내내 소리를 질렀다. 수년 동안 브라운은 까다로운 청중 앞에서 강연을 했지만, 이 험상궂은 얼굴의 농부는 최고로 까다로운 청중인 것 같았다. 하지만 브라운의 강연은 정말 놀라웠다.

"저는 브라운의 첫 두 마디를 듣고 완전히 빠져들었어요."

슈탈은 앨버타주 북서부 매닝에서 형제들과 함께 커다란 가족 농장을 경영하고 있었고, 합성비료를 줄일 방법을 찾기 위해 강연에 참석했다. 생산성은 본질적으로 변하지 않았지만 합성비료 가격은 계속해서 상승했다. 이것은 농장의 이윤이 줄어든다는 것을 의미한다. 슈탈은 몇 년 전 무경운 농법으로 바꾸었지만 무성한 잡초를 막기 위해 제초제와 살충제를 어마어마하게 사용해야 했다. 이 약품들의 가격도 계속해서 상승하고 있었다. 브라운의 강연을 들었을 때 슈탈은 이 딜레마의 답을 찾던 중이었다. 슈탈은 브라운이 똑같은 조언을 해 주러 온 또 다른 농업연구원이라 생각했다. 이제까지 농업연구원들은 비료를 더 많이, 화학물질을 더 많이, 생명체를 죽이는 것을 더 많이 사용하라고 말해 왔다. 하지만 대기 중 질소는 공짜이고 작물의 비료로 쉽게 사용할 수 있다고 브라운이 강조했을 때, 슈탈은 마침내 마음이 맞는 사람을 만난 것 같았다!

"경제적으로 거의 한계에 다다랐거든요. 게다가 우리가 해

1 네덜란드의 종교개혁자 메노 시몬스가 창시한 재세례파 중 최대 교파

온 방식을 바꿔야 한다고 생각했어요. 그래서 브라운의 이야기가 마음에 들었죠. 하지만 그날 브라운의 이야기를 들으면서 이제까지의 농사일을 '잊고' 새롭게 배워야 한다는 사실도 깨달았죠. 현재 성공적인 농장주가 되는 가장 빠른 방법은 '잊은' 사람이 돼야 한다는 거예요."

회의를 마치고 농장으로 돌아왔을 때 형제들은 회의적이었지만 근거를 '보기' 위해 실험을 하기로 했다. 이들은 14종의 지피작물을 배합해 보기로 결정했고 그해 여름, 즉각적으로 긍정적인 결과를 볼 수 있었다.

"모두 싹을 틔웠어요. 이 사건으로 형제들은 완전히 새로운 접근법을 생각하게 됐죠."

그다음엔 밭에 구역별로 제각기 다른 지피작물 배합을 시도했고, 모두 성공적이었다. 더 이상 실험은 없었다. 슈탈과 형제들은 이제까지의 실험을 하나로 합쳐 '시도'하는 대신 농장 전반에 도입하기로 결정했다. 얼마 뒤 농장에 들어가는 비용은 몇 년 전보다 60%가 낮아졌고 수확량은 기대치를 훨씬 넘어섰다.

"이 방법은 토양이 있고 식물이 자라는 곳이라면 어디서든 효과가 있을 거예요."

2015년 에드먼턴에서 열린 토양학회에서 슈탈은 게이브 브라운, 제이 퓌어러, 후에 슈탈 농장의 토양분석가가 된 뉴질랜드 토양학자 니콜 마스터스를 만났다. 목표는 기존의 농업에서 재생농법으로 옮겨 가는 여정을 가능한 짧게 만드는 것이었다. 농장은 스스로 합성비료에서 거의 완전히 독립하고 가축을 작물 생산에 참여시켜야 한다. 슈탈은 수년 동안 재생농법과 수익성 있는 농장 모델의 팬이었기 때문에, 농장에 원칙적으로 계획적 방목을 시행하면서도 목장 운영과 농장 구성은 별개로 유지했다. 하지만 지금은 그렇지 않다. 현재 슈탈은 1년 내내 소들이 원하는 만큼 지피작물을 뜯어 먹을 수 있게 한다.

슈탈은 이런 방식으로 농업체를 운영하는 데 정확한 청사진은 없다는 사실을 인정한다. 그러면서도 브라운의 시행착오 모델은 브라운, 퓌어러, 마스터스, 그리고 그 밖의 여러 사람들의 도움 덕에 상당히 간결하다고 느꼈다. 수확량이 상승하고 비용이 낮아지면서 그의 농장은 다시 자연적으로 비옥해졌다.

"토양 속 탄소의 가치는 은행에 예치된 돈을 훨씬 뛰어넘어요. 저는 우리 농장의 작물 수확률에 감명 받은 은행원에게 수확률이 아니라 탄소 농도에 감명 받아야 한다고 말했어요!"

슈탈은 자신의 새로운 접근법의 또 다른 중요한 이점은 '자유'라고 말한다. 화합물 의존에서 자유롭고 욕심 많은 기업에서 자유로우며 관료체계의 인증에서 자유롭고 냉혹한 시장에서도 자유롭다. 또한 공장식 농업과 함께 발생하는 파괴적인 사고방식에서도 자유롭다.

"생물을 계속해서 죽일 순 없어요. 광합성을 회복해야 해요."

이 과정에서 회복된 것은 광합성만이 아니었다.

"생각하는 방식을 바꾸면 모든 것이 다시 흥미로워질 수 있어요."

슈탈은 인간의 오만한 간섭 없이 자연이 작동하는 모습을 좋아했다. 메뚜기가 좋은 예다. 슈탈의 농장에서 가장 큰 문제는 곤충이었다. 하지만 이제는 더 이상 문제가 되지 않았다. 메뚜기는 생물학적으로 살아 있는 토양에서 자라난 건강한 식물이 생산하는 고농도의 당을 소화하지 못하기 때문이다. 이 높은 당도(브릭스) 덕에 메뚜기로부터 작물을 지킬 수 있었다. 그는 몇 년 전부터 농장에서 살충제 사용을 그만두었고, 이제는 농장에 날아다니는 어떤 생물을 봐도 신경 쓰지 않았다. 슈탈은 GMO를 사용하는 것도 일종의 오만이라 생각했다.

"장기적으로 보면 우리는 자연을 조절하고 승리를 거머쥘 수 없어요. 최종 결정을 내리는 건 항상 자연이거든요."

근래 들어 가장 끔찍한 기억인 2017년 여름의 기나긴 가뭄을 겪으면서도 슈탈은 즐거웠다고 말했다. 식물과 토양이 건강한 상태일 때 자연이 어떻게 변하는지 보는 일은 흥미롭다.

"홍수, 눈, 가뭄, 열기, 모두 문제없어요. 자연이 건강하기만 하다면 말이죠."

당신의 농장이 어마어마한 가뭄을 견디는 모습을 본다면 이를 즐겁다고 표현하기에는 적절하지 않다고 생각할 것이다. 슈탈은 특히 다른 사람들이 하지 않으려는 일에서는 약간 청개구리가 된다고 인정했다. 이 말이 브라운이 하는 말처럼 들린다면, 슈탈은 자신이 브라운의 생각과 이타적인 마음에서 얼마나 영감을 얻었는지, 보통이라면 거절했을 인터뷰와 성공담을 나누려는 데 얼마나 큰 의무감을 느끼는지 곧바로 알 수 있다고 말했다.

"저는 캐나다 서부의 게이브 브라운이 되고 싶어요!"

조너선 코브, 텍사스 중부

조너선 코브는 가족 농장의 4세대를 대표하고 있었지만, 대학 진학을 위해 독립한 뒤에는 농사를 지으러 다시는 집으로 돌아오지 않으리라 마음먹었다.

코브는 경영학 학위를 받고 결혼한 뒤 도시로 이사했다. 그러나 농사에 대한 유혹이 너무 강력했다. 2007년, 코브와 아내는 오스틴 북부에 위치한 1,000만m^2 크기의 가족 농장으로 돌아왔다. 2세대 전 코브의 농장은 제2차 세계대전 이전 미국 시골에서 그랬던 것처럼 사업을 다양화했다. 그러나 이후 몇 년 동안 그의 농장은 단일작물과 수많은 비료를 투입하는 현대의 공장식 농장으로 바뀌어 갔다. 그가 좋아하는 웬델 베리의 《소농, 문명의 뿌리》에서 설명하는 농장들의 문제와 크게 다르지 않았다.

나쁜 소식만 있는 건 아니었다. 코브의 아버지는 대상경운[2]을 사용하고 비용을 줄이기 위해 수년 동안 합성비료와 살생물

2 전체 면적을 경운하지 않고 띠 모양으로 일부만 경운하는 방법

제 비율을 약간 줄였다. 이 때문에 코브가 농장으로 돌아오기 10여 년 전부터 농지 상태가 나아지기 시작했다고 한다. 실제로 토양 테스트를 해 보니 10년 넘는 시간 동안 탄소 농도는 1%에서 2%로 상승했고 수분 침투율도 나아졌다고 한다.

코브가 행복하지 않았다는 점만 빼고 말이다. 그는 경영의 세계에 대한 경험과 새로운 시각을 갖추고 돌아왔다. 그리고 그의 농경 모델이 경제적으로 불안정하다는 사실을 깨달았다. 수확량은 카운티 평균을 훨씬 웃돌았지만 수십 년 전보다 눈에 띌 만큼 상승하진 않았다. 가뭄 피해나, 옥수수에서 고농도로 검출된 곰팡이 독소 아플라톡신으로 작물보험금은 매년 접수됐다. 코브의 아버지가 토양 보존 방법으로 바꾸면서 토양 건강도 천천히 나아졌지만, 길게 봤을 때는 이렇게 높은 비용을 들이면서도 두 가족을 부양할 수 있을 만큼 경제적 가능성이 있지는 않았다. 그는 이 시스템은 회복력이 없다고 말했다. 마치 성공과 실패 사이를 끝없이 외줄타기 하는 것 같았다. 2011년 극심한 가뭄이 시작되자 농장과 코브 둘 다 한계에 이르렀다. 그는 아버지에게 그만두자는 말을 해야 할 때가 왔다고 생각했다. 110년 된 농장은 거의 끝에 다다른 듯 보였다.

"이런 주제는 농사를 업으로 삼는 가족 사이에서 정말 꺼내기 힘든 대화죠. 저는 매우 감정적이 됐어요."

다행히 코브의 농장은 한 발표에서 받은 영감 덕분에 살아남을 수 있었다.

2011년 코브는 당시 주 당국 농학자였던 윌리엄 더럼의 초청을 받아 지역의 미국 자연자원보호청 교육에 참여했다. 이 교육의 주요 발표자는 레이 아출레타였다. 아출레타는 평소처럼 3장에서 언급했던 슬레이크 테스트로, 기존의 극심한 경운으로 운영한 농지의 토양이 플라스틱 튜브 안의 물에 닿자마자 흐트러지는 모습을 시연했다. 아출레타는 오랜 기간 농업에서 성공하기 위해서는 토양이 구조적으로 온전해야 한다고 말했다.

코브는 깨달았다. 물속에서 흩어지는 흙덩이와 아출레타의 말은 코브에게 어마어마한 감명을 주었다.

"점심 휴식시간에 저는 그냥 지나치기에는 너무 중요한 이 방법을 우리 농장에 적용하기로 마음먹었죠."

코브는 토양 건강을 위해 '어려운 길을 택하기로' 결정했다. 그는 미국 자연자원보호청 교육에서 아출레타에게 자신을 소개했고, 그해 말 오하이오에 있는 데이비드 브랜트의 재생농장에서 열린 야외 활동에서 게이브 브라운을 만났다. 그동안 코브는 추천받은 책을 모두 읽고 수없이 많은 영상을 보았다. 그는 이 경험을 '졸업교육'이라고 불렀다. 토양 건강을 향한 열정이 커졌고, 갑작스레 농사를 짓는 일이 절망이 아니라 즐거움의 원천으로 변했다. 다행히, 그의 아버지도 미국 자연자원보호청 교육에 참여해 아출레타의 발표를 들었다. 이번에는 아들과 아버지 사이의 대화가 달라졌다. 아버지도 기꺼이 어려운 길을 택하려 했다!

코브와 아버지는 경운 기계를 팔아 버리고 무경운 파종기를 구입했다. 아출레타와 한 달간 이야기를 나눈 끝에 200만m^2에 밀을 파종했다. 코브는 네브래스카의 농부이자 사업자인 키스 번스를 만났다. 번스는 코브에게 어떻게 성공적으로 지피작물 재배와 가족 부양을 할 수 있을지 가르쳐 주었다. 코브 가족들은 2012년 여름 밀을 수확한 뒤 지피작물을 심었다. 그리고 그 해 가을, 추가로 480만m^2만큼 더 심었다. 이듬해에는 소와 닭 몇 마리를 농장으로 데려왔다. 2014년에는 새로운 시스템에 적응할 수 있도록 작물을 재배하는 농지 수를 줄였다. 2015년에는 돼지와 양을 추가하고 직거래 시장에서 풀을 먹여 키운 소고기와 양고기, 방목한 돼지고기와 방목한 닭이 낳은 달걀까지 판매했다. 그동안 코브 가족은 적응형 다중 방목 관리법으로 농경지를 초원으로 바꿈으로써, 풀을 뜯는 가축을 위해 자생하는 다년생 식물이 자라는 초원을 다시 조성하고 회복시켰다.

"'회복restore'이라는 단어는 적절하지 않은 것 같아요. 초원은 우리의 흔적을 완전히 지웠거든요. 우리가 하려는 건 오늘날 자연적으로 특정한 구역에서 번성하는 자생 극상수종[3]을 같이 조성하는 거예요."

재생농법을 시행하는 사이 농장의 토양 유기물 양은 계속해서 늘고 있었다. 현재 유기물은 4%를 살짝 넘어섰다.

이 모든 변화는 쉽지 않았다. 실수도 매우 많았다. 코브의 마

3 어느 한 지역에서 자연 상태에서 장기간 안정돼 있는 식물군락

음속에는 '여기서도 이 방법이 먹힌다는 사실을 입증해야 한다'는 압박이 강했다. 그는 이 도전을 받아들이고 실패하지 말아야 한다는 부담을 느끼기도 했다.

"잘 몰랐기 때문에 제가 가능하다고 증명하려 했던 '것'이 어떤 결과를 불러일으킬지 알지 못했어요. 저는 여전히 잘못된 농업 패러다임에서 생각하고 있었어요."

어떤 것을 다른 사람들에게 증명하는 과정에서 받은 스트레스는 코브에게 부정적인 영향을 끼쳤다. 그의 지역사회 사람들은 대부분 그의 가족의 '훌륭한 농장'이 이 특이한 농경 방식 때문에 하향세를 걸을 것이라고 생각했다. 하지만 가장 힘든 시기에 재생농법을 사용하는 동료 농부들의 격려 덕분에 이겨 낼 수 있었다. 재생농법을 지속하며 받은 격려 덕에 그의 가족은 다른 패러다임을 기반으로 목표로 향하는 데 집중할 수 있었다.

코브는 재생농업으로 믿음의 문제도 해결할 수 있었다. 아출레타의 강연을 듣기 전이었던 2011년, 그는 농장에서 열정적으로 신학 연구를 하겠다는 계획을 세웠다. 그는 자신의 종교적 믿음과 자신을 둘러싼 세계가 제대로 굴러가지 못하는 모습을 보며 엄청난 부조화를 느끼고 있었다. 2007년 아내와 함께 농장으로 돌아온 후 매일 부조화로 힘들어했다. 티모시 켈러 박사의 팟캐스트 '믿음도 친환경이 될 수 있을까?'를 들으면서 그런 부조화는 더 커졌다.

결국 믿음의 문제 덕에 코브는 재생농법을 수용할 수 있었다. 가족들의 격려와 토양 건강 변호사 네트워크, 특히 아출레타와 브라운의 든든한 지지로 그의 열정은 다시 돌아왔다. 물론 비도 도와줬다. 식물이 자라났고 새로운 벤처기업도 자리를 잡았으며 국제재생농업협회와 유기농가축협회를 포함해 다양한 비영리단체의 지원 활동에 참여했다. 그는 자신의 일의 영적인 목표와, 때로는 힘들지만 그 목표가 갈 만한 가치가 있는 길이라는 것을 잊지 않기 위해 농장 창고 벽에 웬들 베리의 말을 압정으로 붙여 두었다. 그 문구는 아래와 같다.

"우리는 우리가 잘 보살펴야 하는 세상에 살고 있다. 그리고 잘 보살피기 위해서 우리는 알아야 한다. 알기 위해서, 그리고 기꺼이 보살피기 위해서 우리는 사랑해야 한다."

브라이언 다우닝, 노스캐롤라이나 남중부

다우닝은 농장에 압밀[4] 문제가 있었기 때문에 게이브 브라운을 부르기로 했다.

다우닝은 할아버지의 정원을 '어지럽히고' 학교에서 채소를 판매하고 가족 소유의 소 몇 마리를 돌보던 어린 시절부터 농부가 되고 싶었다. 대학에서 약학을 전공했지만 얼마 뒤 진로를 바

4 점토질 토층에 압력이 작용해 서서히 점토층이 수축하는 현상

꿨다. 동물학 학위를 얻고 나서 1,800마리의 소가 있는 홀스타인 낙농장에서 9년 동안 일하며 대규모 식품산업의 장단점을 배웠다.

다우닝의 할아버지가 소유한 작은 농장에 주인이 사라지기 3년 전, 그는 농장을 구매하고 본격적으로 농부가 되기 위해 온 힘을 쏟았다. 그러나 그는 곧 농장에 문제가 있다는 걸 알아차렸다.

농장은 강 근처 비탈에 있었다. 토양에는 진흙이 많았고, 오래전부터 무경운으로 운영했지만 가축은 40년 동안 과도하게 방목했다. 그러다 보니 농지는 토양다짐이 심하고 수분 침투율이 매우 낮아졌다. 그 결과 작물은 수분 부족에 시달렸다. 토양 구조가 탄탄하지 못하다는 말은 어마어마한 양의 비가 내리면 홍수가 발생하기 쉽다는 말이기도 했다. 설상가상으로 노스캐롤라이나 농장 대부분이 담배를 단일작물로 생산하면서 토양 속에 어마어마한 양의 인이 축적됐다. 이 문제를 해결하기 위한 재래식 방법을 경계하며 다우닝은 유튜브 영상에서 봤던 브라운에게 연락하기로 했다.

"정말 놀랍게도, 브라운은 답을 해 주었고, 한 시간이나 시간을 내서 농장 이야기를 나누었어요!"

당시 브라운은 자신의 농장 근처에서 일하고 있던 레이 아출레타와 함께 비용을 줄일 수 있는 계획을 내놓았다. 다우닝은 그해 가을, 북방형 목초, 북방형 활엽초, 유채속을 포함해 5종의 지피작물을 심었다. 봄에는 집에서 만든 롤러-크림퍼[5]로 지피작물을 죽이기 전에 높은 가축밀도로 방목을 두 번 정도 진행했다. 효과가 있었다! 가축을 농장으로 끌어들이자 생태적으로 매우 필요한 효과가 시작됐을 뿐 아니라 저렴한 비용으로 소를 방목할 수 있게 됐다. 정해진 예산으로 생태적 회복을 위해 고군분투하는 일은 셀 수 없을 만큼 많은 이익을 선사하며 다우닝의 선택을 증명했다.

다음 단계로 다우닝은 다년생 식물 성장을 자극하기 위해 총체적 계획 방목을 원칙으로 농지에 소 몇 마리를 방목했다. 긍정적인 효과는 그 즉시 목격할 수 있었다. 추가적으로 심은 지피작물은 이전에 농장을 뒤덮었던 잡초를 억누르며 잘 자라났다. 침투율이 상승하고 밀도 높은 지렁이 군집이 나타났다. 그리고 지표에서 빠르게 작물 잔여물이 사라졌다.

"뿌리들은 배가 고파지죠."

다우닝도 알아차릴 만큼 토양은 부드럽고 푹신푹신해졌다. 가축이 찾아온 농장은 3년 만에 유기물 농도가 2% 늘었다. 다우닝은 비료 사용을 50%로 줄였고 살충제와 살균제 사용은 완전히 줄였다. 제초제는 1년에 한 번 정도로 사용 빈도를 줄였다.

"제가 일을 제대로 한다면 잡초를 걱정할 필요가 없어요. 잡초가 자라더라도 걱정하지 않아요. 잡초는 제가 자연의 원칙을 따르지 않고 농장을 운영한다는 사실을 깨닫게 해 주기 위해 있

5 지피작물을 뿌리덮개로 만들기 위해 지피작물을 죽이는 기계

는 거죠."

정해진 계획 아래 농장 생산량은 높고 다양해졌다. 한때 송아지 20마리만 방목했던 16만m^2 크기의 농장은 이제 다양한 가축들 덕분에 원활하게 운영되고 있다. 풀만 먹고 자란 수소 25마리, 암탉 300마리, 방목한 구이용 영계, 방목한 돼지, 채소를 기른 3만 2,000~4만m^2 크기의 농지까지 있다. "이 정도의 생산은 기존 농경법으로는 절대로 해낼 수 없었을 거예요. 다양성은 생태계뿐 아니라 농장 경영에도 도움이 되죠."

처음에는 브라운이 추천한 것만큼 농장에서 소를 빠르게 이동시키지 못했지만 이제는 그렇지 않다. 또한 고객들이 환영할 만큼 양분 밀도가 높은 식품을 생산하는 데도 집중했다. 한 고객은 다우닝의 농장에서 처음으로 달걀을 구매한 직후 추가 구매 의사를 밝히며 그에게 이런 메시지를 보냈다.

"살면서 이런 달걀은 처음 봐요."

이 모든 일은 결국 강렬한 만족으로 귀결됐다. 다우닝은 지구를 치유하려는 열망, 그의 농장이 새로운 주거시설에 둘러싸여 있다는 것을 알게 되면서 덧붙여진 열망에 사로잡혀 있다는 사실을 인정했다. 재생농업은 오늘날 그가 지금 목격하는 이 필수적인 치유를 이루기 위한 올바른 방법이다. 이것이 단순히 희망적인 생각에 머무는 것은 아니다. 그는 교육 프로그램을 통해 랜돌프 카운티에 있는 중학교 1~2학년 학생들에게 농업을 가르치는 일을 주업으로 삼고 있다. 재생농법을 향한 다우닝의 열정으로 노스캐롤라이나 중학교의 농업 커리큘럼을 새로 짜기도 했다. 그는 미국농업교육진흥회에, 로고에서 쟁기를 제거할 생각은 없는지 제안하기도 했다!

"아인슈타인은 다른 결과를 기대하며 같은 일을 반복하는 일을 경계해야 한다고 말했어요. 제가 봤을 때 미래의 세상은 필사적으로 다른 결과를 원해요."

액스턴 농장, 캐나다 서스캐처원주 남부

버얼리 카운티 토양보호구역의 관리자로 근무하던 당시 브라운은 매년 토양 건강 투어에 참여하곤 했다. 토양 건강 투어는 카운티 내에 토양 건강을 향상시키는 일을 하는 농장을 직접 운전하며 돌아다니는 투어다. 몇 년 전 투어를 마치고 저녁을 먹기 위해 줄을 서 있던 브라운은, 앞에 서 있는 남자 두 명이 토양 건강에 대해 더 많이 배우고 싶다는 이야기를 나누는 것을 듣게 됐다. 브라운은 망설이지 않고 대화에 끼어들어 자신을 소개했다. 남자 둘은 다음 날 사우스다코타주에 있는 다코타호수 연구농장에서 근무하는 드웨인 벡 박사를 반나러 투어에 참여하기로 했다고 말했다. 브라운은 저녁을 먹으며 이야기를 나누고 집으로 돌아가는 길에 그들을 자신의 농장에 초대했다. 그 당시 만난 두 남자 중 하나가 바로 데렉 액스턴이었다.

데렉 액스턴과 태니스 액스턴 부부는 슬하에 케이트와 브룩, 두 자녀를 두고 있으며, 서스캐처원주 민튼 근처에서 액스턴 농장을 운영하고 있었다. 액스턴 부부는 연 강수량이 300~380*mm*에 불과한 캐나다 남부에서 2,200만m^2 크기의 농장을 운영했다. 이 지역에서는 무경운을 많이 하지만 토양 건강은 전혀 나아지지 않았다. 그것은 어마어마한 양의 비료, 살충제, 살진균제를 사용하고 있다는 뜻이었다. 데렉은 돈은 많이 드는데 이윤은 낮은 상태가 계속되자 농사를 지을 수 없었다. 결국 그는 새로운 농경법을 향한 여정을 떠나기로 결정했다. 이 여정에서 목격했던 모든 것은 데렉을 전율케 했다. 돌아오는 길에 자신이 배운 내용을 아내에게 이야기하자 그녀도 함께하기로 했다. 이 여정에는 생물교사이자 미생물의 중요성을 잘 이해하고 있던 태니스의 도움이 컸다!

액스턴 부부의 여정은 놀라웠다.

첫째, 두 사람은 토양이 어떻게 기능하는지 그리고 토양 건강에 생물들이 얼마나 중요한지 되도록 많은 정보를 습득했다. 토양 먹이사슬의 중요성을 교육하고 연구한 선구적 인물인 일레인 잉엄 박사와 토양학자 웬디 타헤리 박사의 수업도 들었다. 액스턴 부부는 교육을 위해 시간과 돈을 투자하는 일이 얼마나 중요한지 깨달았다. 태니스는 농장의 토양 생태계와 퇴비생산과정을 감독했다. 특히 균근균에 집중해, 즉각적으로 살충제와 종자처리를 사용하지 않는 조치를 취했다.

데렉은 다양한 환금작물 돌려짓기, 지피작물 배합, 사이짓기

같은 실험을 시도했다(사이짓기는 서로 다른 작물을 한꺼번에 재배하는 방법이다). 듀럼밀과 렌틸은 이 지역에서 주로 재배하는 작물이지만 데렉은 다양성이 필요하다는 사실을 알았다. 그래서 주작물로는 귀리, 간작물로는 겨자, 레드 렌틸, 사료용 콩, 아마, 이집트콩을 재배했다. 또한 자이언트 그린 렌틸, 누에콩, 호로파를 동반작물[6]로 사용했다. 생산자들은 사이짓기가 작물부터 토양 건강, 수익성까지 모두에 이득이 된다는 사실을 깨달으면서 이 방법을 점점 더 많이 사용하고 있다.

농장에 탄소를 추가하려면 지피작물을 돌려짓기에 추가해야 한다. 데렉은 가을과 겨울 몇 개월 동안 원하는 대로 소를 방목하며 지피작물을 현금으로 전환했다. 또한 호밀, 테프 그라스, 다이콘 무, 순무, 풀완두, 아마, 붉은토끼풀 같은 다양한 지피작물도 활용했다. 이 과정에서 토양 미생물은 다양한 먹이를 섭취하고 토양 건강을 향상시킨다.

액스턴 부부는 지표를 보호하는 작물 잔여물 양에 관심을 기울였다. 건조한 환경에서도 작물 잔여물은 토양을 보호했을 뿐 아니라 열기가 가득한 여름에 증발률과 온도를 떨어뜨리는데 중요한 역할을 했다. 또한 잡초의 성장과 토양침식도 막을 수 있다.

이 모든 변화의 결과는 어땠을까? 데렉은 단위면적당 수익성

6 다년생 초지에서 초기 생산량을 늘리기 위해 다른 작물과 섞어서 덧뿌리는 작물

이 늘어나며 들어가는 비용이 상당히 감소했다고 말한다.

"농사짓는 일이 즐거워졌죠. 아이들과 보낼 수 있는 시간은 늘었고요."

액스턴 부부는 2017년 '서스캐처원의 놀라운 젊은 농부상'을 수상했다. 토양 건강에 집중하는 일이 중요하다는 진정한 증거가 아닐 수 없다.

브루스키 부자, 몬태나주 남동부

건조한 환경에서는 재생농업의 원칙이 효과가 없을 것이라 생각하는가? 그렇다면 아들과 아버지가 파트너십을 이룬 브루스키 부자와 이야기를 나눠 봐야 한다. 조는 평생 몬태나 남동부의 모래가 가득한 반건조성 환경에서 농사를 지었다. 수년 동안 가뭄까지 몇 주밖에 남지 않았다는 사실을 인지하며 곡물을 소규모로 재배하고 소를 사육했다. 미국 전역에서 몬태나주 에칼라카처럼 강수량이 들쭉날쭉해 골치 아픈 곳은 거의 없을 것이다.

조의 아들인 라이언은 게이브 브라운의 아들인 폴 브라운이 교수로 있는 비스마르크주립대학에서 농장 경영을 배웠다. 교육과정에는 폴이 학생들과 함께 자신의 농장에서 토양, 작물, 가축들을 직접 볼 수 있는 활동도 있었다. 라이언은 이 수업으로 특히 토양 건강에 관심을 갖게 됐다. 라이언은 열의에 차서 더 많은 것을 배우고 싶어 했다. 폴은 학생들에게 학교 수업이 끝난 뒤 농장에서 일할 의향이 있는지 물었다. 그것은 라이언이 배운 토양 생산 원칙을 더 익힐 수 있는 기회였다.

라이언은 훌륭한 일꾼이었을 뿐 아니라 관찰력이 좋은 학생이기도 했다. 그는 토양 건강의 다섯 가지 원칙을 빠르게 배웠고, 배운 즉시 아버지와 내용을 공유했다. 조가 아들의 말을 귀담아듣고 다섯 가지 원칙을 자신의 농장에서 시도했다는 점은 칭찬받아 마땅하다.

조는 1,400만m^2 면적에 환금작물과 건초작물을 재배하기 위해 매년 합성비료를 구매하는 데만 10만 달러가 넘는 돈을 들였다. 그러나 작물을 저렴한 가격에 판매했기 때문에 이런 방식으로는 농장을 계속해서 운영할 수 없다는 사실을 알고 있었다. 들어가는 비용을 생각하면 이윤은 충분하지 않았다.

수십 년간 또 다른 골칫거리였던 것은 돌려짓기에 다양성이 부족했다는 점이다. 매년 넓은 지역에 목초를 심었지만 토양을 위한 바이오매스는 거의 없었다. 라이언은 이렇게 말했다.

"모래가 가득한 토양이 사막으로 변하고 있었어요."

라이언은 다양성과 토양 생태계가 섭취할 수 있는 액체탄소 양을 늘려야 한다는 사실을 알았다. 이런 사실을 염두에 두고 겨울 동안 소를 방목하기 위해 다양한 지피작물을 재배했다. 몇 년 동안 브루스키 부자는 여름에는 건초를 만들고 겨울에는 소들에게 건초를 먹였다. 적어도 겨울 얼마간 소들이 뜯을 수 있는 지피작물이 있다는 사실은 커다란 긍정적인 변화였다. 이 변화는 다양성을 가져왔고 적절한 방목관리로 지표를 보호할 수 있는 작물 잔여물을 남길 수 있었다. 반건조성 환경에서 중요한 부분이다.

브루스키 부자는 새로운 방목관리로 돈을 절약할 수 있었을 뿐 아니라 삶의 질도 향상시켰다. 덕분에 여유로운 시간이 늘었다! 그다음으로는 지피작물을 파종할 면적을 늘리기로 했다. 결과를 목격하기까지는 그리 오래 걸리지 않았다. 건조한 환경이었는데도 유기물 농도는 상승했다. 2008년 1.7%로 시작해서 매년 0.1%씩 늘어났다. 모래가 많은 토양이라는 점을 감안하면 어마어마한 변화였다. 소 무리의 규모도 커졌다. 겨울에 소를 방목하면서 토양 건강을 향상시키는 동시에 사료에 들어가는 비용도 확연히 낮출 수 있었다.

오늘날 브루스키 농장에는 무경운 파종기가 봄부터 눈발이 휘날리는 겨울까지 밭을 종횡무진하고 있다. 콩과 귀리 같은 호냉성 지피작물은 일찍 파종한다. 여름에는 수수/수단그라스, 조, 동부 같은 다양한 난지형 목초와 사료용 유채속을 파종했다. 비가 내릴 때마다 더 많은 지피작물을 파종했고 그 결과 1년 내내 토양에 오랫동안 뿌리가 살아 있었다. 그러나 가끔은 작물이 충분히 성장할 만큼 비가 내리지 않기도 한다. 라이언은 이것을 실패로 생각하지 않는다고 당당하게 말했다. 방목할 만큼 작물이 높이 자라지 못했지만 토양 미생물에게 먹이를 제공하고, 바람으로 인한 토양침식이나 수분 증발을 막는 등 유용한 역할을 했기 때문이다. 가을에는 겨울 라이밀, 사료용 가을 밀, 헤어리 베치를 파종했다. 이 작물은 눈이 녹으면서 생기는 수분을 저장하고, 무더운 여름이 다가오기 전 성장을 끝낼 수 있다.

토양 건강이 향상되면서 극심한 날씨를 견딜 수 있는 능력도 향상됐다. 몹시 건조했던 2017년 작물이 성장하던 기간에 이 능력은 분명히 드러났다. 대부분의 이웃은 봄밀 수확량이 4,000m^2당 5부셸 이하일 때, 브루스키 부자가 가을에 파종한 겨울 라이밀의 수확량은 놀랍게도 4,000m^2 당 3베일[7]이었다. 브루스키 부자가 토양 건강에 온 힘을 쏟았다는 증거였다. 이웃들도 인정했다!

"건강한 토양 생태계를 위한 다섯 가지 원칙을 따르면서 우리 농장은 가뭄에 훨씬 더 유연하게 대처할 수 있었어요. 이제 우리 농장은 가뭄이 찾아올지 고민하는 게 아니라 얼마나 빨리 찾아올지 걱정해요."

다년생 초지도 향상됐다. 지피작물에 소를 방목한 뒤 회복할 수 있는 충분한 시간을 두면서 가뭄도 견딜 수 있는 더 튼튼하고 건강한 작물이 자랐다. '자생종'이 다양성과 규모를 모두 회복했다는 사실은 우연이 아니다.

브루스키 부자는 작물 종뿐 아니라 가축 다양성도 향상시켰

7 반추가축의 겨울 사료로 활용하기 위해 만든 건초꾸러미로, 형태에 따라 사각형(25~50㎏)과 원통형(350~800㎏) 베일이 있다.

다. 소들의 수가 400마리에서 800마리로 늘었을 뿐 아니라 한 살배기 송아지 수도 늘었다. 게다가 라이언은 방목한 고품질 돼지고기를 판매하며 유명세를 얻었다. 염소와 알을 낳는 암탉도 다양성을 늘리는 데 한몫했다. 이렇게 모든 수입원이 늘었으며, 결국 현금 흐름과 회복력이 둘 다 향상됐다.

브루스키 부자가 재생농업에 뛰어든 뒤 얻은 가장 중요한 이점은 어쩌면 삶의 질이 향상됐다는 점일지도 모른다.

"덕분에 농사짓는 일이 즐거워졌어요. 손녀랑 시간도 보내고, 하고 싶은 일을 할 수 있는 시간도 생겼죠!"

게일 풀러, 캔자스 중동부

프랭클린 루스벨트는 "토양을 황폐화시키는 나라는 스스로 황폐해질 수밖에 없다"는 유명한 말을 남겼다. 게일 풀러는 이 말을 믿는 농부 중 하나였다. 그는 특히 농사를 지으면서 일어나는 토양침식에 큰 불만이 있었다. 이 끈질긴 문제와 맞서기 위해 그는 1980년대에 무경운을 시도했지만 별 효과를 보지 못했다. 결국 4만m^2를 제외하고 기존의 경운 농법으로 돌아갔다. 1990년대 초가 되자 무경운 농지의 생산량이 나아졌고 침식도 일어나지 않았다. 그는 경운을 선택한 자신의 결정을 다시 생각하기 시작했다.

1993년 봄, 홍수가 농장을 덮쳤다. 물이 쓸고 간 자리를 보고 풀러는 충격과 경악을 금치 못했다. 홍수가 오기 직전에 경운을 했던 한 농지는 흙이 20㎝나 사라졌다! 하지만 경운을 하지 않은 구역은 사라진 토양의 양이 눈에 띄게 적었다. 이 모습을 목격한 뒤 풀러는 창고에서 경운기기를 영원히 꺼내지 않았다.

1990년대 초 캔자스에서 무경운 농법이 주류로 자리 잡기 시작했지만, 여전히 농장 관리 기술을 완전히 습득하는 데는 어려움이 있었다. 적어도 풀러는 그랬다. 2002년에도 여전히 토양 침식이 일어났고 양호한 수확량을 얻기 위해 고군분투하면서 그는 무경운 농법을 또다시 그만두려 했다. 하지만 그해 가을, 친구의 조언을 듣고 농지를 놀리는 대신 마지못해 밀을 재배했다. 밀은 탄소를 순환시켰다. 여기서 그는 '유레카'를 외쳤다! 이 사건을 계기로 그는 무경운이 단지 도구일 뿐이라는 사실을 깨달았다. 무경운은 커다란 퍼즐의 한 조각이었다. 그는 옥수수와 대두를 잘게 잘라 사일리지[8]를 만드는 오래된 방법이 탄소 시스템을 메마르게 한다는 사실을 이해했다. 풀러는 1990년대 후반에 지피작물을 재배하기 시작했지만 당시에는 그 중요성을 이해하지 못했다. 그래서 2000년, 가뭄이 농장을 덮쳐 자금이 빠듯해지자 지피작물을 농지에서 가장 먼저 제외했다.

그날 이후 풀러는 토양에 탄소를 가장 많이 저장할 방법에

8 가축의 겨울 먹이로, 말리지 않고 저장하는 풀

초점을 맞췄다. 그리고 농장에 지피작물을 다시 들여왔다. 가축도 농장으로 데려왔다(무경운을 시작할 때만 해도 가축을 농장에 들이지 않았는데, 무경운은 가축을 사용하지 않는다고 들었기 때문이다).

풀러에게 가장 큰 이윤을 남긴 건 밀이었지만 그래도 그는 2007년 2월 말, 귀리/콩 지피작물 배합을 파종했다. 사일리지 배합을 잘게 썰고(나쁜 버릇은 좀처럼 없어지지 않는다) 그해 5월, 농지에 옥수수를 재배했다(캔자스 동부에서 평균적으로 작물을 심는 시기보다 6주 정도 뒤처졌다). 그는 비료를 평균적인 양의 절반 정도 사용하며 질소 양도 줄였다. 옥수수 수확량이 4,000m^2 당 199부셸을 넘기자 풀러는 뭔가를 이뤄 낼 것 같다는 생각이 들었다. 다음 해에도 같은 방식을 반복했고 7년 동안 옥수수 수확량의 최고치를 찍으며 효과를 보았다.

2010년 풀러 농장의 '야외 관찰의 날'에 네브래스카주립대학교 링컨캠퍼스의 폴 자사Paul Jasa는 인공강우계[9]를 활용해 풀러 농장의 토양을 관측했다. 결과는 풀러의 예상과 거리가 멀었다. 자사는 풀러에게 이렇게 물었다.

"풀러, 그 많던 작물 잔여물은 다 어디로 갔나요?"

그날 이후 풀러는 사일리지를 만들기 위해 지피작물을 잘게 써는 일을 그만뒀다. 대신 모든 지피작물을 그대로 남겨 가축을 방목하거나 토양 생태계에 먹이로 제공했다.

9 토양이 강우에 반응하는 방식을 연구하는 기계

농장에 불어온 이 극적인 변화로 풀러는 지역에서 집중조명을 받았다. 하지만 이웃들은 회의적이었다. 2월에 전화를 걸어 그가 무엇을 심고 있는지 묻기도 했다. 그가 토양 생태계에 양분을 제공하기 위해 귀리와 콩을 파종한다고 했을 때 사람들은 이해하지 못했다. 풀러의 방법이 성공적이라는 사실이 증명되기 시작한 뒤에도 따라 하고 싶어 하는 사람은 아무도 없었다. 그는 오래전부터 이렇게 말했다.

"농경사회에서 사회적 압력은 농부들이 재생농법으로 전환하기 어렵게 만드는 가장 큰 장애물 중 하나죠."

그렇다면 풀러는 어떻게 이 문제를 해결했을까?

2005년 그는 자신과 똑같이 미친 짓을 하는 농부에 대한 기사를 읽었다. 그 농부는 게이브 브라운이었다. 그해 겨울, 브라운은 초지학회에서 무경운에 대한 강연을 하기 위해 캔자스에 왔고 풀러는 맨 앞줄에 앉아 있었다.

"저는 브라운이 가는 곳이라면 어디든 갔어요. 정보에 굶주렸죠."

풀러는 농장을 어떻게 운영해야 하는지 다시 배우기 시작했다. 배운 정보를 통해 그는 좀 더 선명한 그림을 그릴 수 있었다.

풀러는 농장의 토양 건강이 향상되면 작물이 훨씬 더 건강해 보인다는 사실을 깨달았다. 학회에 참석한 어느 날 밤, 풀러, 브라운, 질 클래퍼턴은 다른 사람들과 함께 큰 그림의 의미에 대해 토론했다. 만약 작물이 건강해 보이고 토양이 더 건강하다면 작물에도 양분이 더 많지 않을까? 풀러에게는 새롭고 신나는 발상이었다.

풀러의 여자 친구 리넷 밀러는 자체적으로 연구를 진행했다. 밀러는 미국의 공중보건 위기가 고조되는 것을 걱정했다. 게다가 가게에서 산 밋밋한 달걀을 먹는 데 질리기도 했다. 곧 밀러는 농장에 닭을 풀어놓았고 이후에는 양도 사육하고 싶어 했다. 풀러도 동의했다.

풀러가 토양 건강과 양분 밀도를 깊이 파고드는 동안 밀러는 인류의 건강을 탐구했다. 풀러는 돈 후버 박사의 연구를 좇았지만, 후버 박사가 말한 글리포세이트의 악영향을 전부 믿어도 될지 확신할 수 없었다. 풀러는 계속 고민했다.

'이렇게 해로울 리가 없어. 이렇게 해로웠다면 규제기관에서 금지하지 않았을까?'

어느 날 밤 풀러는 후버 박사의 몇 년 전 라디오 인터뷰를 듣고 있었다. 세 번째 듣는 것이었다. 후버 박사가 말한 무언가가 매우 중요하다는 사실을 알았지만 딱 꼬집어 말할 순 없었다. 그 순간 엄청난 생각이 뇌리를 스쳤다. 글리포세이트는 '항생제'다! 이 한 문장을 떠올리며 풀러는 전율했다. 우리의 토양과 먹을 것에 주야장천 항생제를 뿌려 댄다면 자연의 토양뿐 아니라 우리의 소화기관에도 좋지 않을 것이다!

캔자스 설라이나에서 열린 '초지의 무경운학회'에서 조너선 룬드그랜 박사를 만났던 2012년, 풀러는 또 한 번 머리를 한 대

얻어맞은 듯했다. 그는 곤충이 자신의 농장뿐 아니라 지구에서 얼마나 중요한 역할을 하는지 순식간에 이해할 수 있었다. 토양, 곤충, 미생물 사이의 관계를 이해하기 시작하면서 풀러는 전체적인 그림에 집중하기 시작했다. 농장 관리를 위한 모든 결정을 내릴 땐 생태계를 염두에 두어야 한다. 결정이 단기적으로, 혹은 장기적으로 생태계에 어떤 영향을 미칠까?

"우리 농장의 생태계는 그 안의 모든 생물종에 의존하고 있어요. 단 하나를 빼고는 말이죠. 그 하나는 바로 우리예요. 위험에 빠진 건 바로 우리 인류죠."

현재 풀러와 밀러는 풀러의 농장이 받은 생태적 피해와 우리 모두의 건강상 피해를 뒤집는 데 힘을 보태기 위한 여정에 올랐다. 우리 아이들의 기대수명이 줄어들고 있다는 사실로 풀러의 어깨는 무거워졌다. 그는 토양 건강과 인류의 건강이 더 나빠지는 일은 자신이 살아 있는 한 더 이상 발생하지 못하게 할 거라고 밝혔다.

"어떤 질문을 하든 답은 토양이에요!"

10장

수확량보다 이윤

나는 몇 년 동안 기존의 농경 생산모델을 사용했다. 작물을 재배할 때는 더 높은 수확량을, 소를 사육할 때는 더 무거운 질량을 좇았다. 사방에서 생산량을 늘려야 한다는 조언이 들려왔고 내 머릿속에 주입됐다. 잡지, 신문, 라디오, 대학, 순회교육[1], 농무부 등 모두가 '세상 사람들에게 먹을 것을 제공하기 위해서' 더 많이 생산해야 한다고 말했다. GMO 형질, 교잡 곡물품종, 잎에 뿌리는 식물영양제, 종자처리, 더 거대한 기계가 늘어만 갔다. 이 문장을 쓰면서 나는 우리 이웃이 거대한 콤바인 세 대, 곡물 운반차량 두 대, 농기계 운반 트럭 네 대를 끌고 밭으로 들어가

1 필요한 정보 입수가 용이하지 않은 도서·벽지지역을 해당 분야의 전문가가 순회하면서 강연이나 시범을 통해 새로운 지식이나 기술을 필요한 사람들에게 직접 전달해주는 교육제도

는 모습을 보고 있다. 처가 식구들은 35년 동안 농사를 지었지만 1축 곡식운반트럭 두 대보다 큰 장비는 없었다. 가장 큰 장비는 4.8m짜리 박스였다. 세상에, 얼마나 많은 것들이 변했는지.

가축도 마찬가지다. 예상자손차이EPDs 최고치, 유전자 테스트, 최신 이온투과담체를 활용한 완전배합사료[2], 생산량을 더, 더 늘리기 위해 계획된 모든 것을 포함해 상품성 테스트를 거친 수소들 말이다! 한번은 길에서 이웃을 멈춰 세우고 우리 농장 울타리 안을 가리키며, 젖을 뗀 400kg 이상 되는 수소를 뿌듯한 마음으로 보여 줬던 모습이 기억에 생생하다. 나는 정말 자랑스러웠다!

나는 이 모델을 20년 넘게 따랐다. 그러나 끔찍한 시기를 보내고 난 뒤 스스로에게 질문하기 시작했다. 가뭄과 우박의 4년은 지옥 같은 시간이었지만, 이 일은 내게 일어날 수 있는 최고의 사건이었다. 역경을 겪으며 내 시각은 달라졌다. 시간이 흐르면서 나는 내가 왜 점점 더 많은 만트라[3]를 외우고 있는지 서서히 의문을 품게 됐다. 생태자원을 사용해 단기간의 이익을 좇고 있는 건 아닐까?

2010년, 우리 농장의 수확량이 지역의 다른 농부들만큼 나오지 않아 나는 이들 플에게 한탄하고 있었다. 의심과 불만은

2 영양소 요구량에 맞도록 적절한 비율로 배합한 축우 사료

3 산스크리트어로 타자에게 은혜와 축복을 베풀고, 자신의 몸을 보호하거나 깨달음의 지혜를 얻기 위해 외우는 신비한 위력을 지닌 언사

어느 날 내 머릿속에서 피어났다. 아들은 나를 보더니 이렇게 말했다.

"아빠, 우리 농장의 능력을 벗어나는 양을 생산하려는 거예요?"

이런! 폴의 말에 나는 한 대 얻어맞은 듯했다. 아들의 말은 완전히 옳았다. 자연은 수확량과 무게에는 신경 쓰지 않는다. 자연이 신경 쓰는 건 지속성이다. 자연은 지속가능한 것을 원한다. 나는 1년만 더 농사를 짓고 싶은 걸까? 아니면 향후 수십 년 동안 농사를 짓고 싶은 걸까? 수확량과 무게에 연연하는 사고방식을 내려놔야 한다.

자연을 거스르는 농사짓기

현재의 생산모델로 인한 미국 농경지의 변화는 충격적이고 슬프다. 나는 우리 농장을 하나의 예시로 사용할 것이다. 140년 전 역사적 기록을 통해 우리는 노스다코타 지역이 다양한 북방형 및 난지형 목초와 활엽초로 덮여 있었다는 사실을 알게 되었다. 유럽 이민자들은 각자 쟁기를 들고 이 초원으로 이주해 왔다. 유럽 이민자들의 쟁기는 곧 다양한 초원을 땅속에 묻어 버렸다. 7장에서 묘사했듯이 경운은 토양입단을 부수고 으깨며 산산조각 냈다.

경운은 수십 년 동안 계속됐고 이와 더불어 단일작물 생산도 유행처럼 번졌다. 단일작물일 뿐 아니라 작물 종도 지극히 적었다. 100종 넘는 작물이 자랐던 곳에 현재는 단 몇 종만 자라고 있다. 오늘날 우리가 먹는 식물에 기반 한 먹을 것 중 약 90%는 단 15종의 작물로 생산된다! 선주민들은 우리보다 훨씬 다양한 음식을 섭취했다.

종 다양성은 우리의 공장식 작물 생산 때문에도 사라져 갔다. 공장식 작물 생산으로 20세기 동안 다양한 채소 씨앗의 90%가 족히 사라졌다. 1900년, 미국에서 거의 550종의 양배추가 생산됐지만 오늘날 통상적으로 판매되는 건 28종에 불과하다. 비트의 경우 288종에서 17종으로 줄었다. 콜리플라워는 150종 이상에서 단 9종으로 줄었다. 옥수수는 어떨까? 이런 말은 하기 싫지만 20세기 초에 있었던 옥수수의 96% 이상이 사라졌다.

토양학자인 웬디 타헤리 박사의 최근 연구로 오늘날 '새롭게 형질이 개선된' 곡물 종은 균근균과 공생관계를 형성하지 못한다는 사실이 밝혀졌다. 이런 변종은 곰팡이가 제공하는 이점을 전부 누리지 못한다. 농사짓는 사람들은 수확량 같은 특성에만 초점을 맞추는 바람에, 곰팡이와 관계를 만드는 능력 같은 특성이 사라진다는 걸 알아차리지 못했다. 작물을 기르는 사람들은 황폐한 토양에 새로운 품종을 개량하고 재배했으니, 놀랄 일도 아니다. 뿌리는 균근균에 노출된 적이 없고 곰팡이와 상호작용할 수 있는 능력을 발달시키지 못했기 때문에 균근균을 무시하게 된다. 이런 품종은 투여한 합성 영양분에 완전히 의지해 버릴 것이다!

생물종 다양성이 줄면서 양분 순환도 줄었다. 즉 합성비료 사용이 늘어났다는 뜻이다. 그 결과 잡초도 늘었고, 잡초 대부분은 고농도의 질소를 활용하는 종이었다. 잡초가 늘면서 제초제 사용도 늘었다. 오늘날 사용하는 제초제는 대부분 킬레이트제다. 킬레이트제는 아연, 망간, 마그네슘, 철, 구리 같은 광물과 결합한다. 이 현상으로 어떤 결과가 나타날까?

이 광물들은 식물이 질병에 걸리는 것을 막아 주는 바로 그 영양분이다. 영양분 부족은 진균성 질병의 발병률을 더 높인다. 진균성 질병이 자주 발생하면 살진균제 사용이 늘어날 수밖에 없다. 살진균제는 토양 생태계와 꽃가루매개자에게 해롭다. 꽃가루매개자에게도 해롭다니! 최근 연구에 따르면 벌에 해롭지 않을 것으로 생각했던 살진균제가 벌에게도 영향을 미친다는 사실이 밝혀졌다. 과학자와 기업체 임원들은 이 화합물이 우리가 인지하는 것보다 훨씬 더 해롭다는 사실을 인정해야 한다. 농부는 더 나은 방법을 교육받아야 하고 소비자는 이 살진균제 사용을 중단하라고 요구해야 한다.

식물이 사용할 수 있는 양분이 부족해지면 식물은 해충에 더 예민해진다. 해충압이 늘어나면 살충제 사용도 늘어난다. 당연히 대부분의 살충제는 특정한 해충만 해치지는 않는다. 그 말은 우리 작물을 수정시켜 줄 벌 같은 꽃가루매개자를 포함한 익충도 죽는다는 것이다. 오늘날 관습적인 방식으로 운영되는 농장에서 생산되는 거의 모든 과일과 채소에는 어마어마한 양의 살충제가 뿌려진다. 이렇게 생태계가 엉망진창이라는 사실이 놀랍지 않은가?

육류산업의 관점에서는 무게가 되도록 많이 나가는 가축을 목표로 삼으면서 가축을 가두는 방식을 선택했다. 젖소와 육우는 살아 있는 식물을 뜯으며 탄소를 순환시켜 생태계를 이롭게 하는 초원을 떠나야 했다. 대신 오늘날 소들은 한정된 구역에서 사육된다. 전지전능한 인간은 소들의 먹이를 꼴에서 전분 농도가 높은 곡물로 바꾸었고, 가축의 건강과 수명에도 영향을 미쳤다. 한정된 시스템에서 생산량을 높이기 위해 사육된 젖소는 대부분 수명이 4년 이하다! 이런 시스템에서 생산되는 우유, 치즈 및 그 외에 다른 유제품은 영양분 밀도가 훨씬 낮으며, 우리의 건강에도 영향을 미친다.

비육장 안의 우육용 소에게 주는 사료의 고밀도 전분은 고기 그 자체의 영양가뿐 아니라 가축의 삶에도 부정적인 영향을 미친다. 오메가 지방산을 예로 들어보자. 오메가-6 지방산 대 오메가-3 지방산 비율이 낮을수록 사람의 건강에 좋다는 연구가 있다. 이 연구에 따르면 방목한 소의 고기는 이 비율이 낮은 데 반해 곡물을 먹여 기른 소의 고기는 이 비율이 높았다.

비육장 산업은 축산업이 아니다. 비육장 산업은 사료와 사육 공간을 매매하는 산업이다. 비육장 산업은 경제적 이윤이 최고치가 되는 사료를 많이 먹고 성체가 되기까지 오랜 시간이 걸리는 소를 원한다. 소들이 비육장 안에 있는 걸 더 좋아한다고 진심으로 믿는 사람이 있을까? 울타리 문을 열어 두고 소들이 어느 쪽을 선택하는지 보자.

비육장 산업이 가축에게 '더 나은 환경'이라며 우리는 전략적으로 돼지, 닭, 칠면조를 그 안으로 들였다. 가축의 의사를 물어본 사람이 있을까? 1983년, 나와 아내가 농장으로 처음 왔을 때 나는 달걀 공장 근처에 파트타임을 얻었다. 나는 케이지에서 죽은 암탉을 치우는 일도 했다. 매일 아침 6시에 일어나 손수레에 무릎을 꿇고 케이지들을 따라 옮겨 다녔다. 케이지에는 엄청난 배설물 위로 2만 마리가 넘는 암탉들이 들어 있었다. 가로세로 91*cm* 크기의 케이지 안에 암탉 9마리가 꼼짝없이 갇혀 있었다. 이 닭들은 뒤로 돌 수조차 없는 공간에서 바깥세상을 한 번도 느끼지도, 보지도 못한 채 평생을 보낸다. 나는 나뭇잎을 뒤적이거나 메뚜기를 잡을 기회도 없는 이 닭들이 어떤 기분일지 궁금했다. 진정한 닭이 될 기회가 없는 것이다! 바로 그 순간 그 닭장에서 나오는 닭은 절대로 먹지 않기로 맹세했다. 적어도 공장식 축산으로 길러 낸 닭은 먹지 않을 것이다.

미국 정부는 식료품비를 낮추기 위한 정책을 내세우며 이런 사고방식을 널리 퍼뜨렸다. 정부는 시민들에게 값싼 식품을 충분히 제공하고 싶어 한다. '영양분 밀도가 높은' 식품이 아니라 값싼 식품이라는 점에 주목하자. 미국은 전 세계 그 어느 나라보다 의료서비스에 많은 비용을 지불한다. 그럼에도 시민들은 건강하지 않다.

그렇다면 이 모든 일의 책임은 농장주들에게 있을까? 이들에게 전적으로 책임을 물을 순 없다. 우리 모두 그 책임을 나누어 져야 한다. 미국 시민들도 이런 일이 벌어지게 만든 그 책임을 나누어 져야 한다. 소비자들은 어마어마한 달러를 소비하면서 환경의 질적 저하, 동물 학대, 인류 건강의 전반적 저하를 간과하고 이런 시스템을 선택한다.

이런 생산 시스템이 또 어떤 결과를 야기했는지 생각해 보자. 공장식 생산 시스템으로 생산자의 이윤은 점점 더 줄어들었다. 이윤이 줄어든다는 것은 생산자들이 수지 타산을 맞추기 위해 더 많은 농지를 경작해야 한다는 뜻이다. 농장의 크기가 커지면서 전반적으로 농장 수가 줄어들고 농장 운영자 수도 줄어들 것이다. 다시 말해 이 생산모델로 말미암아 수많은 작은 마을이 사라져 버렸다는 뜻이다.

- 농약산업의 75%를 세 회사가 장악하고 있다.
- 산란계, 육계, 칠면조, 돼지 종축의 90% 이상을 세 회사가 장악하고 있다.
- 종에 따라 가축 도축의 2분의 1에서 4분의 3을 네 회사가 장악하고 있다.
- 농기계 시장의 50%를 다섯 회사가 장악하고 있다.

내 오랜 친구이자 아이오와주에서 재생농법을 하는 농부 폴 애클리는 오늘날 생산모델의 결과를 이렇게 요약했다.

"1949년 이후의 기록과 기억에 따르면 내가 지금 앉아 있는 컴퓨터에서 북쪽으로 길 따라 수 킬로미터에 걸쳐 농장 건물이 네 채, 그리고 그 길 끝에는 학교 건물이 있었다. 남쪽으로 0.8*km* 정도 이동하면 나를 포함한 아이 네 명(이 중 한 명은 후에 예일대학교 신경외과 과장이 됐다)이 1950년 가을부터 다니기 시작한 유치원 건물이 있다. 여기서 남쪽으로 0.8*km*, 동쪽과 서쪽으로 1.2*km* 떨어진 거리에 농장 건물이 하나 있었다. 농장주들만큼은 아니지만 소작농들도 땅과 연결돼 있었다. 그 누구도 하수관으로 우리 동네 언덕 경사면에 있던 작은 샘의 물을 관리하는 방법을 몰랐던 것 같다. 이런 상황이 10년 동안 지속됐지만 대부분은 이후 15~20년 동안의 비용을 감당할 수 없을 거라 생각했다. 1950년대부터 1960년대까지 겨울과 이른 봄 동안 지역 주간 신문에는 적어도 농장 한 군데를 판매한다는 소식이 실렸다. 1950년대 초에는 석회를 뿌리고 알팔파/목초를 파종하기 위한 비용 보조금 지원 정책도 있었다. 이 모든 것은 1960년대 들어 변하기 시작했다. 비료를 손쉽게 구매할 수 있게 됐다. 옥수수에 사용하는 제초제인 아트라진과 대두에 사용하는 아미벤이 등장했다. 미국 밖 혹은 주 밖에 있는 투자자들은 작게 쪼개진 토지를 구매해 일렬로 작물을 심기 위해 습지까지 하수도를 설치하고 나무를 벤 뒤 소작을 주거나 자금을 빌려주었다. 임대료나 치솟는 땅값으로 얻은 이윤은 변화를 일으켰다. 나는 옆 농장에서 24행 파종기를 사용해 경작하는 모습을 본 어느 날을 기억한다. 그 순간 나는 백인들이 아메리카 대륙에 등장했을 때 선주민들이 느꼈을 감정을 짐작할 수 있었다. 대지윤리[4]는 선반 어딘가에서 먼지만 쌓이고 있었다. 변화(기술)는 더 강한 힘(이윤)으로 우리가 현명하게 감당할 수 있는 것보다 더 빨라졌다."

폴, 당신의 이야기에 완전 동감한다!

보조금 문제

연방 작물보험 프로그램은 1938년 2월 16일 도입됐다. 대부분의 정부 프로그램이 그렇듯, 좋은 의도로 시작한 프로그램은 종종 실망스러운 결과를 가져온다. 위험을 최소화하려 했던 프로그램은 오늘날 미국에서 작물을 심을 때 내리는 결정 대부분을 장악하는 괴물로 변했다. 내 생각에 이런 프로그램은 앞으로 수십 년 동안 원자재 가격을 낮추는 데도 한몫할 것이다.

오늘날 농장주들이 어떤 작물을 재배할지 결정할 때 95%는 작물보험 프로그램에서 얼마를 보장받느냐에 따라 달라진다. 농장주들은 그해 작물보험으로 단위면적당 받을 수 있는 최소한

4 모든 것이 상호 의존함으로써 존재하는 생명공동체인 대지를 도덕의 대상으로 삼는 윤리

의 금액을 정확히 알고 있다. 지출액을 작물보험금 지급액 미만으로만 유지한다면 이윤을 남길 수 있을 것이다. 이런 보장을 해주는 사업이 또 어디 있을까? 메인스트리트의 패밀리 레스토랑은 이런 보장을 받지 못할 것이다!

생산자들이 이 수익 시스템의 혜택을 받는다는 사실을 알기 때문에 약품 판매업자들은 상품을 더 비싸게 판매한다. 그 결과 판매업자들은 상당한 수익을 지키기 위해 생산자들이 지불할 수 있을 거라 예상하는 만큼의 비용을 부과한다. 비료, 제초제, 살충제, 살진균제, 장비 등 나열하자면 끝도 없다. 이 모든 것의 가격은 천정부지로 오른다. 나는 우리 지역의 신참 비료 판매업자나 화학약품 판매업자가 나타나는 시기를 매번 정확히 알 수 있었다. 우리 농장에 전에 못 보던 새로운 얼굴이 찾아오는 날이 바로 그날이기 때문이다. 새로운 판매업자들은 대부분 갓 뽑은 새 트럭을 몰고 등장했다. 이 트럭을 뽑을 돈은 다 어디서 나오는 걸까?

여담이지만 과거의 방식대로 농사를 지을 때는 사지 않았지만 농경법을 바꾸고 난 후 꼭 지출해야 하는 것이 하나 생겼다. 바로 모자다! 자신의 상품을 사지 않는 농장주들에게는 판매업자들이 모자를 주지 않기 때문이다.

재해보험으로 얻을 수 있는 수익은 산업 시스템에 빠르게 잠식당했다. 수익이 점점 더 줄어들면서 생산자들은 정부 프로그램에서 제공하는 보조금에 의존할 수밖에 없었다. 작물보험, 환경 품질 인센티브 프로그램[5], 보존 안심 프로그램[6], 그리고 비슷한 이름을 지닌 여러 프로그램이 있었다. 나도 몇 년 동안 이 프로그램의 혜택을 누렸다. 모종을 식재하고 울타리와 우물을 건설하고, 심지어 트랙터에 자동조향장치를 설치할 보조금까지 받았다! 어쨌든 나는 별생각이 없었다. 하지만 내가 재생농법을 생각하고 이 프로그램의 혜택으로 생기는 영향을 깨닫기 시작하면서 나는 보조금을 받아야 하는지 강한 의문이 들었다.

메인스트리트의 패밀리 레스토랑은 보험료를 지원받지 못한다. 동네에 살던 내 친척은 묘목장에서 나무를 구매할 때 정가를 지불해야 했다. 나무 구매 비용은 보조금에 포함되지 않았다. 그런데 나는 어떻게 이 돈을 받을 권리를 얻은 걸까? 다시 말하지만 내가 '전 세계에 영양분을 공급'하고 있기 때문에 보조금을 받는다는 이야기를 들었다. 하지만 생각하면 할수록 이 돈은 일종의 복지 같았다. 하지만 나는 복지를 원한 적이 없었다! 나와 아내와 아들은 농사와 관련한 어떤 보조금도 받지 않기로 결정했다. 작물보험, 환경 품질 인센티브 프로그램, 보존 안심 프로그램도 더 이상은 없다. 끝.

5 Environmental Quality Incentives Program(EQIP). 미국 자연자원보호청이 농업 생산자와 산림관리자에게 재정적, 기술적 도움을 주며 미래를 위한 천연자원을 보존하는 동시에 농업 운영을 개선하는 프로그램

6 Conservation Security Program(CSP). 토지, 물, 공기, 에너지, 식물, 동물을 보존하기 위한 재정적, 기술적 지원을 제공하는 프로그램으로 2008년 이후로는 보존 관리 프로그램(CStP)으로 개선됐다.

나는 이 결정으로 매우 자유로워졌다. 미국 자연자원보호청이나 농업안정국FSA에서 서류를 작성하느라 시간을 보낼 필요가 없었다. 더 중요한 점은 우리 농장과 가족에게 가장 큰 이윤을 안겨 준 작물을 재배하는 등, 여러 결정을 자유롭게 내릴 수 있었다. 나는 더 이상 다른 누군가가 최선이라 생각하는 결정에 '매이지' 않아도 되었다. 내 의견을 오해하지는 말기 바란다. 특히 재생농업에 뛰어든 젊은 생산자나 참전용사를 돕는 몇몇 정부 프로그램은 필요하다고 생각한다. 단지 농업 비슷한 사업을 보조하기 위해 어렵게 징수한 세금을 판에 박힌 듯 사용하는 것이 근본적으로 틀렸다는 말이다.

적절한 예는 2017년 여름 바로 여기, 노스다코타에서 볼 수 있었다. 우리는 일반적으로 봄비를 저장하지 못한 채 더운 여름날을 맞이한다. 6월 초, 기온이 잇달아 섭씨 38도를 넘었다가 48시간도 안 돼서 영하로 떨어졌다! 이런 기온은 사료를 생산하는 데 큰 손해를 끼쳤다. 많은 생산자들은 자신의 가축을 먹일 충분한 사료를 구하기 위해 앞다퉈 경쟁했으나, 결국 방목지를 찾기 위해 수백 킬로미터를 돌아다니거나 겨우 건초를 구할 수 있었다. 수천 마리의 소가 팔려 나갔다. 우리 농장의 한 이웃은 추가적으로 사료를 주기 시작한 지 두 달도 안 돼서 소를 초원에 풀어놓았다. 이웃의 초원은 잘 관리된 골프장 같아 보였다! 재난 선포가 이루어졌고 정부는 돈을 풀기 시작했다.

생산자들도 이런 재난을 일으키는 데 동참하라는 제안을 받는다. 나도 비슷한 제안을 받았다. 왜 이런 제안을 받았을까? 재생농법으로 방목하는 방식을 택한 덕에 우리는 부작용을 거의 겪지 않았다. 우리는 전년도만큼 소들을 많이 방목했다. 그에 따라 방목 전략을 조정했다. 나는 소들을 매일 이동시키지 않고 꼴을 더 많이 먹였다. 이 과정을 통해 소를 기를 때 꼴도 활용할 수 있었다. 우리 초원의 식물은 뿌리가 튼튼했고 지표를 보호하는 작물 잔여물이 풍부한 덕에 토양 건강이 어마어마하게 향상됐다. 건강한 생태계를 형성하는 데 집중하느라 보낸 몇 년이 내게 배당금을 선사했다. 우리 초원은 1년 동안 요동치는 강수량과 온도에도 잘 적응할 수 있었다.

농업안정국 건물에 들어가 서류에 내 이름을 적기만 해도 수천 달러를 얻을 수 있었다. 하지만 나는 도의적 혹은 윤리적으로 그런 행동은 할 수 없었다. 우리 농장에는 재앙이 닥치지 않았다. 시스템 상으로 할 수 있다고 해서, 미국 시민들에게서 어렵게 징수한 세금을 뜯어내지는 않을 것이다.

노스다코타에서 벌어진 일은 자연재해라기보다 관리 부실로 인한 인재라고 생각한다. 만약 우리의 농업시스템이 오랜 시간에 걸쳐 어마어마한 양의 토양 유기물질을 줄이지 않았다면, 우리의 농장과 목장은 비가 내리지 않을 때도 훨씬 더 큰 회복력을 보였을 것이다.

과거에 보조금을 받았던 모든 정책을 돌아보면서, 나는 솔직히 말해 만약 내가 전부 다시 해야 한다면 똑같은 방식을 선택하지는 않을 거라고 생각했다. 그러니까 이 보조금을 받지 말았어야 했다. 한 가지 예를 들어보자. 우리는 울타리 건설비로 어마어마한 보조금을 받았다. 그 보조금으로 농장에 있는 방목지 100여 개에 울타리를 건설했다. 하지만 지금은 이 울타리를 거의 다 뜯어 냈다! 이 울타리가 계획된 방목으로 토양을 재생하려는 재생농법을 방해했기 때문이다. 울타리 근처나 아래는 가축 발굽의 영향을 받을 수 없었는데 그런 땅이 너무 많았다. 땅에 단단히 박힌 울타리 때문에 토양 건강을 증진시키거나 사료를 생산하는 데 애를 먹었다. 그 대신 우리가 이동식 전기울타리를 사용했다면 매년 울타리 위치를 옮겨 가며 가축이 초원의 모든 토양에 영향을 끼칠 수 있게 했을 것이다. 그뿐 아니라 그 비싼 전기울타리를 창고에서 묵힐 필요도 없었을 것이다. 내 시간과 세금을 둘 다 낭비하는 일이었다.

미국 자연자원보호청 같은 기관은 생산자들을 올바른 길로 인도하려 노력한다. 하지만 생산자들에게 생태계가 어떻게 작동하는지 교육한다면 돈과 직원들의 시간을 더 잘 활용할 수 있을 것이다. 재정을 지원하는 일밖에 안 하는 감독 프로그램 대신 정말 필요한 기술을 지원해야 한다. 정부가 이런 비효율적인 프로그램을 단계적으로 폐지한다면 연방 채무 위기를 엄청나게 해결할 수 있을 것이다. 나는 훌륭한 선생이자, 농장주를 교육해 보조금 사업을 하는 것보다 금전적으로 훨씬 더 큰 영향을 끼칠 수 있는 미국 자연자원보호청 직원을 많이 알고 있다. 이런 직원들은 프로그램 감독보다 농장 일을 하는 사람을 교육하는 데 시간과 재능을 사용하는 것이 훨씬 더 나을 것이다.

근본적인 문제를 회피하다

오늘날 관습적으로 행해지는 농업 생산은 거대한 문제에 반창고를 붙이는 식일 뿐이다. 수질이 그 예다. 콘벨트[7] 전반에 암거배수를 설치하는 일은 흔하다. 생산자들은 '과도한' 물을 관리하기 위해 어마어마한 시간과 돈, 자원을 투입한다. 하지만 가장 먼저 답해야 하는 질문은 이것이다. 농장에 왜 과도한 양의 물이 필요할까? 토양이 황폐해져 토양 속으로 물이 침투되지 못하기 때문일까? 농부들이 다양한 작물을 혼합 재배하지 않아서 작물 밀도가 낮아지고, 1년에 3분의 1 이상 토양에 살아 있는 뿌리가 존재하지 않아 수분 혜택을 얻지 못하기 때문은 아닐까?

'과도한' 물이 암거배수를 통해 흘러 분수령에 도달하면 어떤 일이 벌어지는지 생각해 보자. 아마 물은 어마어마한 양의 양분과 밭에 남은 화학물질을 모두 싣고 이동할 것이다. 그러면 하류 수질은 어떤 영향을 받을까? 물고기, 야생동물, 사람에게는 어떤 영향을 끼칠까? 생산자로서 우리는 우리가 하는 모든

7 Corn Belt. 미국 중서부에 걸쳐 형성된 전 세계에서 옥수수가 가장 많이 재배되는 지역

행동이 복합적이고 연속적인 영향을 미친다는 사실을 깨달아야 한다. 우리의 자녀들과 자손들의 건강에 부정적인 영향을 끼칠 수도 있다.

이 통계를 보자. 주의력 결핍 장애ADHD, 알츠하이머병, 암, 골다공증, 비만, 자가면역질환을 포함한 다양한 만성 질병 발생률은 전 세계에서 미국이 1위, 혹은 거의 1위에 달한다고 한다. 그러나 사람들은 '올바른 먹거리'를 섭취하는데도 오늘날 산업적 농경법의 결과로 고통 받는다. 마이클 폴란이 《잡식동물의 딜레마》에서 언급했듯이 오늘날 우리가 섭취하는 것은 대부분 음식이 아니라 '먹을 수 있는 음식 같은 물질'이다.

당신은 당신이 먹을 수 '없는' 것으로 이루어져 있다. 슬프게도 오늘날 슈퍼마켓에서 판매하는 음식과 식료품은 단백질, 비타민, 미네랄, 식물의 2차 대사산물을 포함한 필수 영양소가 부족하거나 균형이 맞지 않다. 우리가 먹는 음식의 영양분이 부족하다면 우리 몸도 결국 영양분이 부족해질 것이다.

채소 내 식이무기물이 줄어든다는 사실을 연대적으로 보여주는 연구가 수십 년 동안 꾸준히 이어져 왔다. 구리는 24~75%, 칼슘은 46%, 철은 27~50%, 마그네슘은 10~24%, 칼륨은 16%가 줄었다. 지난 50년 동안 감자 속 구리와 철의 50%가, 당근 속 마그네슘의 75%가 사라졌다. 단백질, 리보플라빈, 비타민C를 포함해 다른 영양분도 급격히 줄었다. 어떤 연구에 따르면 조부모 세대가 오렌지 1개로 섭취한 비타민과 동일한 양을 섭취하려면,

요즘은 오렌지 8개를 먹어야 한다고 말한다. 육류도 마찬가지다. 두 세대 전 사람들이 섭취했던 영양분과 동일한 양을 얻기 위해서는 거의 2배에 달하는 소고기, 닭고기, 돼지고기를 먹어야 한다. 영양분 고갈은 1만 년 전 농업의 시초로 거슬러 올라갈 수 있다. 최초의 농부가 작물 내 녹말과 당의 양을 조절해 야생의 조상보다 더 달고 덜 질기게 만들면서, 의도하지 않았지만 결과적으로 중요한 영양분이 줄어든 그 순간 말이다. 오늘날 산업화된 농업은 이 과정의 속도를 극적으로 높였다.

영양분 고갈은 전 세계적인 위기가 됐다. 전 세계 인구의 3분의 1에서 2분의 1은 만성 필수미네랄 부족에 시달린다. 예를 들어 철을 적정량 섭취하면 흔한 혈액질환인 빈혈을 예방할 수 있다. 하지만 오늘날 전 세계 약 10억 명의 사람들이 철분 부족을 겪고 있다. 내가 지적했듯이 전 세계의 거의 모든 농지는 황폐해졌다. 토양 속에 영양분이 별로 없다는 말이다. 한때 풍요로웠지만 이제는 근본적으로 아무것도 생산되지 않을 만큼 황폐해진 곳에서 살아가려 애쓰는 사람이 아프리카에서만 4,000만 명이나 된다. 2006년 국제연합UN은 'B형 영양실조'라는 새로운 범주를 만들었다. 개인이 소비하는 칼로리와 단백질 양은 충분하지만 필수미네랄을 포함한 다른 영양소가 부족한 식단을 말한다. 미국처럼 산업화된 나라에 사는 거의 모든 사람들의 식단에서 이런 특징을 볼 수 있다. 미국 성인의 3분의 2 이상 그리고 어린이의 3분의 1 가까이가 과체중이거나 비만이다. 식품산업이 산업적 농업을 받치는 두 기둥인 액상과당과 대두유에 전적으로 의존하는 높은 칼로리 식단을 퍼뜨리기 때문이다. 우리는 과식을 하면서 영양실조를 겪고 있다.

미국인들은 매일 다양한 영양분을 충분히 섭취하기 위해 고군분투한다. 여기에는 소비자가 식단 선택에 서투르기도 하거니와 선택할 수 있는 음식의 종류가 줄어드는 등 복잡한 이유들이 있다. 이런 현상은 모두 오늘날 생산모델의 결과다. 게다가 산업적 농업에 입각해 작물을 선택할 때 영양소의 양보다 생김새, 성장률, 운반 편의성, 해충 저항력, 유통기한을 우선하도록 편향돼 있다.

2002년, 미국 의학협회저널은 지금의 생산모델로 탄생한 식단만으로는 더 이상 충분한 양의 영양소를 공급할 수 없다고 결론 지었으며, 오랫동안 고수하던 입장을 뒤집고 모든 성인에게 매일 멀티비타민을 섭취하라고 조언했다. 보충제 산업은 매년 300억 달러의 매출을 기록하는 산업으로 성장했다. 미국 고용통계국에 따르면 2014년, 미국에만 6만 6,000명의 전문 영양사가 있으며 앞으로 10년 넘는 기간 동안 1만 1,000명이 더 늘어날 것으로 예측했다. 하지만 매년 미국에서 식단 관련 질병(직접적이든 간접적이든)으로 들어가는 비용은 2,500억 달러에서 1조 달러까지 늘어날 것으로 추산된다.

앞서 언급했듯이 우리 농장에는 다양한 손님이 찾아오고 대부분은 외국에서 온다. 나는 외국에서 온 손님들에게 미국과 모국의 차이점을 자주 묻는다. 명백히 내가 가장 많이 듣는 답은 미국의 음식이 정말 단조롭고 맛이 없다는 말이다. 별로 놀랍지도 않다. 나는 매년 5개월 넘게 북미 전역을 돌아다니는데 가장 신경이 거슬리는 일은, 비행기 안에서 생기는 귀찮은 일 또는 비좁은 공간이나 단조로운 호텔방이 아니라 음식이다! 알다시피 우리 가족이 섭취하는 거의 모든 음식은 우리가 생산한다. 이 음식은 비옥하고 건강한 토양에서 생산된다. 당신의 몸은 영양분이 밀집된 음식인지 그렇지 않은지를 알아차린다. 맛이 다르다. 그런 음식을 먹으면 포만감을 흠뻑 느끼게 된다!

게다가 대부분의 농지에 합성 제초제, 살충제, 살진균제를 뿌리며 지렁이, 개미 등 다양한 익충뿐 아니라 곰팡이, 선충, 원생동물, 조류, 진드기, 소형 절지동물 등 거의 모든 토양 생명체가 급격히 줄었다. 2016년 미국에서 재배하는 대두의 94%, 옥수수의 92%, 사탕무의 95%, 카놀라의 87%는 유전자 조작 식품이다. GMO 작물을 재배한다는 것은 토지에 점점 더 많은 살생물제를 뿌려야 한다는 것을 의미한다. 대부분은 우리가 숨 쉬는 공기 중이나 우리가 마시는 물속으로 스며든다.

미국 환경보호국EPA은 살생물제를 분명하게 정의했다. 살생물제는 "방부제, 살충제, 소독약, 농약을 포함한 일련의 유독한 물질로, 사람이나 동물의 건강에 해롭거나 천연 혹은 공산품에 나쁜 영향을 끼쳐 유기체를 제어하는 데 사용되는 물질이다." 살생물제는 유해한 유기체와 유익한 유기체를 구분하지 못하고 양

재생농법의 영향을 정량화하다

청개구리 같은 사람들은 재생농업이 정말 영양분 밀도가 높은 음식을 생산하는 동시에 지구를 치유할 수 있을지 자주 묻는다. 이 질문에 답하기 위해 나는 컨설팅회사인 랜드스트림LandStream과 함께 우리 농장의 생태계 기능을 수량화하기로 했다. 랜드스트림 창립자는 환경 생물물리학자인 존 노먼이다. 그는 버몬트주에서 가축을 방목하는 목축업자이자 컨설턴트인 에이브 콜린스와 50년 넘게 함께 일한 뒤 은퇴했다. 이들은 환경의 기능을 이해하고 정량화할 수 있는 다양하고 획기적인 환경 센서와 모델을 발명했다.

랜드스트림은 깊은 표토층의 미래를 염두에 두고, 토지 관리자가 토지를 치유하고 음식, 연료, 섬유질을 재배하고 유역과 대륙을 재생하며 재생농법과 경제를 연결하는 일을 지원한다.

랜드스트림은 아래 네 가지 기능을 지원한다.

1. 농장주들에게 방목지마다 누적 바이오매스, 토양 수분, 에너지와 물 순환을 추적하고 예측함으로써 방목과 작물 관리를 최적화할 수 있는 의사 결정을 보조한다.
2. 농장 및 목장 생산에서 토양 유기물뿐 아니라 홍수와 가뭄의 빈도 감소, 지하수 함양(강수가 지하수로 유입되는 수리적 과정으로, 자연적인 과정에 의해서도 발생하지만 인공 함양을 통해 인위적으로 유도될 수도 있다), 개울의 기저유량(하천의 유출량 중 강우가 없는 시기의 자연유량) 증가, 정수 공급, 토양 구조 향상, 영양분 순환 같은 생태계 서비스를 정량화한다.
3. 토양 건강과 조망 기능을 향상시킬 수 있는 유용한 정보를 공유하도록 농장주를 연결해 주는 전 세계적 학습기계와 SNS를 제

공한다.

4. 세계 공통 언어인 수학과 환경 생물물리학을 활용해 재생농법 운동을 지원하는 과학 연구단체의 혜안과 자원을 약속한다.

랜드스트림의 기반시설로는 위성 원격탐사부터 태양 복사열, 날씨, 토양, 식생, 표류수, 지하수를 추적하는 유용한 지표 모니터링 장비까지 다양하다. 이 정보는 하나로 취합되어 조경 기능(언덕 혹은 유역의 생물지구화학적 기능을 평가하기 위해 현장평가 지표를 모니터링하는 절차)을 모사한 환경 생물물리학적 모델로 분석된다. 랜드스트림이 사용하는 이동식 분석 모델은 토양 수분의 균형과 방목지당 바이오매스, 지표에서 에너지 순환, 증발산량을 정량화한다.

우리는 농장 운영법에 대한 정보의 '진실성을 밝히는 일에 착수'하기 위해 랜드스트림과 함께 일하기로 결정했다. 생산자로서 우리는 우리의 방법이 변화를 일으킨다는 사실을 세상에 보여 줄 필요가 있었다. 2007년 10월, 토양환경정보시스템을 이용해 0~1.2*m* 깊이의 토양 시료 119개를 활용해 우리 농장의 진실성을 밝히는 일에 착수하기 위한 첫 단계를 완료했다. 어떤 시료는 우리가 표토를 73*cm*까지 늘렸으며 토양은 91*cm* 아래까지 잘 응집됐다는 사실을 증명했다. 우리는 수십 년 동안 진행한 재생농법의 결과를 정량화했다.

우리 농장에서 시행한 조경 기능 정량화 시스템은 수천 명의 다른 농장주들이 사용할 수 있는 조정점이 될 것이다. 데이터를 얻고 모델링하기 시작하면서 우리는 농장 운영과 결과, 생태계 서비스로 인한 농장의 생산량, 가축의 먹이를 추적하고 예측하는 능력을 원격으로 감지하고 보정하는 일을 정량적으로 연결할 수 있었다. 이 목표는 재생농법을 사용하는 사람들이 자신의 토지를 훨씬 더 효과적으로 치유하고 육성할 수 있도록 도와주는 것이다.

쪽을 모두 효과적으로 죽인다. 그 결과 토양 속 생태계는 붕괴된다. 일단 생명체가 사라지면 토양은 식물에 필요한 영양소를 제대로 공급하지 못한다. 식물은 동물이나 사람에 필요한 영양소를 제공할 수 없을 것이다.

《짚 한 오라기의 혁명》에서 철학자이자 농부인 후쿠오카 마사노부는 이렇게 언급했다.

"음식과 약은 서로 다른 물질이 아닙니다. 둘은 종이의 양면 같습니다. 화학적으로 재배된 채소는 음식이 될 순 있지만 약이 될 수는 없습니다."

《무엇이 우리 아이들을 아프게 하는가?What's Making Our Children Sick?》에서 미셸 퍼로Michelle Perro 박사와 빈컨 애덤스Vincanne Adams 박사는 정신이 번쩍 들게 하는 기막힌 생각을 내놓았다.

"우리의 식품산업이 우리를 궁지로 몰고 있다는 증거를 찾고 있다면 우리는 아이들을 들여다보아야 합니다. 우리는 자녀 세대가 이전 세대에서 볼 수 없었던 만성질병에 시달리는 모습을 볼 수 있습니다. 우리의 농경 산업과 제약 산업은 진보했는데 우리 아이들은 부모 세대보다 건강이 안 좋아지고, 부모 세대가 아이였을 때보다 건강하지 못합니다. 임상적 증거는 무언가 잘못되고 있다는 것을 시사하죠. 오늘날 잘못된 것들은 거의 대부분 아이들이 태어나기 직전에 탄생한 식품산업의 변화와 함께 시작됐을 겁니다."

현재의 생산모델은 상처에 반창고를 붙이는 식의 접근법을 사용하고 있는데, 그렇다면 대부분의 생산자들이 계속해서 이 모델을 추구하는 이유는 무엇일까? 다양한 이유가 있을 것이다. 첫째는 두려움이다. 친숙함이라는 안전망을 버려야 할 때 생기는 두려움이다. 우리는 합성물질의 과도한 사용에 의존하지 않는 생산모델로부터 벗어난 두 번째 세대다. 대부분의 농부는 다른 방법으로 농사를 지어 본 경험이나 지식이 없다.

변화에서 두 번째 장애물은 다른 생산모델로 옮겨 가기에는 재정적 선택지가 부족하다는 점이다. 대부분의 대부업체들은 재생농업이라는 개념에 익숙하지 않기 때문에, 양호한 수확량 기록이나 적절한 담보 없이는 어마어마한 양의 기업 대출을 주저한다. 내가 작게 시작해서 이윤을 늘리는 방식을 강력하게 추천하는 핵심적인 이유다.

동료들이 주는 압력도 변화를 억제하는 거대한 방해물 중 하나다. 대부분의 생산자들은 다른 사람의 생각에 휘둘리지 않는다고 생각할지 모르지만 사실은 그렇지 않다. 자연스러운 흐름을 거스르는 방향으로 가려면 쉽게 동요하지 말아야 한다. 나는 더 이상 지역 가축 경매장에 참가하지 않는다. 내가 들어서는 순간 그 장소는 쥐 죽은 듯 조용해진다. 나와는 할 말이 없기 때문이다!

나는 미국 농부들에게 화학물질 사용을 당장 전면 중단하라고 말하려는 게 아니다. 단지 화학물질을 분별 있게 사용하는 방향으로 가야 한다는 말이다. 우리는 모든 결정을 다시 생각해 봐야 한다. '오늘은 살충제를 사용하겠지만 내일은 사용하지 않을 거야'라고 말하기는 너무 쉽다.

건강한 토양 속 영양소를 재생하는 농법을 인류의 건강과 연관시킨 최근 과학적 발견에 따르면, 우리는 아이들의 건강이 급격히 나빠지는 현상을 뒤집을 수 있다고 한다. 그 연결고리는 토양 생태계다. 건강한 토양 생태계는 토양 생명체와 영양소를 토양에서 식물에게, 그리고 최종적으로 우리에게 전달하는 식물 사이의 다양하고 상호 공생하는 미생물과 식물의 관계를 아우른다. 건강한 토양과 우리가 섭취하는 음식 사이의 관계가 건강을 걱정하는 소비자의 주관심사로 급부상하면서, 재생농법으로 방향을 바꾸려는 농장주에게 어마어마한 기회를 선사했다. 생물학적으로 활동적이고 양분이 풍부한 토양을 생성하고 유지하면서, 생산자들은 상품이 아니라 영양분을 팔 수 있게 됐다. 우리가 '자연과 함께 풍요롭게' 사업을 진행했던 것처럼 말이다.

내가 처음 농경법을 바꾸기 시작했을 때만 해도, 우리가 매일 섭취하는 음식 속 영양소의 질과 밀도를 회복할 기회는 내 레이더망에 없었다. 하지만 건강한 토양을 구축하기 위해 우리가 농장에서 했던 모든 작업을 활용하는 것은 가장 중요한 한 가지 방법이다. 미국에서 다양한 의학적 위기가 고조되고 의료 서비스와 보건 의료 비용이 상승하면서, 더 많은 사람들이 자신의 질병을 해결하는 방법으로 음식에 눈을 돌리고 있다. 이러한 관심은 재생농법 농장과 유기농법 농장으로 향하고, 화학보다 생물학에 재정적으로 힘을 실어 주고 있다. 우리가 입에 넣는 음식은 우리를 치유하거나 해치거나 둘 중의 하나다. 그 선택은 우리에게 달려 있다.

단위면적당 이윤에 집중하자

폴은 우리 농장 능력치를 넘어 생산할 생각인지 나에게 물은 적이 있다. 이 말을 다시 한 번 생각해 보자. 나는 오랫동안 수확량과 가축의 총 질량만 생각했고 '이윤'에는 충분한 관심을 쏟지 못했다. 단위면적당 수확량이나 소 한 마리당 무게가 아니라 '단위면적당 이윤'을 들여다봤어야 했다. 돈 캠벨의 말이 내 머릿속을 맴돌았다.

"작은 변화를 원한다면 행동을 바꾸고 큰 변화를 원한다면 시각을 바꿔라!"

그날 이후 나는 수확량이나 무게가 아니라 단위면적당 이윤에 집중했다.

단위면적당 이윤을 늘리는 한 가지 방법은 사업을 늘리는 것이다. 오늘날 생산모델은 전문화에 초점이 맞춰져 있다. 생산자들은 대부분 하나 혹은 두 가지 작물만 재배한다. 또 어떤 사람들은 낙농업만 하거나 돼지만 기르기도 한다. 하나 혹은 두 가지 사업만 하는 건 매우 효율적일 수 있지만, 이 효율성은 막대한 비용을 들여야만 가능하다. 가격 변동이나 단순히 낮은 물가에 탄력적으로 대응하기 위한 비용인 것이다. 낮은 다양성이 생태계에 부정적인 영향을 준다는 사실은 말할 필요도 없다.

네브래스카에서 옥수수와 대두를 재배하는 수많은 사람들에게 강연을 했을 때, 나는 전년도에 옥수수를 재배해 이윤을 낸 사람이 있는지 물었다. 한 명만 손을 들었다. 그렇다. 단 한 명이었다. 그다음에는 내년에 옥수수를 재배할 계획이 있는지 물었다. '전부' 손을 들었다.

이 에피소드는 오늘날 생산모델이 사람들에게 얼마나 단단히 자리 잡았는지를 단적으로 보여 준다. 생산자들이 이윤을 남길 수 있는 유일한 방법은 지출을 줄이거나 수확량을 늘리거나, 혹은 옥수수를 대량 재배하는 곳에 극심한 가뭄이 찾아오기를 바라는 것뿐이다. 가뭄은 공급 부족으로 이어지고 그 결과 가격이 상승하기 때문이다. 투입하는 화합물의 가격이 가장 최근에 낮아진 때가 언제였던가? 이런 일은 일어날 것 같지 않다. 수확량 상승은 가능하지만, 그러려면 얼마나 많은 비용이 들까? 가뭄도 언제든지 찾아올 수 있다. 하지만 2012년처럼 심각한 가뭄이 아니라면 가격에는 영향을 미치지 못할 것이다. 생산자로서 우리는 전 세계를 먹여 살리기 위해 가능한 한 많이 생산해야 한다는 메시지를 계속해서 듣는다. 하지만 우리는 지속적으로 낮은 물가에 고통 받고 있다! 정신을 차리고 세상에 식량이 부족하지 않다는 사실을 깨달아야 한다. 먹을 것이 필요한 사람들에게 먹을 것이 닿을 수 없게 만드는 정치적, 사회적 요인이 있다. 게다가 생산되는 식량의 영양분이 부족해지는 문제는 점점 커지고 있다. 하지만 식량은 부족하지 '않다.' 최근 발표된 여러 논문에 따르면 2016년 전 세계에서 생산된 식량은 100억 명이 먹을 수 있는 양이라고 한다. 이 글을 쓰는 지금 전 세계 인구는 78억 명이다. 만약 당신이 가격을 올릴 생각으로 식량이 부족해지길 기다리고 있다면, 상상 이상으로 오래 기다려야 할 것이다.

내가 어떻게 단위면적당 이윤을 향상시켰는지 묻는 생산자도 많다. 그 답은 다양성에 있다. 내가 '브라운 농장의 현금 흐름 차트'라 부르는 여러 사업의 다양성 말이다.

브라운 농장의 현금 흐름 차트에는 금전적인 부분이 포함돼 있지 않다. 재생농업에서 값을 매기는 진정한 기본 단위인 탄소의 흐름만 측정하기 때문이다. 이 흐름을 파악하면 햇빛, 물, 토양 생태계, 식물의 도움으로 탄소를 포집해 우리의 생명으로 전환할 수 있다는 것을 알 수 있다.

알다시피 우리 농장은 모든 것이 탄소를 중심으로 돌아간다. 우리는 옥수수, 콩, 봄밀, 귀리, 보리, 호밀, 헤어리베치, 겨울 라이밀처럼 다양한 재래작물을 매년 환금작물로 재배했다. 곡물은 모든 잡초 씨앗이나 왕겨 가운데 부서지거나 금이 간 씨앗을 골라내는 곡물선별기로 흘려보낸다. 선별된 곡물은 종자 씨앗으로 혹은 non-GMO 음식을 원하는 사람에게 판매한다(곡물을 상품으로 판매하는 일은 매우 드물다). 나는 항상 가치를 더하려고

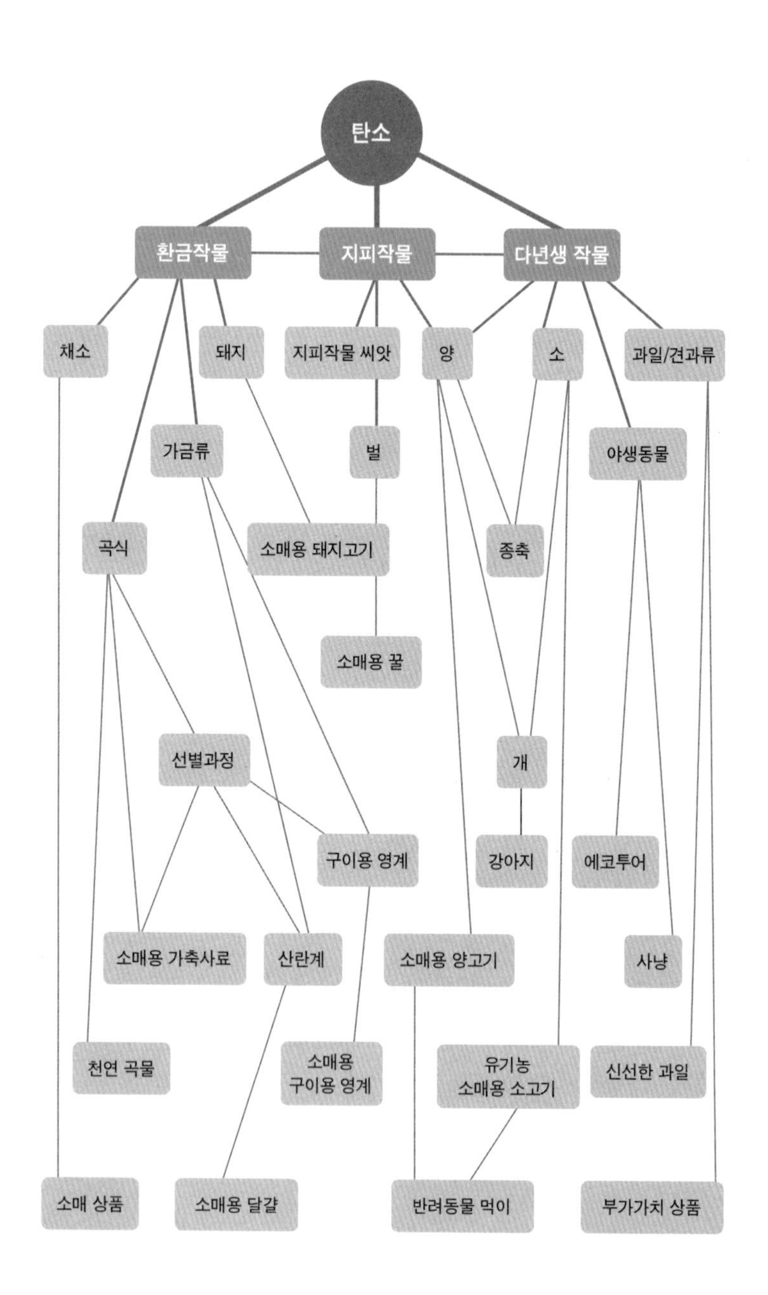
탄소
환금작물
지피작물
다년생 작물
채소
돼지
지피작물 씨앗
양
소
과일/견과류
가금류
벌
야생동물
곡식
소매용 돼지고기
종축
소매용 꿀
선별과정
개
구이용 영계
강아지
에코투어
소매용 가축사료
산란계
소매용 양고기
사냥
천연 곡물
소매용
구이용 영계
유기농
소매용 소고기
신선한 과일
소매 상품
소매용 달걀
반려동물 먹이
부가가치 상품

노력한다.

건강하게 수익을 내는 방법은 한 가지 사업에서 발생한 부산물을 다른 사업의 수입원으로 활용하는 것이다. 대형 곡물 창고에 판매했다면 정체되어 있었을 곡물을 선별하고 남은 왕겨를 우리는 암탉, 구이용 영계, 돼지 사료로 사용한다. 부산물은 가축에게 활용해 현금으로 바꾼다. 일석삼조의 사업이다.

기본적인 작물을 다양화하는 일은 수익성을 늘릴 수 있는 또 다른 방법이다. 우리 농장에서 상대적으로 새로운 시도는 과일과 견과류 같은 다년생 식량 작물을 재배하는 것이다. 가축을 방목한 다년생 목초지는 우리 농장의 많은 부분을 차지했다. 1부에서 설명했듯이 육우, 방목한 소, 암양, 방목한 양, 방목한 돼지, 암탉, 육계는 모두 우리 수입원이다. 양과 가금류를 보호하는 경비견조차 새끼를 낳고 그 강아지를 판매하면 수입원이 생긴다. 보더콜리도 마찬가지다. 방목하는 소와 양의 수는 일정하게 유지하되, 방목지 상태에 따라 송아지와 맞춤형 방목[8]하는 소의 숫자를 조절한다.

6장에서 언급했듯이 우리 농장의 지피작물은 가축들의 먹이가 될 뿐 아니라 우리 농장에 있는 지역 양봉장의 벌집 속 벌에게도 먹이를 제공한다. 양봉은 여러 양봉장의 벌집에서 꿀을 얻어 가공 및 정제되지 않은 꿀을 통에 담아 우리에게 판매하는

8 가축 소유자가 다른 사람에게 비용을 지불하고 방목 계약을 맺는 방식

과정으로 이루어진다. 우리는 이들 양봉장에서 도매가에 꿀을 구매한다. 당연히 시장을 통해 상당한 이윤을 남기고 고객들에게 꿀을 판매할 수 있다.

하지만 우리는 여기서 멈추지 않았다. 건강한 생태계는 다양한 사냥감을 포함해 야생동물을 자극했다. 사냥은 괜찮은 수입원이 됐을 수도 있지만 우리는 농장에 사냥꾼의 출입을 막았다. 역시 6장에서 언급한 것처럼, 우리는 무료 사냥 기회를 스포팅챈스라는 기관에만 허용했다. 스포팅챈스는 활동이 불편한 사람들에게 사냥 기회를 제공하는 단체다. 이 훌륭한 단체와 함께하는 일은 거동이 불편한 사람들에게 동물 사냥의 기회를 선사하는 매우 보람찬 일이다.

지난 5년 동안 우리 농장은 50개 모든 주, 캐나다, 그리고 22개국에서 온 방문객을 맞이했다. 이들은 건강한 생태계가 무엇인지 그리고 토양이 어떤 기능을 하는지 배우기 위해 우리 농장을 방문했다. 만약 투어 안내를 원한다면 우리는 기쁜 마음으로 농장을 보여 주고 질문에 답하겠지만, 시간이 꽤 걸릴 것이다(2017년도 방문객만 2,500명이었다). 투어를 진행하려면 우리도 시간을 내야 하고 또 농장에는 할 일이 많기 때문에, 방문객에게는 투어 비용을 받는다. 이것은 우리의 시간에 대한 비용이며, 이 또한 우리에게는 수입원이 된다.

나와 아내와 폴이 수입원을 이렇게 다양화했기 때문에 우리 농장은 생태적, 금전적으로 유연해졌다. 언제든 나는 수확량보다 이윤을 취할 것이다. 수표에는 앞보다 뒤에 서명하는 일이 훨씬 더 즐겁기 때문이다!

농사짓는 법을 소개하기 위해 북미 전역을 돌아다녔을 때, 농업 생산으로는 돈을 벌 수 없다는 말을 반복적으로 들었다. 그러나 나는 고정관념에서 벗어나면 이윤을 남길 수 있다는 사실을 강조하고 싶다.

우리 농장에서는 현재 17개 사업을 운영 중이지만, 아직도 앞으로 추가하고 싶은 사업이 많다. 유력한 사업으로는 토끼, 칠면조, 염소(사실 농장에 이미 염소 몇 마리를 데려왔다), 푸드트럭, 치즈 제조, 비누 제조가 있다.

강연을 할 때마다 누군가는 거의 항상 이런 질문을 한다.

"이런 일을 다 하려면 직원이 몇 명이나 있어야 하나요?"

우리 농장 직원은 나, 아내, 폴, 폴의 여자 친구 샬리니 카라 이렇게 넷이다. 매년 5~6개월 동안 우리는 인턴 몇 명을 고용한다. 5장의 '다음 세대를 교육하자'에서 설명했듯이 인턴과 일하는 것은 농장 일의 또 다른 재미다. 그리고 확실히 이들은 농장 일에 도움이 된다. 물론 이들을 훈련시키려면 시간을 투자해야 한다는 건 사실이다. 대부분은 경험을 쌓을 농장이 없기 때문이다.

나는 사람들에게 우리가 얼마나 많은 사업을 운영하는지, 작업량이 얼마나 많을지 추정해 보는 대신, 우리 농장에서 자연의 손에 맡겨 버린 일을 생각해 보라고 말한다. 예를 들어 우리는 비료, 살충제, 살진균제를 사고, 운반하고, 밭에 뿌릴 필요가 없다. 가축들에게 백신을 주사하거나 구충제를 먹일 필요도 없다. 가장 최근에 태어난 우수한 품종의 수소를 찾기 위해 전국을 돌아다닐 필요도 없다. 우리는 소, 돼지, 양에게 임신테스트를 하지 않는다. 겨울 동안 가축에게 먹일 사료를 운반할 장비에 시동을 걸 필요도 없다. 거름을 울타리 밖에 있는 농지로 나르느라 진땀을 흘리지 않아도 된다. 울타리를 보수할 일도 없다! 더 나열할 수도 있지만 이 정도만 해도 내 말을 이해했으리라 생각한다.

사람들은 '수익이 나려면 농장은 얼마나 넓어야 하나요?'라는 질문도 많이 한다. 나는 농지 면적은 중요하지 않다고 답한다. 나는 4,000m^2도 안 되는 토지에서 수익을 내는 방법을 수없이 많이 보았다. 다양한 사업을 이용하면 수익을 위한 더 나은 기회를 제공할 수 있다. 누구든 오늘날 생산모델의 위험을 피해 자신의 농장에서 수익을 창출할 수 있다. 생태계를 재생하고, 수확량이 아니라 수익성을 얻으려 노력하면 가능한 일이다.

에필로그

행동으로 옮기자

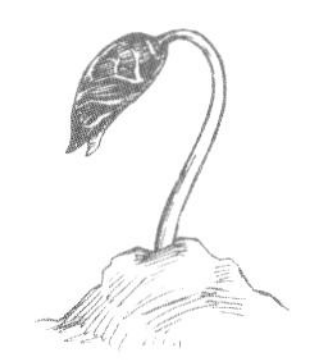

나는 우리 가족과 내가 농장과 목장을 운영할 때 가졌던 '상업적' 마음가짐이 어떻게 자연적인 관점으로 바뀌게 됐는지 전달하고자 이 책을 썼다. 이 책의 목적은 당신이 무엇을 하고 하지 말아야 할지, 농장, 목장, 정원을 어떻게 운영해야 할지 알려 주는 것이 아니다. 이 결정은 당신만 내릴 수 있다.

농장과 목장을 운영하는 방법을 배우는 과정은 30년 이상의 여정이었다. 새롭게 배우기 위해 내가 알고 있던 것을 잊어야 하는 과정이기도 했다. 내가 이 책을 통해 제안하는 근본적인 요점이 분명하고 설득력 있기를 바란다. 가장 중요한 점은 농장주는, 목장주든, 정원사든 우리 모두 영양분 밀도가 높은 음식을 만드는 데 놀라운 자연의 힘을 활용할 능력이 있다는 점이다. 우리는 이 방법으로 자원을 재생하고 우리의 아이들과 자손들이 건강하게 성장할 기회를 보장할 수 있다. 이 여정은 내 개인적 철칙과 더불어, 이 책에서 개략적으로 그려 낸 농경 원칙을 따르는 과정이었다.

모든 것을 신에게 맡겨라. 악몽 같은 4년을 겪으면서 우리는 거의 파산할 뻔했다. 얼마나 돈이 궁했는지, 은행원이 우리가 화장지를 산 날짜를 알 정도였다. 진짜 파산이었다! 하지만 우리에겐 서로가 있었고 믿음도 있었다. 〈잠언〉 3장 5~6절을 보면 이런 말이 나온다.

"네 마음을 다하여 주님을 신뢰하고 너의 예지에는 의지하지 마라. 어떠한 길을 걷든 그분을 알아 모셔라. 그분께서 네 앞길을 곧게 해 주시리라."

우리는 신이 우리를 위해 무엇을 설계해 놓았을지 알지 못하지만, 우리가 아는 것은 신에게는 계획이 있다는 점이다. 재생농법에서 믿음은 중요한 부분이다. 다섯 가지 원칙을 지킨다면 토양 생태계가 향상된다는 사실을 믿어야 한다. 영양분 순환, 에너지 순환, 물 순환이 향상된다는 사실을 믿어야 한다. 신이 불완전한 시스템을 창조했을 리 없으므로 확신을 가져도 된다. 자연 생태계가 재생하는 방향으로 움직인다는 증거는 수백억 년에 걸친 시간에 있다.

내가 원했던 것은 농장일 뿐이다. 전 세계를 돌아다니며 내 이야기를 들려주기 위해 인생의 대부분을 소비하는 일은 내가 원했던 것이 아니다. 하지만 이것이 내 일이다. 나는 신이 지구를 치유할 수 있는 아주 작은 방법으로 우리 부부를 돕기 위해 4년간의 시련을 주셨다고 진심으로 믿는다. 확률을 생각해 보자. 4년 동안 농사에 실패해 고통 받은 이웃은 아무도 없는데, 우리만 4년 연속 가뭄과 우박으로 농사에 실패할 확률이 얼마나 될까?

열린 태도를 지녀라. 배우기를 마다하지 않고 열려 있어야 한다. 내게 이런 질문을 한 사람이 얼마나 많은지 셀 수도 없다.

"하지만 브라운, 당신은 이해하지 못해요. 우리 지역에서는 그 방법을 활용할 수 없어요. 그냥 여기에서는 효과가 없어요!"

헨리 포드는 이런 주장을 이렇게 표현했다.

"만약 당신이 할 수 있다고 혹은 할 수 없다고 생각한다면 당신의 말이 옳다."

내 강연에 참석한 대부분의 사람들은 내가 운을 떼기도 전에 이미 마음을 결정해 버린다. 내가 농장이 아니라 도시에서 나고 자랐다는 사실은 내게 큰 도움이 됐다. 농업 생산에 뛰어들었을 때 나는 어떤 선입견도 없었다. 나는 열린 마음을 지니고 배울 준비가 돼 있었다. 물론 내가 가장 처음 배웠던 방법이 기존의 농경 모델이었다는 점은 안타까운 일이다. 그래서 나는 이제까지 배웠던 내용을 잊고 다시 배워야 했다. 돈 캠벨이 내게 했던 말을 떠올려 보자.

"작은 변화를 원한다면 행동을 바꾸고 큰 변화를 원한다면 시각을 바꿔라."

관찰해라. 〈욥기〉 12장 7~8절에는 이런 구절이 나온다.

"그러나 이제 짐승들에게 물어보라. 그것들이 너를 가르치리라. 하늘의 새에게 물어보라. 그것들이 너에게 알려 주리라. 아니면 땅에다 대고 말해 보라. 그것이 너를 가르치고 바다의 물고기들도 너에게 이야기하리라."

지옥 같은 4년 동안 나는 초원과 밭을 걸으며 엄청난 위안을 받았다. 나는 관찰하는 방법을 배웠다. 여름의 산들바람을 타고 오는 토끼풀의 달콤한 향기. 소가 풀을 뜯을 때 나는 바스락거리는 소리. 풀을 뜯기 전 소의 수염이 식물을 간질이는 소리를 가만히 들어 보자. 메뚜기를 관찰해 보자. 메뚜기는 왜 엉겅퀴를 먹을까? 영양소가 부족하기 때문이다. 흙을 한 움큼 쥐어보자. 잘 뭉쳐지는가? 왜 독특한 향이 날까? 방선균 때문이다. 방선균이 있다는 것은 토양에 박테리아가 풍부하다는 뜻이다. 삽으로 밭이나 정원의 흙을 파 보자. 삽이 흙 속으로 잘 들어가는가? 뀌리 뿌리가 수평으로 뻗어 나가는지 관찰해 보자. 만약 그렇다면 지난 몇 년 동안 진행된 경운으로 단단한 층이 생겼다는 뜻이다. 무수히 많은 민들레가 보이는가? 토양에 칼슘이 부족하고 칼륨 농도가 너무 높다는 뜻이다.

우리의 감각을 사용하는 방식은 우리가 잊어버린 기술이라고 할 수 있다. 즉각적으로 얻을 수 있는 이윤에 집착함으로써 우리와 생태계 사이의 관계가 사라지고, 그 결과 농지에서 우리의 존재는 대단히 희미해질 것이다. 장인어른과 함께 일한 8년 동안 나는 토양 속에 삽을 넣고 파헤쳐 찬찬히 들여다보는 모습을 본 적이 없다. 대학에서 농경을 공부하는 4년 동안 그 어떤 교수님도 내게 관찰하는 법을 가르쳐 주기는커녕 언급도 하지 않았다. 하지만 이 기술 없이 우리는 자연의 모습으로 농장, 목장, 정원을 운영할 수 없다.

실패를 두려워하지 마라. 헨리 포드는 이런 말을 했다.

"실패는 더 슬기롭게 다시 시작할 수 있는 기회다."

내 실수를 모두 적는다면 책을 수십 권도 더 낼 수 있을 것이다. 나는 실패를 두 번씩, 그것도 아주 호되게 겪었다고 자주 말한다. 그러나 그 실패에서 깨달음을 얻었고 바로 그 점이 중요하다. 극도로 황폐해진 토양에 지피작물로 예열과정을 거치지 않고 다년생 작물을 바로 파종했다는 이야기를 기억하는가? 나는 그 실수는 두 번 다시 하지 않는다. 이제 나는 밭에 다년생 작물을 심기 적어도 2년 전에는 항상 지피작물을 파종한다.

2016년 10월, 우리는 건초를 극히 일부만 농장 건물 근처에 두고 대부분 다년생 목초지에 늘어놨다. 우리는 2월과 3월에 건초 방목을 할 계획이었다. 겨울은 일찍 찾아왔고 1월 첫 주가 되자 눈이 2.5*m* 이상 내렸다. 이런 환경에서 소들을 건초가 있는 곳까지 데려가고 또 건초 일부를 다시 농장 건물로 가지고 오려면 시간과 돈이 이만저만 드는 일이 아니다. 우리는 이런 실수를 두 번 다시 하지 않을 것이다! 우리 농장에 방문하는 사람들에게 나는 매년 여러 분야에서 실패해 보려고 노력한다고 말했다. 예를 들어 어떤 지피작물이 우리 농장에서 잘 자랄지, 재배해 보지 않고 어떻게 알겠는가? 직접 해 보지 않으면 엄청난 손해로 이어지는 것도 문제지만, 과연 그것을 다른 방법으로 배울 수 있을까? 우리 농장은 실패 덕에 오늘날 훨씬 더 나아졌다.

당신의 맥락을 이해해라. 웬델 베리는《소농, 문명의 뿌리》에서 이렇게 언급했다.

"살아 있는 동안 우리의 몸은 지구를 떠돌아다니는 입자로, 토양 및 다른 살아 있는 유기체와 불가분하게 연결돼 있다. 그러므로 우리 신체의 상태와 지구의 상태 사이에 깊은 연관성이 있다는 사실은 별로 놀랍지 않다."

우리는 사회적, 생태적, 정신적 맥락을 이해해야 한다.

간단히 말해 우리가 하는 모든 일이 종합적이고 연속적인 영향을 끼친다는 사실을 이해해야 한다. 경운을 하고 합성비료, 살충제, 살진균제, 구충제, 백신을 포함한 다른 합성물질을 사용한다면 우리는 토양, 수질, 대기, 사회, 생태계 '전반'에 영향을 끼칠 것이다. 정원사, 농부, 목장을 운영하는 사람으로서 우리는 사람들의 건강을 책임지는 다양한 영양분을 생산한다. 우리는 우리 행동에 책임을 져야 한다. 모르쇠로 일관하면 안 된다. 우리의 행동이 가족에게 어떤 영향을 미칠까? 우리 공동체에는? 우리 생태계에는? 신과의 관계에는?

행동으로 옮기자. 지난봄, 다양한 혼작 환금작물을 밭에 파종하던 중 내 핸드폰이 울렸다.

"여보세요. 브라운입니다."

답이 없었지만 멀리서 말소리는 들리는 듯했다. 나는 또 한 번 말했다.

"여보세요. 브라운입니다."

"오, 세상에! 브라운이야. 브라운이 대답했어!"

수화기 너머의 사람이 소리쳤다.

"네, 그렇습니다."

"세상에, 당신이 내 전화를 받았다는 게 믿기지가 않아요."

"안 받을 이유가 있겠어요?"

"당신은 게이브 브라운이니까요!"

나는 한바탕 웃은 뒤, 나와 대화를 나누는 게 뭐 그리 대수냐고 말했다. 전화를 건 사람은 자기소개를 하고 정원 일에 대해 몇 가지 질문을 해도 되느냐고 물었다. 나는 파종기에 씨앗을 다시 채우기 전까지 30분 정도는 시간이 있다고 말했다. 전화를 건 사람은 자신이 디트로이트 도심 지역에 살고 있으며 대부분 영양실조에 시달리고 있는 근방의 아이들을 위해 반드시 작물을 재배해야 한다고 설명했다. 뒤이어 대부분의 아이들이 매일 섭취하는 유일한 끼니가 학교에서 나오는 점심이라는 이야기를 듣자 가슴이 철렁했다. 그나마 취학 연령에 도달한 아이들이나 그렇다는 얘기다. 취학 연령보다 어린 아이들에게는 먹을 것을 사 주려고 얼마 안 되는 돈을 어떻게 쓰는지도 설명했다. 그는 학교에 다니는 아이들에게도 먹을 것을 사 줄 형편은 아니지만, 채소를 기를 순 있을 것 같다고 했다. 만약 채소를 조금이라도 기를 수 있다면 이 아이들에게 음식을 줄 수 있을 것 같다는 말도 덧붙였다.

나는 파종기를 멈추고 전원을 꺼 버렸다. 전화를 건 사람은 자기 집 근처에 잡초가 무성한 공터가 여러 개 있다고 말했다. 여기에 채소를 재배해도 괜찮냐고 물었다. 나는 한 시간 반 동안 식물 잔해들로 어떻게 퇴비를 만드는지, 이렇게 만든 퇴비를 근처에서 쉽게 만날 수 있는 흙과 어떻게 혼합하는지, 어디서 어떤 종자를 구매해야 하는지, 잡초를 억제하기 위해 판자와 신문지를 어떻게 활용해야 하는지, 그 밖에 유용할 것 같은 여러 정보를 알려 주었다. 그리고 궁금한 점이 있으면 언제든 전화를 달라고 했다. 상황이 잘 풀렸으면 좋겠다. 그리고 '행동으로 옮겼다'는 데 감사함을 느꼈다!

전화를 끊고 나는 왜 신께서 내가 황폐한 흙에서부터 비옥한 토양까지 이 기나긴 여정을 겪게 만들었는지 깨달았다. '신께서는 당신을 창조했다. 그러니 행동으로 옮기자!'

감사의 글

이 책은 아이오와주립대학교의 지속가능한 농업을 위한 레오폴드 센터의 마크 라스무센에게 일부 도움을 받았다. 그 밖에 재생농업재단, 리디아 B. 스토크 재단, 샌 베니토 카운티의 지역재단, 데니스 오툴과 트루디 오툴, 뉴소사이어티 기금의 도움도 받았다. 모두에게 감사를 표한다!

옮긴이의 말

2021년 말, 시속 90km 돌풍을 동반한 먼지 폭풍으로 환한 대낮이던 브라질의 상파울루 일대가 한순간에 검붉은색으로 물들었다. 갑작스러운 모래폭풍으로 한 치 앞도 볼 수 없게 되자 각종 사고가 잇따르며 사망자가 발생하고 전력 공급도 중단됐다. 주로 건조한 지역에서 발생하는 먼지 폭풍인 '하부브'는 아마존이 있는 브라질에선 흔치 않은 현상이다. 전문가들은 90년 만에 찾아온 최악의 가뭄을 원인으로 꼽았다. 오랜 기간 가뭄으로 비가 내리지 않아 강과 호수까지 말라붙을 만큼 수분이 부족해진 흙이 강한 바람과 만나 어마어마한 모래폭풍을 일으켰다.

어린 시절 주말농장에서 만난 흙은 열매가 생기는 신기한 장소였다. 책에서 접한 흙도 비슷한 이미지였다. 수많은 생명체의 서식지이자 촘촘히 연결된 거대한 생태계였기 때문이다. 하지만 대학생이 되고 나서 농활에 참여하면서 실제 농업을 경험했을 때는 의문이 하나 생겼다. 벌레를 잡고, 잡초를 뽑고, 거름을 주고, 농약을 뿌리는 등 뭔가를 기르기 위해 해야 할 일이 너무나도 많았다. 책에서 접했던 흙은 그 자체로 온전한 생태계였지만 현실에서는 인간이 끊임없이 개입해야 하는 불완전한 생태계인 듯 보였다. 이런 의문은 자연이 아니라 농사라는 인위적인 환경이기 때문일 거라는 유보적인 결론과 함께 잊혔다. 그리고 어느 날 만나게 된 이 책은 머릿속에 있던 오랜 의문을 아주 명쾌하게 해결해 주었다.

자연을 통해 농업의 미래를 그려 낸다는 작가의 관점은 독특하면서도 당연한 지점을 놓치고 있던 오늘날 농경법의 허를 찌른다. 간과하기 쉬운 '흙'이라는 존재를 통해 말이다. 흙은 다양한 외부의 자극을 통해 유기적으로 변해 가는 생명체와 다르지 않다. 어떤 식물이 자라고 어떤 동물이 서식하느냐에 따라 비옥한 흙이 될 수도 황폐한 흙이 될 수도 있다. 그리고 영양분이 풍부한 흙을 만드는 중심에는 다양성이 있다. 꽃을 피우는 수많은 초본 식물부터 해충을 잡아먹고 꽃가루를 수분하는 곤충, 그리고 여러 가축까지 말이다. 그렇기에 작물을 위해 눈앞에 보이는 장애물을 사람이 제거하는 것은 별로 좋지 않다. 다양성이 잘 보존된 환경 덕에 작물은 이 장애물을 거뜬히 넘을 수 있을 뿐 아니라, 운동선수가 혹독한 훈련을 통해 몸을 만들듯이 여러 시련을 거쳐야 영양분이 풍부해지기 때문이다. 게다가 토양 속에 유기물 농도가 상승하면 수분 함량도 높아져, 극단적인 기후로 비가 오지 않을 때도 토양 속에 저장된 물로 작물이 잘 자랄 수 있다. 다양성 하나만 높여 줘도 수많은 일은 필요 없어진다.

우리나라 곡물 자급률은 2022년 기준으로 20%까지 하락했다. 1970년대에 80%에 달했던 것을 생각하면 수입 곡물 의존도가 얼마나 높아졌는지를 새삼 느낄 수 있다. 곡물 자급률이 떨어지면서 식량안보 순위도 함께 하락했다. 식량안보라는 단어에서 알 수 있듯이 식량은 안보와 직결돼 있다. 살아 있는 그 무엇이든 음식을 먹지 않고는 살 수 없기 때문이다. 그러나 안보와 직결된 농업은 언제부터인가 뒷전으로 밀려나고 있다. 게다가 기후 위기로 예측할 수 없는 날씨가 반복되며 농작물이 자라기 힘든 환경으로 바뀌고 있다.

이렇게 답이 보이지 않는 악순환을 끊을 수 있는 핵심은 흙에 있다. 토양 건강을 향상시키면 가뭄도, 기후변화도, 식량안보 문제도 해결할 수 있다. 작가는 책 전반에 걸쳐 이렇게 중요하지만 우리의 관심 밖에 있던 흙을 어떻게 잘 다룰 수 있는지 상세하고도 흥미롭게 풀어냈다. 이제 토양 건강을 향상시키기 위해서는 '우리의 행동'이라는 단 한 단계만 남았다. 아마존이 있어 물 부족을 겪을 것이라 상상조차 못 했던 브라질에 불어닥친 하브부 이야기를 바다 건너 이야기라고만 치부할 순 없다. 몇 년 전부터 작물 품귀 현상으로 채소 값이 상승한다는 뉴스를 보면 식량위기는 이미 우리 곁에 있는 듯하다. 모든 문제의 열쇠는 흙이 쥐고 있다. 토양 건강이 곧 우리의 건강이다.

찾아보기

ㄴ

ㄷ

ㅂ

ㅅ

ㅇ

ㅈ

ㅍ

ㅎ

흙, 생명을 담다

1판 1쇄 발행 2022년 7월 26일

지은이 게이브 브라운
옮긴이 김숲
펴낸이 심규완
책임편집 조민영
디자인 문성미

ISBN 979-11-91037-11-1 03470

펴낸곳 리리 퍼블리셔
출판등록 2019년 3월 5일 제2019-000037호
주소 10449 경기도 고양시 일산동구 호수로 336, 102-1205
전화 070-4062-2751 팩스 031-935-0752
이메일 riripublisher@naver.com

블로그 riripublisher.blog.me
페이스북 facebook.com/riripublisher
인스타그램 instagram.com/riri_publisher